国家卫生健康委员会"十四五"规划教材

全国高等学校**制药工程专业第二轮**规划教材

有机波谱解析

主　编　宋少江
副主编　周应军　罗　俊

编　者（以姓氏笔画为序）

宋少江（沈阳药科大学）

张培成（中国医学科学院药物研究所）

罗　俊（中国药科大学）

周应军（中南大学湘雅药学院）

姜　勇（北京大学药学院）

郭远强（南开大学药学院）

黄肖霄（沈阳药科大学）

人民卫生出版社
·北　京·

图书在版编目（CIP）数据

有机波谱解析/宋少江主编. —北京：人民卫生出版社，2023.9

ISBN 978-7-117-35231-4

Ⅰ. ①有… Ⅱ. ①宋… Ⅲ. ①有机分析－波谱分析－高等学校－教材 Ⅳ. ①O657.31

中国国家版本馆 CIP 数据核字（2023）第 172576 号

| 人卫智网 | www.ipmph.com | 医学教育、学术、考试、健康，购书智慧智能综合服务平台 |
| 人卫官网 | www.pmph.com | 人卫官方资讯发布平台 |

有机波谱解析

Youji Bopu Jiexi

主　　编：宋少江

出版发行：人民卫生出版社（中继线 010-59780011）

地　　址：北京市朝阳区潘家园南里 19 号

邮　　编：100021

E - mail：pmph @ pmph.com

购书热线：010-59787592　010-59787584　010-65264830

印　　刷：天津科创新彩印刷有限公司

经　　销：新华书店

开　　本：850×1168　1/16　　印张：18

字　　数：426 千字

版　　次：2023 年 9 月第 1 版

印　　次：2023 年 11 月第 1 次印刷

标准书号：ISBN 978-7-117-35231-4

定　　价：79.00 元

打击盗版举报电话：010-59787491　E-mail：WQ @ pmph.com

质量问题联系电话：010-59787234　E-mail：zhiliang @ pmph.com

数字融合服务电话：4001118166　　E-mail：zengzhi @ pmph.com

出版说明

随着社会经济水平的增长和我国医药产业结构的升级,制药工程专业发展迅速,融合了生物、化学、医学等多学科的知识与技术,更呈现出了相互交叉、综合发展的趋势,这对新时期制药工程人才的知识结构、能力、素养方面提出了新的要求。党的二十大报告指出,要"加强基础学科、新兴学科、交叉学科建设,加快建设中国特色、世界一流的大学和优势学科。"教育部印发的《高等学校课程思政建设指导纲要》指出,"落实立德树人根本任务,必须将价值塑造、知识传授和能力培养三者融为一体、不可割裂。"通过课程思政实现"培养有灵魂的卓越工程师",引导学生坚定政治信仰,具有强烈的社会责任感与敬业精神,具备发现和分析问题的能力、技术创新和工程创造的能力、解决复杂工程问题的能力,最终使学生真正成长为有思想、有灵魂的卓越工程师。这同时对教材建设也提出了更高的要求。

全国高等学校制药工程专业规划教材首版于2014年,共计17种,涵盖了制药工程专业的基础课程和专业课程,特别是与药学专业教学要求差别较大的核心课程,为制药工程专业人才培养发挥了积极作用。为适应新形势下制药工程专业教育教学、学科建设和人才培养的需要,助力高等学校制药工程专业教育高质量发展,推动"新医科"和"新工科"深度融合,人民卫生出版社经广泛、深入的调研和论证,全面启动了全国高等学校制药工程专业第二轮规划教材的修订编写工作。

此次修订出版的全国高等学校制药工程专业第二轮规划教材共21种,在上一轮教材的基础上,充分征求院校意见,修订8种,更名1种,为方便教学将原《制药工艺学》拆分为《化学制药工艺学》《生物制药工艺学》《中药制药工艺学》,并新编教材9种,其中包含一本综合实训,更贴近制药工程专业的教学需求。全套教材均为国家卫生健康委员会"十四五"规划教材。

本轮教材具有如下特点:

1.专业特色鲜明,教材体系合理 本套教材定位于普通高等学校制药工程专业教学使用,注重体现具有药物特色的工程技术性要求,秉承"精化基础理论、优化专业知识、强化实践能力、深化素质教育、突出专业特色"的原则来合理构建教材体系,具有鲜明的专业特色,以实现服务新工科建设,融合体现新医科的目标。

2.立足培养目标,满足教学需求 本套教材编写紧紧围绕制药工程专业培养目标,内容构建既有别于药学和化工相关专业的教材,又充分考虑到社会对本专业人才知识、能力和素质的要求,确保学生掌握基本理论、基本知识和基本技能,能够满足本科教学的基本要求,进而培养出能适应规范化、规模化、现代化的制药工业所需的高级专业人才。

3. 深化思政教育，坚定理想信念 以习近平新时代中国特色社会主义思想为指导，将"立德树人"放在突出地位，使教材体现的教育思想和理念、人才培养的目标和内容，服务于中国特色社会主义事业。各门教材根据自身特点，融入思想政治教育，激发学生的爱国主义情怀以及敢于创新、勇攀高峰的科学精神。

4. 理论联系实际，注重理工结合 本套教材遵循"三基、五性、三特定"的教材建设总体要求，理论知识深入浅出，难度适宜，强调理论与实践的结合，使学生在获取知识的过程中能与未来的职业实践相结合。注重理工结合，引导学生的思维方式从以科学、严谨、抽象、演绎为主的"理"与以综合、归纳、合理简化为主的"工"结合，树立用理论指导工程技术的思维观念。

5. 优化编写形式，强化案例引入 本套教材以"实用"作为编写教材的出发点和落脚点，强化"案例教学"的编写方式，将理论知识与岗位实践有机结合，帮助学生了解所学知识与行业、产业之间的关系，达到学以致用的目的。并多配图表，让知识更加形象直观，便于教师讲授与学生理解。

6. 顺应"互联网＋教育"，推进纸数融合 在修订编写纸质教材内容的同时，同步建设以纸质教材内容为核心的多样化的数字化教学资源，通过在纸质教材中添加二维码的方式，"无缝隙"地链接视频、动画、图片、PPT、音频、文档等富媒体资源，将"线上""线下"教学有机融合，以满足学生个性化、自主性的学习要求。

本套教材在编写过程中，众多学术水平一流和教学经验丰富的专家教授以高度负责、严谨认真的态度为教材的编写付出了诸多心血，各参编院校对编写工作的顺利开展给予了大力支持，在此对相关单位和各位专家表示诚挚的感谢！教材出版后，各位教师、学生在使用过程中，如发现问题请反馈给我们（发消息给"人卫药学"公众号），以便及时更正和修订完善。

人民卫生出版社

2023 年 3 月

前　言

波谱解析是现代有机化合物结构鉴定的最主要手段,主要包括紫外光谱、红外光谱、核磁共振谱、质谱和圆二色谱等现代物理手段。随着制药工程、药学、化学等学科的飞速发展,波谱解析已经成为上述学科科研工作者应该掌握和了解的一项技术,并在相关的各个领域中发挥着重要作用。本教材根据我国目前制药工程专业对本科生培养的新形势进行编写,与药学、化学专业的波谱解析教材相比,本教材在内容、章节组织和编写等方面进行修改和调整,对仪器原理等方面的内容进行精简,侧重于制药领域解决实际问题的案例,同时在核磁共振谱、质谱、圆二色谱等章节加入领域内的最新研究进展。本教材既能满足制药工程专业的学习要求,同时还可作为研究生入学考试和研究生学习的重要参考教材。

本教材的编者团队由全国相关院校在制药工程领域具有丰富教学经验和科研经历的 7 位教授组成:宋少江教授(第一章、第二章、第三章)、周应军教授(第四章)、郭远强教授(第五章)、张培成教授(第六章)、姜勇教授(第七章)、黄肖霄教授(第八章)、罗俊教授(第九章)。

本教材在编写过程中得到了人民卫生出版社的大力支持和帮助。我们也由衷感谢兄弟院校的有关老师对本教材提出的宝贵建议和意见。

由于知识水平有限,本教材偏颇和不足之处在所难免,恳请各位专家、老师、同学不吝指正。

宋少江

2023 年 7 月

目 录

第一章 绪论······1
第一节 有机化合物结构研究的发展历史······1
第二节 波谱解析的主要内容······5
一、波谱学的基本理论······5
二、波谱学的主要内容、应用方法和确定绝对构型的测定技术······6
三、药物分子的结构确定······9

第二章 紫外光谱······11
第一节 紫外光谱的基本知识······11
一、分子轨道······11
二、电子跃迁及类型······12
三、吸收带······13
四、紫外光谱的表示方法及常见术语······14
五、紫外光谱最大吸收波长的主要影响因素······15
第二节 紫外光谱与分子结构间的关系······18
一、非共轭有机化合物的紫外光谱······18
二、共轭烯类化合物的紫外光谱······19
三、共轭不饱和羰基化合物的紫外光谱······20
四、芳香化合物的紫外光谱······21
第三节 紫外光谱在结构解析中的应用······22
一、紫外光谱的经验总结······23
二、紫外光谱结构解析实例······23

第三章 红外光谱······28
第一节 红外光谱的基本原理······28
一、红外吸收产生的条件······28
二、红外光区的划分······29
三、分子振动模型······29

四、分子振动方式 ·· 31

五、影响吸收峰的因素 ·· 33

■ **第二节　特征基团与吸收频率** ································ 36

一、特征区、指纹区和相关峰的概念 ·························· 36

二、红外光谱的九大区域 ·· 37

三、有机化合物官能团的特征吸收 ···························· 37

■ **第三节　红外光谱在结构解析中的应用** ···················· 42

一、样品的制备技术 ·· 42

二、红外光谱法的应用 ·· 43

三、红外光谱结构解析程序和实例 ···························· 43

第四章　核磁共振氢谱 ·· 46

■ **第一节　基本原理** ·· 46

一、核磁共振的基本原理 ·· 46

二、核磁共振产生的必要条件 ···································· 51

三、核的能级跃迁 ·· 51

■ **第二节　核磁共振氢谱的主要参数** ·························· 53

一、化学位移及影响因素 ·· 54

二、峰的裂分及耦合常数 ·· 63

三、峰面积与氢核数目 ·· 76

四、常见化合物的核磁共振氢谱数据 ························· 77

■ **第三节　核磁共振氢谱测定技术** ······························ 80

一、试样准备 ·· 80

二、高分辨核磁共振技术 ·· 81

三、核磁双共振 ·· 82

四、位移试剂 ·· 84

■ **第四节　核磁共振氢谱在结构解析中的应用** ················ 85

一、核磁共振氢谱结构解析的基本程序 ····················· 85

二、核磁共振氢谱结构解析实例 ······························· 86

第五章　核磁共振碳谱 ·· 98

■ **第一节　核磁共振碳谱的特点** ·································· 98

■ **第二节　核磁共振碳谱的主要参数** ···························· 99

一、化学位移 ·· 99

二、耦合常数 ·· 104

三、峰强度 ·· 106

■ **第三节　核磁共振碳谱的种类** ·································· 107

一、全去耦谱 ·· 107

二、DEPT 谱 ·· 107

三、其他谱 ·· 109

■ 第四节 各类型 ^{13}C 核的化学位移 ·· 110

一、脂肪烃类 ·· 111

二、芳环化合物 ·· 114

三、醇、醚、羧酸衍生物 ·· 115

四、含杂原子化合物 ·· 117

■ 第五节 核磁共振碳谱在结构解析中的应用 ·································· 119

一、核磁共振碳谱解析的一般程序 ·· 119

二、核磁共振碳谱解析实例 ·· 120

■ 第六节 计算核磁 ·· 123

一、计算核磁共振碳谱的发展 ·· 123

二、计算核磁共振碳谱的作用 ·· 124

三、计算核磁共振碳谱方法 ·· 124

第六章 二维核磁共振谱 ·· 128

■ 第一节 基本原理 ·· 128

一、一维核磁共振谱到二维核磁共振谱的技术变化 ·················· 128

二、常用的二维核磁共振谱图的表现形式 ·································· 129

三、二维核磁共振谱共振峰的命名 ·· 132

四、常用的二维核磁共振谱 ·· 133

■ 第二节 同核化学位移相关谱 ·· 133

一、基本概念和原理 ·· 133

二、氢 - 氢化学位移相关谱 ·· 134

■ 第三节 异核化学位移相关谱 ·· 137

一、基本概念和原理 ·· 137

二、^{13}C-^{1}H COSY 的脉冲序列 ·· 137

三、^{1}H 检测的异核多量子相干相关谱 ·································· 137

四、^{1}H 检测的异核单量子相干相关谱 ·································· 137

■ 第四节 异核远程相关谱 ·· 141

一、基本概念和原理 ·· 141

二、^{1}H 检测的异核多键相关谱 ·· 141

■ 第五节 二维 NOE 谱 ·· 143

一、NOESY ·· 143

二、ROESY ·· 144

■ 第六节 氢 - 氢总相关谱 ·· 145

第七章 质谱 149

第一节 基本原理 150
一、质谱的基本原理 150
二、质谱的表示方法及重要参数 151
三、仪器的结构与原理 153
第二节 质谱的电离过程和离子源 154
一、电子电离 154
二、化学电离 155
三、快速原子轰击电离 156
四、基质辅助激光解吸电离 157
五、大气压电离 157
六、不同电离方式的比较与选择原则 159
第三节 质量分析器 160
一、磁质量分析器 160
二、四极质量分析器 161
三、离子阱 161
四、飞行时间质量分析器 162
五、轨道阱 162
六、傅里叶变换离子回旋共振质谱分析器 163
第四节 质谱中的主要离子 163
一、分子离子 163
二、同位素离子 165
三、碎片离子 167
四、亚稳离子 167
五、多电荷离子 168
第五节 常见的裂解类型 168
一、开裂的表示方法 168
二、离子的裂解类型 169
第六节 各类化合物的质谱裂解 174
一、烃类化合物 174
二、醇、酚、醚类化合物 177
三、含羰基的化合物 180
四、其他类化合物 184
第七节 质谱技术在结构解析中的应用 188
一、质谱解析程序 189
二、应用实例 190

■ 第八节　质谱联用技术 ··· 194
一、液相色谱 - 质谱联用仪 ··· 195
二、气相色谱 - 质谱联用仪 ··· 197

第八章　圆二色谱和旋光光谱及其他立体构型确定技术 ■■■■■■■■ 201
■ 第一节　基础知识 ·· 201
■ 第二节　圆二色谱在确定绝对构型中的应用 ····································· 204
一、经验规律 ·· 204
二、圆二色谱激子手性法 ·· 208
三、电子圆二色谱计算确定手性化合物的绝对构型 ······························· 214
四、振动圆二色谱计算辅助确定手性化合物的绝对构型 ························· 217
■ 第三节　X 射线单晶衍射法 ·· 217
一、X 射线单晶衍射法的基本原理 ··· 218
二、X 射线单晶衍射法在结构解析中的应用 ·· 223
■ 第四节　手性衍生化试剂确定绝对构型 ·· 226
一、经典 Mosher 法和改良 Mosher 法 ·· 227
二、应用新试剂的 Mosher 法 ·· 230

第九章　综合解析 ■■■■■■■■■■■■■■■■■■■■■■■■■■■■■■ 233
■ 第一节　概述 ··· 233
一、常用的波谱学方法及其作用 ··· 233
二、图谱解析过程中应注意的问题 ··· 236
三、样品的准备 ··· 236
■ 第二节　综合解析的思路和过程 ··· 237
一、分子式的确定 ·· 237
二、图谱信息的整体分析 ·· 238
三、结构单元的确定 ··· 238
四、结构单元的连接 ··· 239
五、整体结构的最终确定与完善 ··· 240
■ 第三节　综合解析实例 ·· 241

参考文献 ■■■■■■■■■■■■■■■■■■■■■■■■■■■■■■■■■■■■■ 274

第一章　绪论

有机化合物结构的研究和阐明是有机化学和新药研发的基础，无论是从自然界获得的天然有机化合物或是通过化学反应得到的合成有机化合物，准确地对其化学结构进行解析是进一步研究和开发应用的关键。目前对于有机化合物的结构研究，最主要的手段是应用各种波谱技术，包括紫外光谱（ultraviolet spectroscopy，UV）、红外光谱（infrared spectroscopy，IR）、核磁共振谱（nuclear magnetic resonance spectroscopy，NMR）和质谱（mass spectroscopy，MS）等进行解析。随着各种波谱技术的进步和发展，新的波谱仪器不断出现，各种波谱技术已经被广泛应用到了诸如药学、化学、生物学、环境、材料、食品和卫生等多个学科领域。因此，高等院校的药学、化学及制药工程等相关专业均将波谱解析设为专业基础课，波谱学知识成为现代药学、化学、制药行业工作者应该掌握和了解的基础知识。

第一节　有机化合物结构研究的发展历史

20 世纪上半叶，有机化合物的结构鉴定主要还是依靠化学分析的手段，包括官能团的化学反应、化学降解、制备衍生物、化学转换以及全合成等手段。这些方法不仅耗时费力，而且需要以一定的样品量为基础，要求研究者具有深厚的有机合成知识与技能，因此，结构鉴定一直以来被视为一项极其复杂且具有挑战性的工作。比如奎宁（quinine）、吗啡（morphine）、士的宁（strychnine）等，从分离获得单体化合物到结构完全确定均花费了上百年的时间，耗费了几代人的心血。以奎宁（quinine，图 1-1）的结构鉴定为例，1817 年法国药剂师 Caventou 和 Pelletier 合作，首先从金鸡纳树皮中分离得到了奎宁单体，此后科学家们不断地进行各种尝试对其结构进行确定。1852 年法国化学家 Pasteur 首次证明了奎宁为左旋体。1854 年法国化学家 Strecker 经过长期的努力，确定了奎宁的分子式。1907 年德国化学家 Rabe 采用化学降解法得到了奎宁的平面结构。直到 1944 年，美国化学家 Woodward 和 Doering 实现了奎宁的全合成，这才最终完成了奎宁的结构确定，前后历经 1 个多世纪的时间。这个典型的例子充分说明了，单纯通过化学分析的手段来确定有机化合物的结构不仅需要化学家渊博的化学知识和丰富的想象力，而且过程充满了艰难险阻。

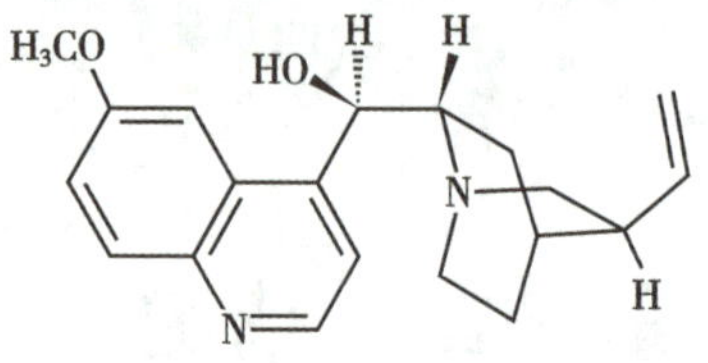

图 1-1　奎宁（quinine）

在 20 世纪 20—60 年代，除了采用化学分析的手段确定有机化合物的结构外，X 射线衍射（X-ray diffraction）也可以用来确定有机化合物的结构。特别是 20 世纪 60 年代后期，计算机控制的四圆单晶衍射仪开始出现，实现了 X 射线单晶衍射技术自动化的第一个重要飞跃，并获得了极为丰富的成果。例如结构独特的天然产物维生素 B_{12}（vitamin B_{12}，图 1-2）以及抗疟疾特效药物青蒿素（artemisinin），它们都是利用 X 射线单晶衍射技术确定结构的经典例子。其中维生素 B_{12} 被发现于 1934 年，1948 年维生素 B_{12} 的纯品被分离得到。英国科学家 Hodgkin 于 1956 年通过 X 射线单晶衍射技术准确解析出维生素 B_{12} 是一个含有钴离子的类八面体奇特天然有机化合物，并因此获得了当年的诺贝尔化学奖。又过了十几年，科学家才完成维生素 B_{12} 的全合成。毋庸置疑，X 射线单晶衍射技术的广泛应用极大地推动了人们对有机化合物微观结构的深入认识，成为人们认识物质微观结构的最重要途径，时至今日也仍然是准确鉴定有机化合物最权威的方法。

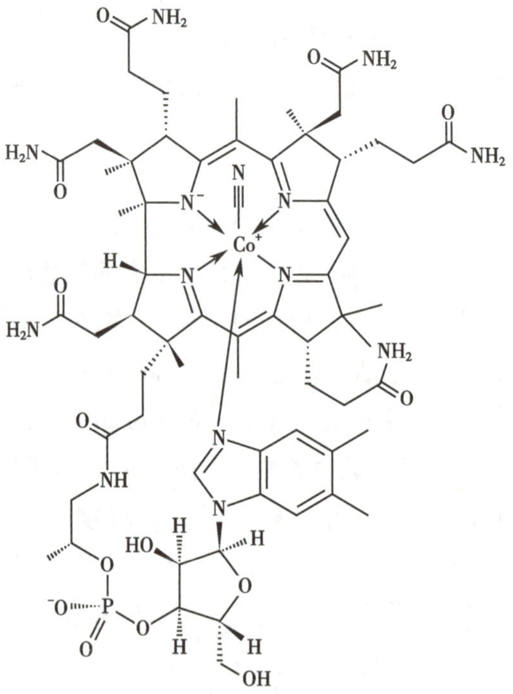

图 1-2　维生素 B_{12}（vitamin B_{12}）

在 20 世纪下半叶以后，先进的机械工业和电子工业开始蓬勃发展，各种波谱仪器成功问世。1950—1954 年，紫外光谱（UV）和红外光谱（IR）逐步走进了有机化学家的视线，大大加快了有机分子结构测定的步伐。例如 1952 年从萝芙木 *Rauvolfia verticillata*（Lour.）Baill. 根部分离得到单体利血平（图 1-3）之后，通过紫外光谱解析可以分析出含有吲哚（indole）环和没食子酸（gallic acid）衍生物的 2 个共轭体系。1956 年，Woodward 以 Diels-Alder 缩合为关键反

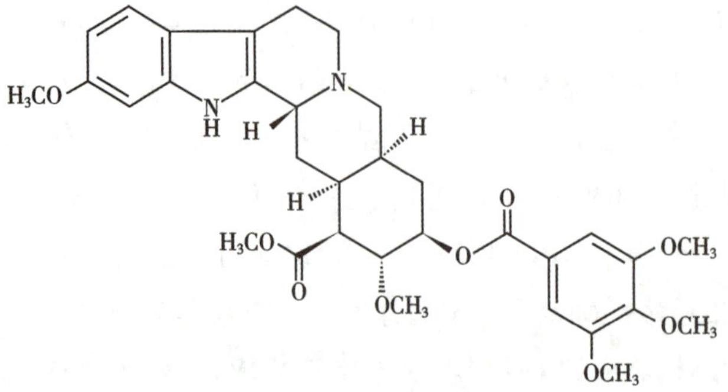

图 1-3　利血平（reserpine）

应步骤完成了利血平的全合成路线,在他对利血平全合成的工作中广泛应用了红外光谱,发表的论文中所附的红外光谱多达 30 张。紫外光谱和红外光谱在结构复杂的利血平的结构解析过程中发挥了重要作用,使得从提取分离得到利血平单体到结构确定总共花费不到 5 年的时间。

20 世纪 60 年代以后,核磁共振(NMR)技术的快速发展使有机化合物的结构鉴定发生了颠覆性的技术革命。科学界认为 NMR 在天然产物结构鉴定中的应用主要分为 3 个阶段:20 世纪 60 年代主要应用氢谱,70 年代出现了碳谱,80 年代发展了二维核磁共振谱,特别是碳氢相关谱(HSQC)和碳氢远程相关谱(HMBC)的应用,给复杂有机化合物的结构研究带来了革命性的发展。其中最突出的例子是紫杉醇(paclitaxel,图 1-4)的结构确定,它是从短叶红豆杉树皮中得到的一种含量非常少的白色结晶,收率很低,仅有 0.004%。作为一个结构如此复杂和新颖的天然产物,从 1967 年首次被发现,到 1971 年 Wall 和 Wani 博士以及美国杜克大学的 McPhail 博士利用 NMR 技术结合 X 射线单晶衍射法确定其准确结构,并在《美国化学会志》(*Journal of the American Chemical Society*)上报道这个具有显著活性的天然有机化合物,前后只花费了不到 5 年的时间。此后越来越多的研究者看到了现代波谱学技术和其他结构鉴定方法相结合具有的独特优势,以波谱解析方法为主、化学手段为辅的波谱法逐渐成为确定未知有机化合物结构的主要手段,使有机化合物结构的快速确定不再是令人"望而却步"的工作。

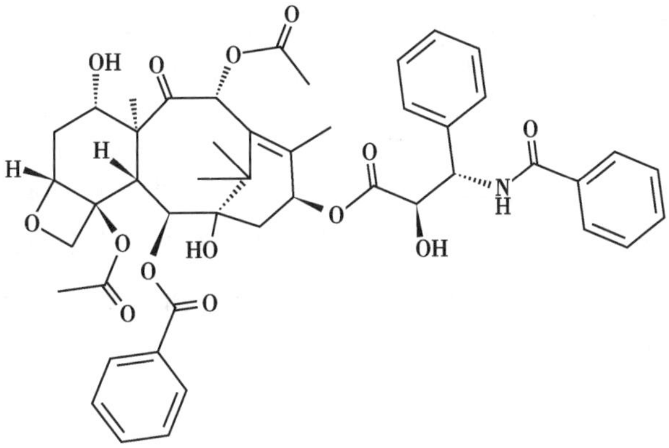

图 1-4　紫杉醇(paclitaxel)

20 世纪下半叶期间,质谱法(MS)作为天然产物结构研究的重要手段之一,技术发展也突飞猛进,使有机化合物的结构分析更加成熟与方便。1962 年,Biemann 教授发表了一篇关于质谱在有机化学中应用的文章,从此引发了众多科学家对质谱法的研究兴趣。1965 年,质谱法成功应用于天然有机物吲哚生物碱 cassipourine(图 1-5)的结构鉴定。20 世纪 70 年代初,科学家开始使用质谱法对甾体化合物的结构进行研究,大大加快了甾体结构鉴定的速度,例如应用质谱法阐明了麦角甾 -4,6,8(14),22- 四烯 -3- 酮[4,6,8(14),22-ergostatetraen-3-one](图 1-5)的化学结构。在这期间美国普渡大学的 Cooks 教授和 McLaughlin 教授还发表了大量关于天然产物质谱研究的文章。20 世纪 80 年代以后,质谱技术再一次得到飞速发展,1981 年开发出的快速原子轰击(fast atom bombardment,FAB)电离技术较好地解决了易分解、难挥发、中低等极性化合物的质谱测定，大大提高了质谱的应用范围，成为天然产物结构鉴定中常用的离子化手段。后来又逐步发展了许多软离子技术，如场致电离（field ionization，FI）、场解吸（field desorption，FD）电离、基质辅助激光解吸电离（matrix-assisted laser desorption ionization，MALDI）、电喷雾电离（electrospray ionization，ESI）技术等，更多的质谱技术在有机化合物的结构鉴定方面得到了实际应用。

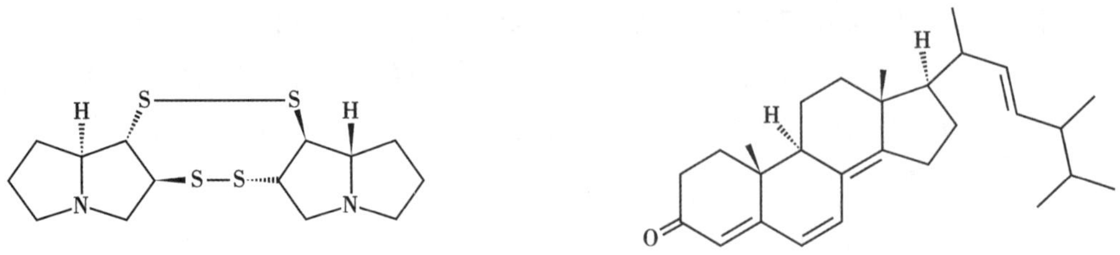

图 1-5　cassipourine 和麦角甾 -4,6,8(14),22- 四烯 -3- 酮[4,6,8(14),22-ergostatetraen-3-one]

圆二色谱（circular dichroism spectrum，CD）和旋光色散（又称旋光光谱，optical rotatory dispersion，ORD）在 20 世纪 50 年代被广泛应用于有机化合物立体化学的结构研究。20 世纪 60 年代，Djerassi 教授通过收集大量甾体化合物的数据归纳出了"八区律（octet rule）"，之后 Harada 和 Nakanishi 提出了"CD 激子手性法"（CD exciton chirality method）来确定化合物的绝对构型。随着量子化学计算的发展，电子圆二色谱（electronic circular dichroism spectrum，ECD）计算等方法开始应用于天然产物绝对构型的研究。通过量子化学方法对手性化合物的两种对映异构体进行 ECD 计算，对比实验值与两种可能的对映异构体 ECD 图谱的相似性，可以确定手性化合物的绝对构型。除了 ECD 计算以外，还可以通过计算有机分子的比旋光度（optical rotation，OR）、振动圆二色谱（vibrational circular dichroism spectrum，VCD），并将这些计算结果与实验值进行比较，也可以确定手性化合物的绝对构型。量子计算的方法适用范围比较广泛，与化学合成、X 射线单晶衍射、Mosher 法等相比，具有简便、样品损失少等优点，目前已经逐渐成为天然产物绝对构型确定中强有力的工具。

21 世纪以来，波谱解析方法经过多年的发展，逐渐日趋完善，各种先进技术在波谱仪器中的深度开发使波谱技术发展到了前所未有的高度。确定有机化合物的结构是一件相当重要且有意义的工作，利用各种波谱分析方法（紫外光谱、红外光谱、核磁共振谱和质谱）获得尽可能多的结构信息，通过对各种波谱信息之间的相互对比、印证和关联分析，充分发挥各自的特色和优势，形成一套完整的有机化合物结构解析方法。其中 NMR 提供的数据最丰富、可靠性最高，近年来发展尤为迅速。由于 ^{1}H-NMR 和 ^{13}C-NMR 在有机分子的结构测定中起到重要作用，具有样品用量少、可回收、分析速度快、结果可靠等优点，结合量子化学等手段能够快速实现对未知有机化合物结构的鉴定。同时，化学手段的辅助作用也绝不可忽视，在很多情况下，特别是在复杂有机化合物的结构测定中，波谱法常需要巧妙地与化学方法配合，才能更好地发挥作用。在波谱未来向智能化、痕量和超痕量分析方向快速发展的进程中，经典化学分析和化学沟通的一些技术方法也不能被完全舍弃，需要合理地选择并加以应用。

第二节 波谱解析的主要内容

一、波谱学的基本理论

波谱学的基本理论是量子力学和量子光学，作为物理学与化学的一个交叉学科，对于制药工程相关专业的学生来说，学好基本原理才能更好地去应用。以现有的知识理解，光同时具有波动性和微粒性，从量子观点来看，光是由一个个光子组成的，每个光子具有能量 E，$E = h\nu$（h 为普朗克常量，ν 为频率），光的波长越短，波数和频率越大，能量越高。

$$E = h\nu = h\frac{c}{\lambda} = hc\tilde{\nu} \qquad \tilde{\nu} = \frac{1}{\lambda} \qquad \qquad 式（1-1）$$

式中，c 为光速；λ 为波长；$\tilde{\nu}$ 为波数（单位可用 cm^{-1}，每厘米波中波的个数）。

如果从波动观点来看，光是电磁波。电磁波是一种横波，具有两个相同位相、互相垂直、又垂直于传播方向的振动矢量，即电场强度 E（电矢量和光矢量）和磁场强度 H（磁矢量），它可以对带电粒子和磁偶极子施加电力和磁力。平面电磁波传播示意图如图 1-6 所示。

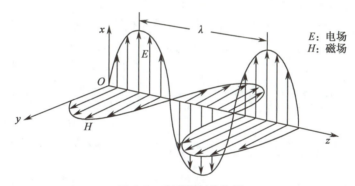

图 1-6 电磁辐射的传播

分子内的运动包括有平动、转动、原子间的相对振动、电子跃迁、核自旋跃迁等形式。除了平动以外，其他运动的能级都是量子化的。换句话说就是某一种运动具有一个基态、一个或多个激发态，从基态跃迁到激发态，所吸收的能量是两个能级的差：$\Delta E = E_{激} - E_{基}$。

1. 平动能 E_k 平动是分子整体的平移运动。平动能 E_k 随温度升高而增大。E_k 可以是连续变化的、非量子化的，所以平动不会产生光谱，且平动能是各种分子运动能中最小的。

2. 转动能 E_J 分子围绕它的重心作转动时的能量称为转动能。根据量子力学，转动能级的分布也是量子化的，分子转动也受温度的影响。转动能大于核自旋跃迁能而小于振动能。

3. 振动能 E_v 分子中的原子离开其平衡位置作振动所具有的能量称为振动能。由于分子的振动能级变化是量子化的、不连续的，量子力学把分子体系中的某个振动当作谐振子处理，其能量状态由以下公式决定。

$$E_v = h\nu(v + 1/2) \qquad \qquad 式（1-2）$$

式中，E_v 为在振动量子数 v 下的振动能；ν 为基本振动频率；h 为普朗克常量；v 为振动量子数，可取 0、1、2…等整数。当 v 为 0 时，振动处于最低振动能级，即基态，其振动能称为零点振动能。振动能级大于转动能级，小于电子能级。所以，振动光谱中涵盖转动光谱。

4. 电子能 E_e 电子的能级分布是量子化的、不连续的。分子吸收特定波长的电磁波后可以从电子基态跃迁到激发态,产生电子光谱。电子跃迁所需的能量 ΔE_e 是上述几种跃迁中最大的,电子跃迁从而产生紫外光谱。

由上述可知,分子的各种运动具有不同的能级,并且能级分布都是量子化的。除了平动以外其他的运动形式,如转动、电子跃迁、核自旋跃迁的能级分布都是量子化的。从基态吸收特定能量的电磁波跃迁到高能级,可得到对应的波谱。光波的频率(也可用波长、波数代表)决定光波的能量。频率越大,即波数越大,波长越短,光波的能量越大。如果按波长或波数排列,将分子内部某种运动所吸收的光强度变化或吸收光后产生的散射光的信号记录下来就得到各种谱图。所以,不同能量的光作用在样品分子上可以引起对应的分子运动而得到不同的谱图(表1-1)。分析所得的谱图,就可以对分子的结构、组分含量及基团化学环境作出判断。

表 1-1 电磁波与相对应的波谱技术

辐射区域	频率范围 /Hz	波长	跃迁类型	光谱类型
γ 射线	$10^{23} \sim 10^{24}$	<1pm	原子核蜕变	穆斯堡尔谱
X 射线	$10^{17} \sim 10^{20}$	1pm～1nm	原子内层电子	电子能谱
紫外光区	$10^{15} \sim 10^{17}$	1～400nm	原子外层电子	紫外光谱
可见光区	$(4 \sim 7.5) \times 10^{14}$	400～750nm	原子外层电子	可见光谱
近红外光区	$(1 \sim 4) \times 10^{14}$	750nm～2.5μm	原子外层电子 分子中原子振动	近红外光谱
红外光区	$10^{13} \sim 10^{14}$	2.5～7.5μm	分子中原子振动	红外光谱
远红外光区	$3 \times 10^{11} \sim 10^{13}$	25μm～1mm	分子转动 电子自旋	转动光谱 电子自旋共振波谱
无线电波区	$<3 \times 10^{11}$	>1mm	原子核自旋	核磁共振谱

在四大波谱中,质谱技术与上述光谱技术有本质的区别。它是一种物理分析方法,样品分子在离子源中发生电离,产生不同质荷比的带电离子,经过加速电场的作用进入质量分析器,得到质谱图,从而推断未知化合物的结构,不属于吸收光谱,因此也不同于红外光谱、紫外光谱和核磁共振谱等吸收光谱。长期以来将质谱技术作为"四大光谱"之一的说法并不是很准确,只是由于其应用范围比较广泛,所以放在一起进行比较。

二、波谱学的主要内容、应用方法和确定绝对构型的测定技术

波谱学的主要内容包含紫外光谱(UV)、红外光谱(IR)、核磁共振谱(NMR)、质谱(MS)四种传统波谱法和圆二色谱(CD)、旋光光谱(ORD)等现代波谱技术,以及如何综合运用这些技术方法对有机化合物的平面结构和立体化学进行解析。当然除上述主要光谱之外,波谱学还涉及原子吸收光谱、电子光谱、微波谱、荧光与磷光等发射光谱以及 Raman 光谱等。尽可能快速、全面和准确地提供丰富的和有价值的结构信息是现代波谱技术面临和必须解决的问题,这也是波谱解析的核心内容。本书的主要目的是介绍波谱解析——如何利用有机化合物的波谱图间接地证明或推断有机化合物的结构。在有机化合物结构测定的四种传统波谱法和 CD、ORD 中,每种方法的应用和获得的结构信息都是不一样的。如下分别介绍每种谱学的主要内容、特点以及应用方法。

紫外光谱（UV）指的是分子吸收波长范围在 200～400nm 的电磁波产生的吸收光谱。在有机化合物的结构解析中，紫外光谱主要用于提供分子的芳香结构和共轭体系信息。具有发色团的有机化合物其紫外光谱可提供最大吸收波长 λ_{max} 和摩尔吸光系数 ε_{max} 两类重要数据及其变化规律。但它只能反映分子中的发色团和助色团即共轭体系的特征，而不能反映整个分子的结构，特别不适合在近紫外区没有吸收的饱和烷烃类化合物，必须依据其他波谱才能完成结构的鉴定。紫外光谱在有机化合物结构研究中的应用主要包括三个方面：确定共轭系统——已知化合物、未知化合物；确定顺反异构体和构象；确定互变异构体（见第二章）。

红外光谱（IR）是研究红外光与物质分子间相互作用的吸收光谱。无论分子其余部分的结构如何，特定的官能团总是在相同的或者相近的频率处产生吸收谱带。正是这种特征谱带的稳定性，使化学家可以通过简单的观察并参考一般官能团频率表来获得有用的结构信息。在应用红外光谱图解析有机化合物时，要同时注意红外吸收峰的位置、强度和峰形。吸收峰的位置无疑是红外吸收的最重要的特点，然而在确定化合物分子结构时，必须将吸收峰的位置辅以吸收峰的强度和峰形来综合分析。而且指纹区和官能团区的不同功能对红外光谱图的解析也很重要，从官能团区可找出该化合物中存在的官能团，而指纹区的吸收则适合用来与标准图谱（或已知物图谱）进行比较，两者正好相互补充，用来推断该化合物的结构类型。用红外光谱鉴定化合物，优点是简便、迅速和可靠，使用样品量在四种光谱中最大，但对样品无特殊要求，无论气体、固体和液体均可进行检测（见第三章）。

核磁共振谱（NMR）是有机化合物在外磁场作用下，具有自旋磁矩原子核，吸收射频能量，产生核自旋能级的跃迁，这些信号经过傅里叶变换转换成的频域信号就形成可读的 NMR 谱图。核磁共振氢谱（^{1}H-NMR）和核磁共振碳谱（^{13}C-NMR）两种核磁共振谱是有机化合物分子结构测定的最重要的工具，两者相辅相成，提供有关分子中氢质子及碳原子的类型、数目、相互连接方式、周围化学环境以及空间排列等结构信息，在确定有机化合物分子的平面结构及立体结构中发挥着巨大的作用。二维核磁共振的出现和发展是近代核磁共振波谱学的最重要的里程碑。随着兆赫数更高的超导核磁共振仪的普及应用，越来越多的脉冲序列程序被不断开发，涌现出一系列具有较高使用价值的技术，例如 ^{1}H-^{1}H COSY（^{1}H-^{1}H correlation spectroscopy）、NOESY（nuclear Overhauser effect spectroscopy）、HMQC（heteronuclear multiple quantum coherence spectroscopy）、HMBC（heteronuclear multiple bond correlation spectroscopy）等谱图类型在有机化合物的结构测定中已经得到普遍应用，极大地促进了研究人员对复杂有机化合物结构的研究。除了对小分子有机化合物进行结构解析外，核磁共振技术也可用于 DNA、多肽、蛋白质的结构解析。一般样品较少，对于几毫克的微量物质，如果是分子量在 1 000Da 以下的小分子有机化合物，也可以快速测定它们的分子结构。因此，熟练掌握核磁共振的基本原理及其图谱解析技术对制药工程相关专业具有特别重要的意义（见第四章、第五章、第六章）。

质谱（MS）是利用一定的电离方法将有机化合物分子进行电离、裂解，并将所产生的离子按照质量和电荷的比值（m/z）由小到大的顺序排列而成的图谱。质谱中不伴随有电磁辐射的吸收或发射，并不属于光谱的范畴，它检测的是由化合物分子经离子化或裂解而产生的各种离子。自 20 世纪 50 年代后期以来，质谱法逐渐成为鉴定有机化合物结构的重要手段。质谱的灵敏度远远超过其他方法，样品用量不断降低；而且质谱是唯一可以确定分子式的方法，对推测未知结构至关重要。随着技术的发展,质谱分析结果的检索已经成为一个独立而有效的体系,可以直接检索出分子式和结构式,数据库的类型和容量远远超过过去(见第七章)。

质谱根据不同的电离方法可以得到相应的质谱图。其中,电子轰击电离出现的时间最早,已经得到了广泛的应用,很多早期的质谱图都是用电子轰击电离产生的。不同质荷比的离子经质量分析器得以分开,随后被检测并记录,其中包含大量复杂的结构信息,根据合理的推导可以推测出有机化合物的结构。近年来由于核磁共振技术的快速发展和在结构鉴定方面的独特优势,质谱大多数情况被用来获得分子量,进而得到分子式。随着技术的不断革新,化学电离质谱法(CI-MS)、场解吸质谱法(FD-MS)、激光解吸质谱法(LD-MS)、快速原子轰击质谱法(FAB-MS)、电喷雾电离质谱法(ESI-MS)这些采用软电离技术的质谱法克服了电子轰击离子源的不足,使绝大多数有机化合物都能出现准分子离子峰,从而获知分子量,结合高分辨质谱中的精确质量数,可以直接确定分子式(见第七章)。

绝对构型的测定是具有手性中心的有机化合物结构测定的重要内容。一般来说,上述一维、二维核磁共振谱和质谱两种技术在绝大多数情况下不能直接获得有机化合物绝对构型的信息。有机化合物绝对构型的测定有其专门的波谱学方法,包括圆二色谱(CD)和旋光光谱(ORD)、旋光比较法、X射线单晶衍射法、核磁共振法[手性位移试剂、衍生化的NMR(如Mosher法)]、化学转化法、动力学拆分法以及利用非对映异构体性质变化规律的推断法等。特别是圆二色谱(CD),目前已经成为测定化合物绝对构型的最重要的手段(见第八章第一节)。

圆二色谱是吸收光谱,具有紫外吸收的手性化合物可测定圆二色谱。其谱线特征为在所测化合物的最大吸收波长处出现异常的峰状或谷状的Cotton效应谱线。CD谱简单明了,易于解析。圆二色谱主要是根据Cotton效应获得绝对构型的信息,分为基于八区律的Cotton效应的经验预测、与相关化合物的Cotton效应的比较、具有理论依据的CD激子手性法以及基于量子化学计算的CD(ECD、VCD)谱与实测CD谱相比较的方法等(见第八章第二节)。

旋光光谱(ORD)是非吸收光谱,不具有紫外吸收的手性化合物也可测定旋光光谱。其谱线特征为不具有发色团(又称生色团)的手性化合物产生平滑谱线,具有发色团的手性化合物在接近所测化合物的最大吸收波长处出现异常S形曲线式Cotton效应的谱线。ORD谱较复杂,但比较容易显示出小差别,能够提供更多的有关立体结构的信息(见第八章第一节)。

X射线单晶衍射是测定有机化合物绝对构型的有力武器,但要求化合物可得到适合的单晶,需要专业人员测试处理数据;对于不含重原子的有机化合物来说,由于射线波长的不同,只有铜靶CuKα产生的射线衍射才能获得绝对构型的有效信息(见第八章第三节)。

此外,通过化学反应在分子结构中引入其他基团,利用产物相应位置的氢化学环境的差别,再通过核磁共振技术获得绝对构型的信息,如常用的Mosher法等(见第八章第四节)。当然通过与绝对构型确定的已知化合物进行化学沟通一直是确定有机化合物绝对构型的一种有效可靠的方法,但需要消耗一定量的测试样品。动力学拆分是在手性试剂的存在下,一对对映异构体与手性试剂相作用生成非对映异构体,因其反应速度不同,从而实现对映异构体拆分的一种方法。

通过综合比较各种波谱学方法,每一种都具有自身的独特优势,其中提供结构信息最多的是核磁共振谱,通过一维和二维核磁共振谱图的分析可以解决绝大部分有机化合物的平面结构。因此,核磁共振技术作为最重要的结构测定手段,也是本教材重点需要介绍的部分。

质谱根据质量数获得结构信息，也具有非常广泛的应用，它最突出的优点是灵敏度高，极微量的化合物也可以获得很好的响应。目前，随着更多波谱解析新技术的快速发展，圆二色谱和 X 射线单晶衍射技术的使用越来越广泛，而红外光谱和紫外光谱由于所提供的信息非常局限，逐渐退出了有机化合物结构解析的舞台。为了实现更多复杂有机化合物的结构鉴定，需要熟悉并了解各种结构测定方法和技术的特点，综合分析各种方法技术提供的分子结构信息，才是最高效的手段。本书对这些方法和技术均进行了简单的介绍，以便制药工程相关专业学生和从事相关化学研究的工作者对有机化合物的结构测定有一个较全面的了解。

三、药物分子的结构确定

1. 分子式的确定

（1）通过元素分析法，确定元素组成。

（2）由高分辨质谱仪测得准确的分子量，或者依据质谱的分子离子峰及其同位素的相对强度，即 M^+ 峰与（$M+1$）、（$M+2$）峰之比。通常应该是以高分辨质谱给出的数据为主要依据。

（3）利用各种谱图确定碳、氢、氧、氮、卤素、硫等的原子数来确定或验证分子式。

2. 分子结构片段的确定
利用四大谱中的有效信息来确定分子内的结构单位。一般紫外光谱用来判断有无共轭体系，红外光谱用来判断有哪些官能团，核磁共振谱和质谱碎片用来判断官能团及其取代关系。

以氢谱或碳谱得到的信息为基础，推断药物分子是属于哪类化合物，然后用其他图谱设法取得更进一步的信息来补充和验证。具体做法是以某些官能团为出发点，通过对有关谱图数据的分析，找出其相邻的基团，从而扩大为未知物分子的结构单元。氢谱的耦合裂分及化学位移常常是找出相邻基团的重要线索。碳谱的化学位移值及其是否表现出分子的对称性有助于确定取代基的相互位置。质谱主要碎片离子间的质量差、亚稳离子、重要的重排离子可以得出基团相互连接的信息。不饱和基团形成大的共轭体系可以从紫外光谱中反映出来。在红外光谱中，某些基团的吸收位置可反映该基团与其他基团相连接的信息。一般来说，对某个给定的药物分子，必须与全部图谱中的信息相吻合才行。若在某一图谱中出现异常，则需要重新考虑可能在哪些地方结构解析发生了错误。

3. 谱图中没有检出的剩余结构单元的确定
从化合物的分子式（或分子量）中扣除所有指定的已知结构单位的分子式（或分子量），并求出剩余结构单位的不饱和数。剩余分子式（或分子量）对于判断剩余单元的结构可提供有效的启示。

4. 利用已确定的结构单元组成该化合物的几种可能结构
如果已找出的结构单元的不饱和基团与分子的不饱和数相等，则考虑它们之间各种相连顺序的可能性。若已找出的结构单元中的不饱和基团的不饱和数低于分子的不饱和数，除应考虑已经确定结构单元的相互连接之外，还应考虑分子中环系的组成。

在组成分子的可能结构时，应注意安排好不饱和键和杂原子的位置（特别是杂原子的位置），因它们的位置对氢谱、碳谱、质谱、红外光谱、紫外光谱均可能产生重要影响。对药物分子的结构确定而言，只依靠一种分析手段推断出结构往往是比较困难的，必须采用多种分析手段加以综合运用,在制药工程专业中常以核磁共振氢谱、碳谱为基础,配合质谱裂解规律等波谱技术来完成药物分子的结构研究工作。若确定复杂药物分子的平面化学结构及立体构型等,常需要配合各种二维核磁共振技术来完成。

5. 选出最可能的结构 以所推出的每种可能结构为出发点,对各种谱图进行指认。只有每种谱图所提供的信息都吻合,才说明该结构是正确的。当谱图信息与几种可能的结构均大致吻合时,可以对核磁共振谱图的化学位移或耦合常数值进行计算,通过比较计算值与实测值之间的差别,推测出最可能的结构。近年来,量子化学计算以及计算机辅助方法(CASE)的快速发展,不仅可以利用核磁共振预测谱与实验谱的比对,通过误差值比较来判别哪种结构更有可能,有效避免人为主观性的判断错误;还可以大大提高结构解析的效率,根据核磁共振数据给出未知分子最可能的结构(图 1-7)。

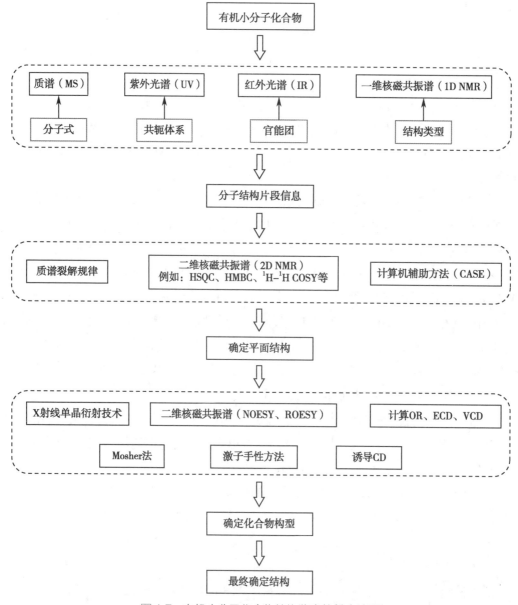

图 1-7 有机小分子化合物结构鉴定的基本流程

（宋少江）

第二章 紫外光谱

学习要求：

1. **掌握** "共轭体系越长，紫外吸收峰波长也越长"的道理；共轭烯烃、$\alpha,\beta-$ 不饱和醛酮、酸、酯以及某些芳香化合物最大吸收波长的变化规律；最大摩尔吸光系数与化合物结构的关系。
2. **熟悉** 紫外光谱在有机化合物结构分析中的应用。
3. **了解** 电子跃迁类型、发色团类型及其与紫外吸收峰波长的关系；溶剂因素对 $\pi \to \pi^*$ 跃迁及 $n \to \pi^*$ 跃迁的影响。

第一节 紫外光谱的基本知识

分子吸收波长范围在 200～400nm 的电磁波产生的吸收光谱称为紫外光谱（ultraviolet spectrum, UV）。在有机化合物的结构解析中，紫外光谱主要用于提供分子的芳香结构和共轭体系信息。

一、分子轨道

（一）分子轨道的概念

分子中电子的运动"轨道"称为分子轨道（molecular orbit），一般用波函数 ψ 表示。分子轨道理论认为，两个原子轨道线性组合形成两个分子轨道，其中波函数位相相同者（同号）重叠形成的分子轨道称为成键轨道（bonding orbit），用 ψ 表示，其能量低于组成它的原子轨道；波函数位相相反者（异号）重叠形成的分子轨道称为反键轨道（antibonding orbit），用 ψ^* 表示，其能量高于组成它的原子轨道。原子轨道相互作用的程度越大，形成的分子轨道越稳定。

（二）分子轨道的种类

分子轨道根据原子轨道线性组合类型的不同，可以分为 σ、π 及 n 轨道等几种类型。

1. 由原子 A 和 B 的 s 轨道相互作用形成的分子轨道 σ 轨道 两个 s 轨道相叠加所得的分子轨道的能量比相互作用前原子轨道的能量低，称为成键轨道，用符号 σ_s 表示；两个 s 轨道相叠加所得的分子轨道的能量比相互作用前原子轨道的能量高，称为反键轨道，用符号 σ_s^* 表示。

2. 由原子A和B的p轨道相互作用形成的两种分子轨道 即σ轨道和π轨道。两个原子的p轨道可以有两种组合方式,即"头碰头"和"肩并肩"。当两个原子的p轨道以"头碰头"的形式发生重叠时,产生一个成键的分子轨道σ_p和一个反键的分子轨道σ_p*;当两个原子的p轨道以"肩并肩"的形式发生重叠时,产生一个成键的分子轨道π_p和一个反键的分子轨道π_p*。

3. 原子上未成键电子对形成的分子轨道 在分子轨道中,未与另外一个原子轨道发生相互作用的原子轨道(即未成键电子对所占有的轨道),其分子轨道能级图上的能量大小与其在原子轨道上的能量相同,此类型的分子轨道称为非成键轨道,亦称n轨道。n轨道没有反键轨道,其轨道上电子称为n电子。

二、电子跃迁及类型

通常情况下,分子中的电子排布在n轨道以下的轨道上,这种状态称为基态。分子吸收光子后,基态的一个电子被激发到反键轨道(电子激发态),称为电子跃迁。产生电子跃迁的必要条件是物质必须接受紫外光或可见光照射,且只有当照射光的能量与价电子的跃迁能相等时,光才能被吸收。因此,光的吸收与化学键的类型和价电子的种类有关。

有机化合物中的价电子有形成单键的σ电子和形成双键或三键的π电子,以及未成键的n电子等。可能发生的电子跃迁主要有四种类型(图2-1),即σ→σ*跃迁、n→σ*跃迁、π→π*跃迁、n→π*跃迁。通常各种电子跃迁的能级差ΔE存在以下次序:σ→σ*跃迁>n→σ*跃迁≥π→π*跃迁>n→π*跃迁。

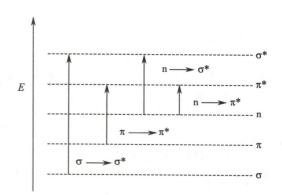

图2-1 不同价电子跃迁能量图

(一)σ→σ*跃迁

σ轨道上的电子由基态跃迁到激发态属于σ→σ*跃迁。此跃迁需要较高的能量,吸收峰在短波长处的远紫外区,一般小于150nm,近紫外光谱观测不到。

(二)n→σ*跃迁

含有O、N、S和卤素等杂原子的化合物其杂原子上的未成键电子(n电子)向σ*轨道跃迁称为n→σ*跃迁。n→σ*跃迁的吸收峰位一般在200nm左右的远紫外区,处于末端吸收区。

(三)π→π*跃迁

处于不饱和键π轨道上的价电子发生的能级跃迁称为π→π*跃迁。孤立的π→π*跃迁的吸收峰一般在200nm处,ε>104,为强吸收;而当延长共轭体系后,跃迁所需的能量减少。

(四)n→π*跃迁

在—CO—、—CHO、—COOH、—CONH_2、—CN等基团中,不饱和键的一端直接与具有未共用电子对的杂原子相连,其非成键轨道中的n电子吸收能量后向π*轨道跃迁,称为n→π*

跃迁。一般这种跃迁所需的能量小,吸收波长在近紫外区或可见区,吸收强度小,ε 为 10～100。

三、吸收带

价电子跃迁过程中伴随着振动和转动能级跃迁,因此紫外 - 可见光谱往往形成带状光谱,故将紫外 - 可见光谱中的吸收峰位置称为吸收带(absorption band)。吸收带出现的波长范围和吸收强度与化合物的结构有关,通常根据跃迁类型不同,可将吸收带分为四种。

(一)R 带

n → π* 跃迁所产生的吸收带。含有杂原子的不饱和基团(如—C＝O、—N＝O、—NO₂、—N＝N—等发色团)发生 n → π* 跃迁产生 R 带,其特点是吸收峰处于较长波长范围(250～500nm),吸收强度很弱($\varepsilon<100$)。

(二)K 带

共轭双键的 π → π* 跃迁所产生的吸收带。它的吸收峰出现区域为 210～250nm,吸收强度大,$\varepsilon>10\,000$($\lg\varepsilon>4$)。

(三)B 带

苯环的 π → π* 跃迁所产生的吸收带。B 带是芳香化合物的特征吸收,一般出现在 230～270nm,中心在 256nm 左右,ε 值约为 220。B 带为一宽峰,在非极性溶剂中出现若干小峰或称细微结构,在极性溶剂中或在溶液状态时精细结构消失。图 2-2 从下至上依次是苯在溶液状态时,以及溶解在乙醇和正己烷溶剂中的紫外光谱图。

(四)E 带

苯环的烯键 π 电子 π → π* 跃迁所产生的吸收带。E 带也是芳香化合物的特征吸收,分为 E₁ 和 E₂ 两个吸收带。E₁ 带是由苯环的烯键 π 电子 π → π* 跃迁所产生的吸收带,吸收峰在 184nm,$\lg\varepsilon>4$(ε 值约为 60 000);E₂ 带是由苯环的共轭烯键 π 电子 π → π* 跃迁所产生的吸收带,吸收峰在 204nm,$\lg\varepsilon=3.9$(ε 值约为 7 900)。当苯环上有发色团取代并和苯环共轭时,B 带和 E 带均发生红移,此时 E₂ 带常与 K 带重叠。图 2-3 为苯在环己烷中的紫外光谱图。

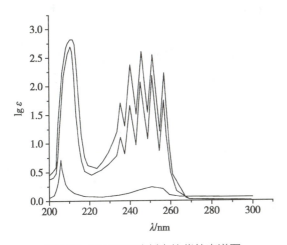

图 2-2　苯在不同溶剂中的紫外光谱图

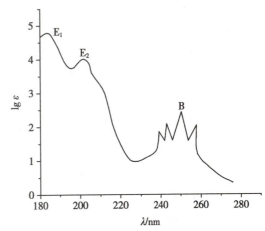

图 2-3　苯在环己烷中的紫外光谱图

四、紫外光谱的表示方法及常见术语

（一）表示方法

吸收光谱又称吸收曲线，是以波长（nm）为横坐标、以吸光度 A（或吸光系数 ε 或 $\lg\varepsilon$）为纵坐标所描绘的曲线，紫外分光光度计可以直接绘制紫外光谱图。

1. **吸收峰（λ_{max}）** 是曲线上吸光度最大的地方，所对应的波长为最大吸收波长。

2. **吸收谷（λ_{min}）** 是峰与峰之间吸光度最小的部位，其所对应的波长称为最小吸收波长。

3. **肩峰（shoulder peak）** 是指当吸收曲线在下降或上升处有停顿或吸收稍有增加的现象。这种现象通常是由主峰内藏有其他吸收峰所造成的。肩峰通常用 sh 或 s 表示。

4. **末端吸收（end absorption）** 是只在图谱的短波端呈现强吸收而不成峰形的部分。

5. **强带和弱带（strong band and weak band）** 在化合物的紫外 - 可见光谱中，凡摩尔吸光系数 $\varepsilon > 10^4$ 的吸收峰为强带，$\varepsilon < 10^3$ 的吸收峰为弱带。但在实际应用中，很少用紫外光谱图直接表示，一般多用数据表示，即以最大吸收波长和最大吸收峰所对应的摩尔吸光系数 ε 或 $\lg\varepsilon$ 表示。

（二）朗伯 - 比尔定律（Lambert-Beer law）

在单色光和稀溶液的实验条件下，溶液对光线的吸收遵守朗伯 - 比尔定律，即吸光度（absorbance，A）与溶液的浓度（C）和吸收池的厚度（l）成正比。

$$A = \alpha l C \qquad \text{式（2-1）}$$

式中，α 为吸光系数（absorptivity）。如果溶液的浓度用摩尔浓度、吸收池的厚度以厘米（cm）为单位，朗伯 - 比尔定律的吸光系数用摩尔吸光系数 ε（molar absorptivity）表示。即

$$A = \varepsilon l C = \lg I_0/I，即\ \varepsilon = A/lC \qquad \text{式（2-2）}$$

式中，C 的单位是 mol/L；I_0 为入射光强度；I 为透射光强度。ε 是分子在跃迁过程的特性，表示该物质吸收光的能力，但是跃迁发生的可能性却可以改变 ε，它的变化范围为 $0 \sim 10^6$，$> 10^4$ 为强吸收，$< 10^3$ 为弱吸收，跃迁禁阻的吸收强度范围通常在 $0 \sim 1\ 000$。

吸光系数也可以用百分吸光系数 $E_{1cm}^{1\%}$ 表示，此时溶液的浓度单位为百分浓度单位 g/100ml，即每 100ml 溶液中含有多少克溶质。百分吸光系数和摩尔吸光系数的关系：

$$E_{1cm}^{1\%} = \varepsilon \times 10/M \qquad \text{式（2-3）}$$

式中，M 为物质的摩尔质量。

当溶液中存在两种或两种以上的吸光物质时，如果其不会相互影响而改变自身的吸光系数，那么其吸收有加和性。如浓度为 C_a 的物质和 C_b 的物质存在于同一溶液中，则存在：

$$A = A_a + A_b = \varepsilon_a C_a l + \varepsilon_b C_b l \qquad \text{式（2-4）}$$

注意：溶质和溶剂的相互作用、温度、pH 等因素都可能影响吸光度的大小。

（三）常见术语

1. **发色团（chromophore）** 分子结构中含有 π 电子的基团称为发色团。它们能产生 π → π* 跃迁和 / 或 n → π* 跃迁，从而能在紫外 - 可见光范围内产生吸收。如—C=C、—C=O、—N=N、—NO₂、—C=S 等。

2. **助色团（auxochrome）** 是指含有未成键孤对电子的杂原子饱和基团。它们本身在

紫外-可见光范围内不产生吸收,但当其与发色团或饱和烃相连时,能使该发色团的吸收峰向长波方向移动,并使吸收强度增加。如—OH、—NR、—OR、—SH、—SR、—Cl、—Br、—I 等。

3. 红移(bathochromic shift) 亦称长移。是指由于化合物的结构改变,如发生共轭作用、引入助色团以及溶剂改变等,使吸收峰向长波方向移动。

4. 蓝移(hypsochromic shift) 亦称短移。是指由于化合物的结构改变或受溶剂影响,使吸收峰向短波方向移动。

5. 增色效应(hyperchromic effect) 是指因化合物的结构改变或其他原因使化合物的吸收强度增加的效应,亦称浓色效应。

6. 减色效应(hypochromic effect) 是指因化合物的结构改变或其他原因使化合物的吸收强度减弱的效应,亦称浅色效应。

五、紫外光谱最大吸收波长的主要影响因素

(一)共轭效应(conjugation effect)对 λ_{max} 的影响

共轭体系的形成将使吸收移向长波方向。分子中的共轭体系越长,则吸收向长波方向移动的距离越大,而且吸收强度增加,亦即吸收波长随共轭程度增加而增加(表2-1)。这种现象可以认为是由于形成离域键,使 $\pi \to \pi^*$ 跃迁的基态与激发态间的能量差值变小,π 电子更容易被激发而跃迁到反键 π^* 轨道上去。

某些具有孤对电子的基团如—OH、—NH$_2$、—X,当它们被引入双键的一端时,将产生 p-π 共轭效应而产生新的分子轨道 π_1、π_2、π_3^*。由于 π_2 较 π_3^* 能量高,故 $\pi_2 \to \pi_3^*$ 跃迁能小于未共轭时的 $\pi \to \pi^*$ 跃迁,因此 p-π 共轭效应体系越大,助色团的助色效应越强,则吸收带越向长波方向移动。而烷基取代双键碳上的氢以后,通过烷基的 C—H 键和 π 键电子云重叠引起的共轭作用使 $\pi \to \pi^*$ 跃迁所需的能量减小,吸收带也发生红移,但是影响较小。

两个发色团的共轭不仅可以使波长发生红移,而且可以使吸收强度增加,这两个影响在使用和阐明有机分子的吸收光谱中有很大的重要性,因为共轭系统吸收带的确切位置和强度与共轭程度相关。表2-1 为一些典型共轭烯烃的 λ_{max} 数值。

表2-1 一些典型共轭烯烃的 λ_{max}

化合物	双键数	λ_{max}/nm	颜色
乙烯	1	175	无色
丁二烯	2	217	无色
己三烯	3	258	无色
二甲基辛四烯	4	296	淡黄色
癸五烯	5	335	淡黄色
二甲基十二碳六烯	6	360	黄色
α-羟基-β-胡萝卜烯	8	415	橙色

(二)溶剂的选择以及溶剂对 λ_{max} 的影响

对于 UV 测定,溶剂的选择是很重要的。溶剂不能和样品发生反应,且在给定的被测物

质波长范围内不能有紫外吸收。另外在选择溶剂时要特别注意溶剂的波长极限（波长极限是指低于此波长时，溶剂将有吸收）。在表 2-2 中，环己烷、水、乙醇和甲醇是常用的溶剂，在样品分子产生吸收峰的波段，这些溶剂本身都没有吸收。

表 2-2　常用溶剂的波长极限

溶剂	波长极限 /nm	溶剂	波长极限 /nm
乙醚	210	2,2,4- 三甲戊烷	220
环己烷	210	甘油	230
正丁醇	210	1,2- 二氯乙烷	233
水	210	二氯甲烷	235
异丙醇	210	氯仿	245
甲醇	210	乙酸乙酯	260
甲基环己烷	210	甲酸甲酯	260
乙腈	210	甲苯	285
乙醇	215	吡啶	305
1,4- 二氧六环	220	丙酮	330
正己烷	220	二硫化碳	380

1. **溶剂的极性对紫外光谱的影响**　溶剂的极性对吸收带的精细结构、吸收峰的波长位置和强度等会产生一定的影响。在极性溶剂中，溶剂和溶质间易成氢键，精细结构会消失。溶剂可以通过影响基态或者激发态的能级而吸收不同波长的紫外光。在 $n \rightarrow \pi^*$ 跃迁中，基态的极性强于激发态，极性溶剂与极性分子的激发态形成氢键的稳定能力不如基态，故基态的能量下降较多，$n \rightarrow \pi^*$ 跃迁所需要的能量变大。极性溶剂使 $n \rightarrow \pi^*$ 跃迁移向短波长（图 2-4）；而在 $\pi \rightarrow \pi^*$ 跃迁中，激发态的极性强于基态，激发态与极性溶剂作用的强度大于基态，能量下降较多，而 π 轨道与溶剂的作用小，能量下降较少，故随溶剂极性的增加，跃迁所需要的能量是减少的，而吸收向长波方向移，故跃迁产生的最大吸收峰随溶剂极性的增加而向长波移动（图 2-4）。

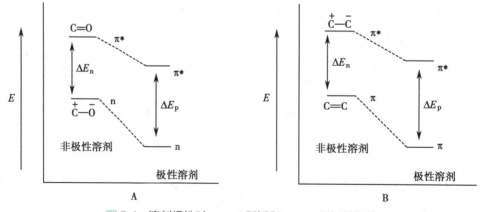

图 2-4　溶剂极性对 $n \rightarrow \pi^*$ 跃迁和 $\pi \rightarrow \pi^*$ 跃迁的影响

2. **溶剂的 pH 对紫外光谱的影响**　在测定酸性、碱性或者两性物质时，溶剂的 pH 对于最大吸收波长的影响很大。如酸度的变化会使有机化合物的存在形式发生变化，影响 $\pi \rightarrow \pi^*$

跃迁,从而导致谱带位移。因此苯酚随着溶剂的 pH 升高,谱带将发生红移,吸收峰分别从210nm 和 270nm 红移到 234nm 和 287nm(图 2-5)。

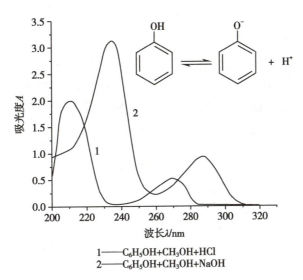

1——C₆H₅OH+CH₃OH+HCl
2——C₆H₅OH+CH₃OH+NaOH

图 2-5 溶剂的 pH 对苯酚紫外光谱的影响

(三)空间效应(steric effect)对 λ_{max} 的影响

1. 空间位阻对 λ_{max} 的影响 要使共轭体系中的各种因素均成为有效的生色因子,各个生色因子应处于同一平面,才能达到有效的共轭。若发色团之间、发色团与助色团之间太拥挤,就会破坏共轭体系,使 λ_{max} 蓝移。

例 2-1 如 α- 及 α'- 位有取代基的二苯乙烯(图 2-6)的紫外光谱,当 R 和 R' 位的取代基均为—H 时,化合物中的苯环与双键处于同一平面,产生的 λ_{max} 为 294nm;当 R 和 R' 位取代基的体积增大时,空间拥挤使两个苯环与双键不在同一平面,不能有效共轭,λ_{max} 发生蓝移,且取代基的体积越大,λ_{max} 蓝移越明显(表 2-3)。

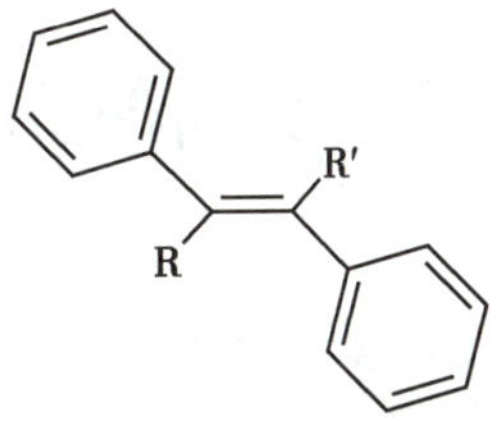

图 2-6 α- 及 α'- 位有取代基的二苯乙烯

表 2-3 α- 及 α'- 位有取代基的二苯乙烯的 λ_{max} 和 ε_{max}

R	R'	λ_{max}/nm	ε_{max}
H	H	294	27 600
H	CH₃	272	21 000
CH₃	CH₃	243	12 300
CH₃	C₂H₅	240	12 000
C₂H₅	C₂H₅	207	11 000

2. 顺反异构对 λ_{max} 的影响 顺反异构多指双键或环上的取代基在空间排列不同而形成的异构体,其紫外光谱有明显的区别。一般反式异构体的空间位阻较小,能有效地共轭,键的张力较小,$\pi \rightarrow \pi^*$ 跃迁能较小,λ_{max} 位于长波端,吸收强度较大。

例 2-2 在二苯乙烯异构体中,反式二苯乙烯为平面结构,双键与苯环处于同一平面,容易发生 $\pi \rightarrow \pi^*$ 跃迁;而顺式二苯乙烯由于空间位阻大,双键与苯环非平面,不易发生共轭。

所以反式较顺式的 λ_{max} 位于长波端,且 ε_{max} 值为顺式的 2 倍(图 2-7)。

3. 跨环效应对 λ_{max} 的影响　分子中的两个非共轭发色团处于一定的空间位置,尤其是在环状体系中,有利于电子轨道间的相互作用,这种作用称为跨环效应。由此产生的光谱既非两个发色团的加和,亦不同于两者共轭的光谱。

在有些 β,γ- 不饱和酮中,虽然双键与酮基之间不产生共轭体系,但通过适当的立体排列,羰基氧的孤对电子对和双键的 π 电子发生作用,使吸收带向长波移动,吸收强度增加。

例 2-3　在双环[2.2.2]2(3)辛烯 -3- 酮中,双键与羰基处于适当的位置,羰基氧的孤电子对与碳碳双键的 π 电子可发生相互作用,与仅有羰基的双环[2.2.2]辛 -3- 酮相比,λ_{max} 红移(图 2-8)。

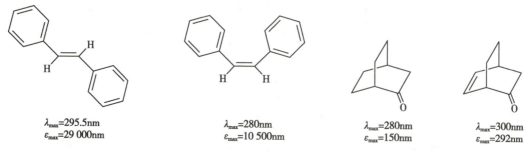

图 2-7　顺反异构对 λ_{max} 的影响　　　　图 2-8　跨环效应对 λ_{max} 的影响

第二节　紫外光谱与分子结构间的关系

一、非共轭有机化合物的紫外光谱

(一)饱和烷烃

σ → σ* 跃迁是饱和烷烃中唯一的跃迁形式,需要较高的能量,其吸收紫外波长一般发生在低于 150nm 的远紫外区,例如甲烷的 λ_{max} 在 122nm、乙烷的 λ_{max} 在 135nm。烷烃被含有孤对电子的杂原子饱和基团如—OH、—NR_2、—SR、—Cl、—Br、—I 取代时,产生的跃迁是 n → σ* 跃迁,跃迁所需的能量较低,并且同一碳上所连的杂原子数目越多,越向长波方向移动。如硫醇和硫醚的吸收在 200~220nm,但是大多仍在远紫外区,对应用的意义不大。

(二)烯、炔及其衍生物

在不饱和化合物中多为 π → π* 跃迁,这类跃迁有相对较高的能量,故孤立的碳碳双键和三键的吸收一般小于 200nm。其波长的吸收位置对存在的取代基很敏感,杂原子 O、N、S 与 C=C 相连,由于杂原子上的 n 电子与双键上的 π 电子形成 p-π 共轭,λ_{max} 红移。N、S 的影响较 O 大,Cl 的影响较小。

(三)含杂原子的双键化合物

不饱和化合物中存在 O、N、S 等杂原子时的 π → π* 跃迁在远紫外区,而其产生的 n → π* 跃迁的吸收峰一般出现在近紫外区,有很大的应用价值。对于醛、酮类化合物,其 n → π* 跃

迁的 λ_{max} 270～300nm，ε<100，可以用来鉴别醛、酮羰基的存在。醛类化合物的 n→π* 跃迁在非极性溶剂中有精细结构，随着溶剂极性的增加而消失，而酮羰基即使在非极性溶剂中也观察不到精细结构。

二、共轭烯类化合物的紫外光谱

（一）Woodward-Fieser 规则

Woodward-Fieser 规则为以 1,3-丁二烯为基本母核，确定其吸收波长的数值为 217nm，以其为基值，根据取代情况的不同，在此基值上加上取代基的增加值，用于计算共轭烯类化合物 K 带的 λ_{max}，这个位置受溶剂极性的影响较小，因此不需要对计算结果进行溶剂校正（表2-4）。

表2-4　共轭烯类化合物 K 带的 λ_{max} 值的 Woodward-Fieser 计算规则

基值（共轭二烯的基本吸收带）	217nm
增加值	
同环二烯	36nm
烷基（或环烷基）	5nm
环外双键	5nm
共轭双键	30nm
助色团—OCOR	0nm
—OR	6nm
—SR	30nm
—Cl，—Br	5nm
—NR$_1$R$_2$	60nm

应用 Woodward-Fieser 规则计算时应注意：①该规则只适用于共轭二烯、三烯、四烯；②选择较长的共轭体系作为母体；③交叉共轭体系中只能选择一个共轭键，分叉上的双键不算延长双键，并且选择吸收带较长的共轭体系；④该规则不适用于芳香体系，芳香体系另有经验规则；⑤共轭体系中的所有取代基及所有环外双键均应该考虑在内。

例2-4　计算以下化合物（图2-9）的 λ_{max}。

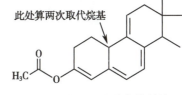

此处算两次取代烷基

图2-9　例2-4 化合物的结构

基值	217nm
共轭双键（30×2）	60nm
同环二烯	36nm
烷基（5×5）	25nm
环外双键（5×3）	15nm
酰基	0nm
计算值＝	353nm
实测值＝	355nm

（二）Fieser-Kuhn 公式

超过四烯以上的共轭多烯体系，其 K 带的 λ_{max} 及 ε_{max} 值不能采用 Woodward-Fieser 规则计算，应采用下列 Fieser-Kuhn 公式计算。

$$\lambda_{max} = 114 + 5M + n(48 - 1.7n) - 16.5R_{endo} - 10R_{exo} \qquad \text{式（2-5）}$$

$$\varepsilon_{max}（己烷）= 1.74 \times 10^4 n \qquad \text{式（2-6）}$$

式中，M 为烷基数；n 为共轭双键数；R_{endo} 为具有共轭双键的环数；R_{exo} 为具有环外双键的环数。ε_{max} 的计算值与实测值不总是符合得很好，这是因为 ε_{max} 值的计算公式是半经验式的。

三、共轭不饱和羰基化合物的紫外光谱

不饱和羰基化合物 K 带的 λ_{max} 可用 Woodward-Fieser 规则计算，其计算规则与共轭烯烃相似，均为在基本母核的 λ_{max} 的基础上进行计算，见表 2-5。

表 2-5　不饱和醛、酮、酸、酯的 λ_{max} 的经验参数（Woodward-Fieser 规则）

基值			—OAc	$\alpha\beta\gamma$	6nm
α,β- 不饱和醛		207nm	—OR	α	35nm
α,β- 不饱和酮		215nm		β	30nm
α,β- 不饱和六元环酮		215nm		γ	17nm
α,β- 不饱和五元环酮		202nm		δ	31nm
α,β- 不饱和酸或酯		193nm	—SR	β	85nm
增加值			—Cl	α	15nm
共轭双键		30nm		β	12nm
烷基或环烷基	α	10nm	—Br	α	25nm
	β	12nm		β	30nm
	γ 或更高	18nm	—NR₁R₂		95nm
—OH	α	35nm	环外双键（不包含 C=O）		5nm
	β	30nm			
	γ	50nm	同环二烯		39nm

应用 Woodward-Fieser 规则对共轭不饱和羰基化合物进行计算时应注意：①共轭不饱和羰基化合物的碳原子的编号为 $^\delta C = ^\gamma C - ^\beta C = ^\alpha C - C = O$；②环上的羰基不作为环外双键看待；③有两个共轭不饱和羰基时，应优先选择波长较大的；④共轭不饱和羰基化合物 K 带的 λ_{max} 值受溶剂极性的影响较大，因此需要对计算结果进行溶剂校正。表 2-5 是在甲醇或者乙醇溶剂中测试所得的。非极性溶剂中的测试值与计算值比较，需加上溶剂的校正值（表 2-6）。

表 2-6　共轭羰基化合物 K 带的溶剂校正值

溶剂	甲醇	乙醇	水	三氯甲烷	二氧六环	乙醚	己烷	环己烷
λ_{max} 的校正值	0	0	−8	+5	+5	+7	+11	+11

四、芳香化合物的紫外光谱

紫外光谱中苯有三个吸收带,包括 E_1 带、E_2 带和 B 带,其中心位置分别在 184nm、203nm 和 256nm。其中 E_1 带和 E_2 带为主要吸收带,是苯环中的环状共轭体系跃迁产生的,为芳香化合物的特征吸收;而 E_1 带在远紫外区,一般不讨论。苯取代后,其 E_2 带和 B 带的吸收峰都会发生变化,取代基类型不同,对吸收带的最大吸收峰的影响也不同。但是由于两者都是禁阻跃迁,故强度较弱。

(一)单取代苯

1. **烷基取代** 由于超共轭作用,使 λ_{max} 红移,但影响较小。

2. **带孤对电子的取代基(如—NH_2、—OH、—OR)取代** 由于助色团的孤对电子与苯环上的大 π 电子体系产生 p-π 共轭,使 λ_{max} 红移。对于酸性或者碱性化合物,pH 的变化通过形成其相对应的共轭酸或者共轭碱也能使吸收峰的位置改变。

3. **含有 π 共轭系统的取代基取代** 含有 π 共轭系统的取代基(如—CH=CH—、C=O、—NO_2 等)由于可以形成 π-π 共轭,产生新的分子轨道而降低跃迁能,使 λ_{max} 显著红移。

4. **给电子与吸电子基团的影响** 根据取代基是吸电子基团还是给电子基团,取代基会对最大吸收峰产生不同的影响。如果吸电子基团不是发色团,那么吸电子基团对 B 带的位置无影响,而给电子基团则会增加 B 带的波长和强度,并且对光谱影响的大小与取代基吸电子的程度有关。不同的取代基使苯的 E_2 带波长增长的次序如下。

邻对位定位基:$N(CH_3)_2 >$ NHCOCH$_3$ $> O^- >$ OCH$_3$ $>$ OH $>$ Br $>$ Cl $>$ CH$_3$

间位定位基:$NO_2 >$ CHO $>$ COCH$_3$ $>$ COOH $>$ SO$_2$NH$_2$ $>$ NH$_3^+$

常见的苯的单取代物的 λ_{max} 见表2-7。

表 2-7　常见的苯的单取代物的 λ_{max}

取代基(R)	λ_{max}/nm(ε)	
	E_2 带或 K 带	B 带
—H	203(7 400)	254(204)
—NH$_3^+$	203(7 500)	254(160)
—Me	206(7 000)	261(225)
—I	207(7 000)	257(700)
—Cl	209(7 400)	263(190)
—Br	210(7 900)	261(192)
—OH	210(6 200)	270(1 450)
—OMe	217(6 400)	269(1 480)

(二)双取代苯

双取代苯的吸收光谱的 λ_{max} 与两个取代基的类型和相对位置有关,一般有以下规律。

1. **两个吸电子基团或两个供电子基团取代** 此时吸收光谱的 λ_{max} 值与两个取代基的相对位置无关,即邻、间、对位取代苯三者的吸收光谱的 λ_{max} 值相近,且一般不超过单取代时

λ_{max} 值较大者。

2. **一个吸电子基团和一个供电子基团邻、间位双取代**　此时两者的吸收光谱的 λ_{max} 值相近,且与单取代时的 λ_{max} 值区别较小。

3. **一个吸电子基团和一个供电子基团对位双取代**　此时吸收光谱的 λ_{max} 值远远大于两者双取代时的 λ_{max} 值。这种现象可以用共轭效应来解释,因为此种取代大大延长了共轭体系。如图 2-10 所示。

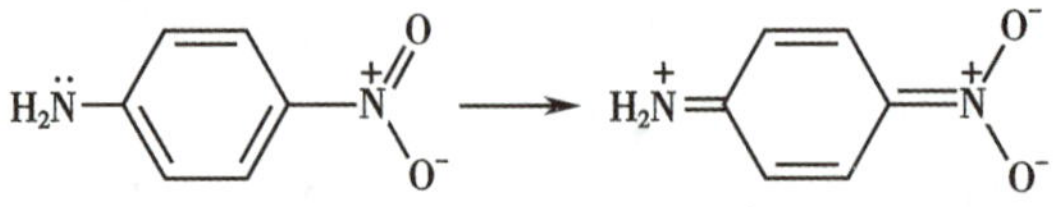

图 2-10　硝基和氨基基团对位双取代的共轭体系

（三）多取代苯

多取代苯化合物中取代基的类型及相对位置对其紫外光谱的影响更加复杂,空间位阻对 λ_{max} 值也有较大的影响。

（四）稠环芳烃

萘、蒽这类线型排列的稠环芳烃较苯能形成更大的共轭体系,紫外吸收比苯更移向长波方向,吸收强度增加,精细结构更加明显。而菲等角式排列稠环芳烃由于分子弯曲程度增加,较相应的线型分子强度减弱,较萘、蒽的 λ_{max} 值蓝移。

（五）芳杂环化合物

1. **五元芳杂环化合物（如吡咯、呋喃、噻吩等）**　五元芳杂环化合物相当于环戊二烯的 C_1 被杂原子取代,因此与环戊二烯有相似的吸收光谱。如果有助色团或发色团取代就发生红移,同时 ε 增大。

2. **六元芳杂环化合物**　六元芳杂环化合物的紫外光谱与苯类似。例如吡啶也有 B 带 λ_{max} 257nm（ε 2 750）和 λ_{max} 195nm（ε 7 500）,只是吡啶的 B 带的吸光系数比苯的 B 带大,精细结构没有苯那样清晰。

3. **稠芳杂环化合物**　稠芳杂环化合物的紫外光谱多与相应的稠芳环化合物相近。例如喹啉和异喹啉的紫外光谱与萘相似。

第三节　紫外光谱在结构解析中的应用

紫外光谱对于结构最基本信息的发现是很有用的,它可以提供 λ_{max} 和 ε_{max} 这两类重要的数据和变化规律。紫外光谱能够帮助我们解决很多问题,但是它只能反映共轭体系的特征,而不能给出整个分子的结构,特别是对于没有吸收的饱和烷烃类,因此单靠紫外光谱得到大量精准信息是困难的。但经过对大量化合物的紫外光谱研究,归纳和积累了许多经验规律,有很多可用的经验公式,这些经验与红外光谱（IR）和核磁共振谱（NMR）的数据联用是十分有意义的。

一、紫外光谱的经验总结

当对某一化合物的结构(结构类型及其发色团)一无所知时,运用下述规律分析所得的光谱,对推断化合物的某些结构可提供一些启示。

1. 如果在 200～400nm 无吸收峰,则该化合物应无共轭双键系统,或为饱和的有机化合物。

2. 如果 270～350nm 给出一个很弱的吸收峰($\varepsilon = 10～100$),并且在 200nm 以上无其他吸收,则该化合物含有带孤对电子的未共轭的发色团,例如 C=O、C=C—O、C=C—N 等。该弱峰是由 n→π* 跃迁引起的。

3. 如果在紫外光谱中给出许多吸收峰,某些峰甚至出现在可见区,则该化合物的结构中可能具有长链共轭体系或稠环芳香发色团。如果化合物有颜色,则至少有 4～5 个相互共轭的发色团(主要指双键)。但某些含氮化合物及碘仿等除外。

4. 在紫外光谱中,其长波吸收峰的强度 ε_{max} 在 10 000～20 000 时,表示有 α,β- 不饱和酮或共轭烯烃结构存在。

5. 化合物的长波吸收峰在 250nm 以上,且 ε_{max} 在 1 000～10 000 时,该化合物通常具有芳香结构系统。峰的精细结构是芳环的特征吸收,但芳香环被取代后共轭体系延长时,ε_{max} 可大于 10 000。

6. 充分利用溶剂效应和介质 pH 影响与光谱变化的相关规律。增加溶剂的极性将导致 K 带红移、R 带蓝移,特别是 ε_{max} 发生很大的变化时,可预测有互变异构体存在。若只有改变介质的 pH 光谱才有显著的变化,则表示有可离子化的基团,并与共轭体系有关。由中性变为碱性时谱带发生较大的红移,酸化后又会恢复原位,则表明有酚羟基、烯醇或不饱和羧酸存在;反之,由中性变为酸性时谱带蓝移,加碱后又恢复原位,则表明有氨(胺)基与芳环相连。

二、紫外光谱结构解析实例

(一)确定未知化合物是否含有与某一已知化合物相同的共轭体系

带有发色团的有机化合物的紫外吸收峰的波长和强度已作为一般的物理常数,用于鉴定工作。当有已知化合物(模型化合物)时,可以通过将未知化合物的紫外光谱与已知化合物的谱图进行比较,若两者的紫外光谱走向一致,可以认为两者有相同的共轭体系。但由于紫外光谱只能表现化合物的发色团和显色的分子母核,所以即使紫外光谱相同,分子结构也不一定完全相同。

当没有模型化合物时,可查找有关文献进行核对,此时一定要注意测定溶剂等条件与文献要保持一致。

当有机化合物分子中含两组发色团,而它们彼此之间被一个以上的饱和原子基团隔开,不能发生共轭时,这个化合物的紫外光谱可以近似地等于这两组发色团光谱的叠加,这个原理称为"叠加原则"。

例2-5 四环素结构的确定。测定四环素的结构,发现其降解产物有如下结构(图2-11)。

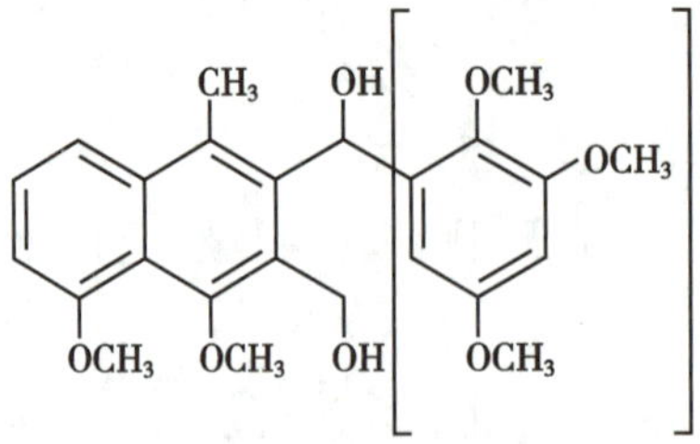

图2-11 四环素结构的确定

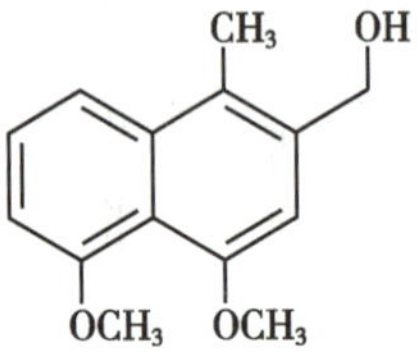

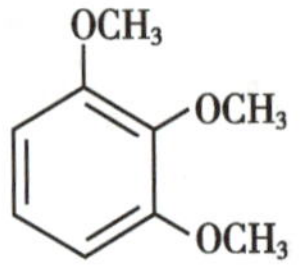

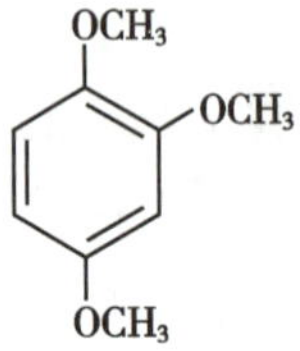

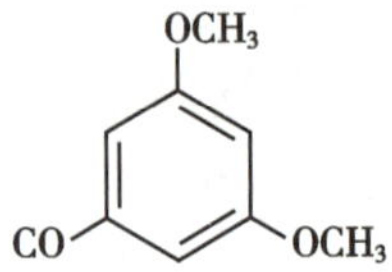

但是未能确定图2-11(a)中方括号部分三个甲氧基的位置。从图2-11可以看出,四环素由两个发色团——萘系统和苯系统组成,但是这两个系统被一个—CH(OH)—片段隔开而未发生共轭。根据叠加原则,这个化合物的紫外光谱应等于这两系统的光谱之和。于是选用下列易于得到的模型化合物的光谱叠加起来与该降解产物的紫外光谱进行比较,结果发现只有图2-11(b)和图2-11(d)的叠加光谱与该降解产物的紫外光谱最为吻合,从而确定了降解物的方括号部分为1,2,4-三甲氧基苯。

例2-6 维生素K₁结构的确定。它有如下吸收带:λ_{max} 249nm($\lg\varepsilon_{max}=4.28$)、260nm($\lg\varepsilon=4.26$)、325nm($\lg\varepsilon=3.38$)。选择一个模型化合物1,4-萘醌[图2-12(a)]的紫外光谱与之对照,1,4-萘醌的吸收带λ_{max}为250nm($\lg\varepsilon=4.6$)、330nm($\lg\varepsilon=3.8$)。后来还发现该化合物与2,3-二烷基-1,4-萘醌[图2-12(b)]更为相似。因此,推测该化合物具有上述骨架,最后通过其他多种方法确定了它的结构[图2-12(c)]。

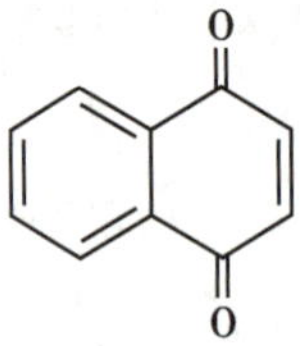

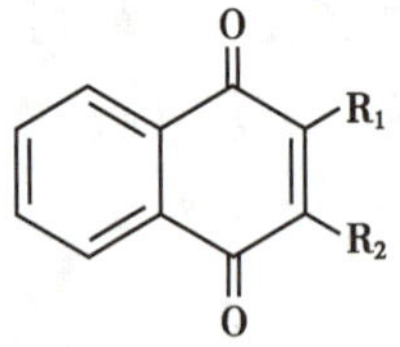

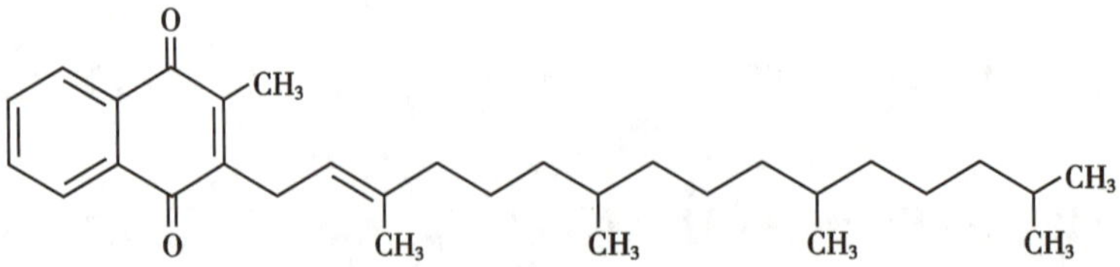

图2-12 维生素K₁结构的确定

（二）确定未知结构中的共轭结构单元

紫外光谱是研究不饱和有机化合物结构的常用方法之一，对于确定分子中是否含有某种发色团（即不饱和部分的结构骨架）是很有帮助的。

结构复杂的有机物难以精确地计算出 λ_{max}，故在结构分析时经常将检品的紫外光谱与同类型的已知化合物的紫外光谱进行比较。根据该类型化合物的结构 - 紫外光谱变化规律，作出适宜的判断。

现在，许多类型的化合物如黄酮类、蒽醌类、香豆素类等，其结构与紫外光谱特征之间的规律是比较清楚的。同类型的化合物在紫外光谱上既有共性，又有个性。其共性可用于化合物类型的鉴定，个性可用于具体化合物具体结构的判断。例如黄酮类化合物具有两个较强的吸收带——300～400nm（谱带Ⅰ）、240～285nm（谱带Ⅱ），这是黄酮类化合物的共性；但具体化合物又因结构不同，其紫外光谱也各不相同。

（三）确定顺反异构体和构象

对于具有相同官能团和类似骨架的各种异构体，如位置异构体和顺反异构体等，用其他光谱法往往难以区分，而运用紫外光谱可以得到满意的结果。

1. 确定顺反异构体　有机分子的构型不同，其紫外光谱的重要参数 λ_{max} 及 ε_{max} 也不同。通常，反式（*trans*）异构体的 λ_{max} 和 ε_{max} 值较顺式（*cis*）异构体大，这是由空间位阻引起的。例如反式二苯乙烯的分子为平面型，烯烃上的双键与同一平面上的苯环容易发生共轭，故 λ_{max}（295.5nm）较大，ε_{max}（29 000）也较大；而顺式二苯乙烯则由于存在空间位阻，苯环与乙烯双键未能处于同一平面上，因此相互共轭程度比反式异构体要小，故顺式异构体的 λ_{max}（280nm）和 ε_{max}（10 500）值均较小。

表2-8列出一些化合物的顺式和反式异构体的 λ_{max} 和 ε_{max}。

表2-8　一些化合物的顺式和反式异构体的 λ_{max} 和 ε_{max}

化合物	顺式异构体		反式异构体	
	λ_{max}/nm	ε_{max}	λ_{max}/nm	ε_{max}
均二苯乙烯	280	10 500	295.5	29 000
甲基均二苯乙烯	260	11 900	270	20 100
1- 苯基丁二烯	265	14 000	280	28 300
肉桂酸	280	13 500	295	27 000
β- 胡萝卜素	449	92 500	452（全反式）	152 000
丁烯二酸	198	26 000	214	34 000
偶氮苯	295	12 600	315	50 100

2. 确定构象　α- 卤代环己酮有以下 A 和 B 两种构象（图2-13）。

构象 A 中，卤原子处在直立键，有利于卤原子的 n 轨道与碳基的 π 轨道重叠，形成 p-π 共轭，因此吸收波长较长；构象 B 中，由于 F 效应（场效应）使碳基的氧碳结合加强，羰基氧对其未成键的 n 电子拉得更紧，n 轨道的电子能

图 2-13　α- 卤代环己酮的两种构象

量降低，n-π* 跃迁的能量增加，相应的吸收峰蓝移。故在 α-卤代环己酮中，a 键取代物的 λ_{max} 都比环己酮长，而 e 键取代物的 λ_{max} 都比环己酮短。

常见 α-卤代环己酮的 λ_{max} 的取代基位移值如表 2-9 所示。

表 2-9　常见 α-卤代环己酮的 λ_{max} 的取代基位移值

α-取代基	λ_{max} 的位移值	
	直立键（a 键）	平伏键（e 键）
—Cl	+22	−7
—Br	+28	−5
—OH	+17	−12
—OAc	+10	−5

（四）确定互变异构体

紫外光谱可以确定某些化合物的互变异构现象。

苯甲酰基乙酰苯胺有酮型（A）和烯醇型（B）互变现象，如图 2-14 所示。

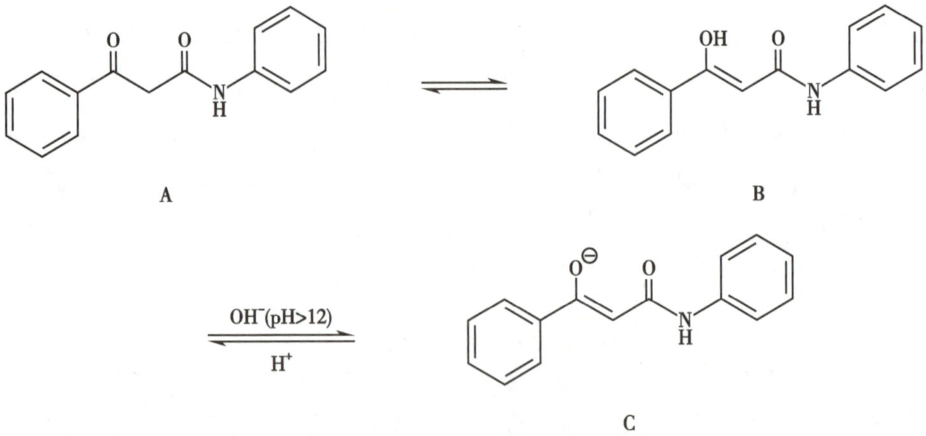

图 2-14　苯甲酰基乙酰苯胺的烯醇互变现象

该化合物的两种互变异构体经紫外分析得到确认。在环己烷中测定时，λ_{max} 分别为 245nm 及 308nm，其 308nm 峰在 pH 为 12 的情况下红移至 323nm。这些实验结果说明，245nm 处的谱带为酮型异构体（图 2-14A），308nm 峰为烯醇型异构体（图 2-14B）。在 pH 为 12 时，烯醇羟基失去质子变为烯醇离子（图 2-14C）。故该峰在 pH 为 12 时红移至 323nm。

α 或者 γ 位羟基取代于氮杂芳环化合物也可产生互变异构现象（图 2-15）。在水溶液中主要以内酰胺或内硫酰胺的形式存在，其光谱与未取代的母体或其他位置取代的羟基化合物不同。例如 2-羟基吡啶 [λ_{max}(EtOH)=293nm] 与 3-羟基吡啶 [λ_{max}(EtOH)=279nm] 的光谱不同，而与 α-吡喃酮 [λ_{max}(EtOH)=289nm] 的光谱相似。溶液中异构体的比例随溶剂（乙醇有利于羟式）或其他取代基的存在而不同。巯基取代与氮杂芳环化合物也可产生类似的互变异构现象。理论上，氨基应与羟基有类似的互变，但事实上却不同，氨基取代化合物以氨基而不以亚胺形式存在。

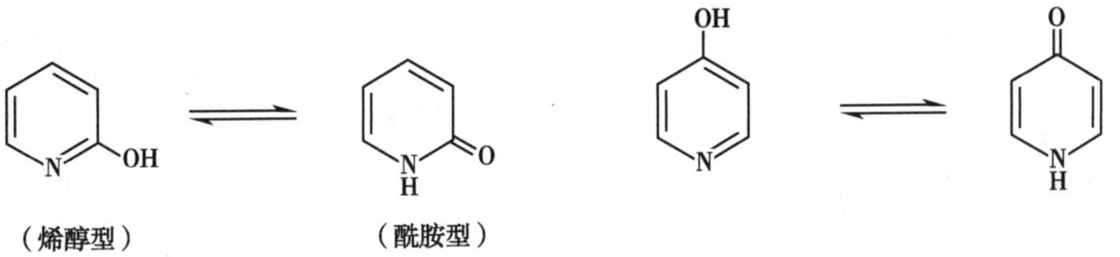

（烯醇型）　　　　　　　　　（酰胺型）

图2-15　氮杂芳环化合物的互变异构现象

（宋少江）

第三章　红外光谱

第一节　红外光谱的基本原理

红外光谱（infrared spectroscopy，IR）是研究红外光与物质分子间的相互作用的吸收光谱。当用一束具有连续波长的红外光照射样品时，该样品的分子就要吸收一定波长的红外光引起分子振动能级的跃迁，所形成的吸收光谱称为红外光谱。由于振动能级跃迁的同时也包含着转动能级跃迁，所以红外光谱也称振动-转动光谱。

红外光谱法是有机化合物结构鉴定最常用的方法之一。根据红外光谱的峰位、峰强及峰形，可以判断化合物中可能存在的官能团，从而推断未知物的结构。红外光谱具有"指纹性"，有共价键的化合物都有其特征的红外光谱。除光学异构体及长链烷烃同系物外，几乎没有两种化合物具有相同的红外光谱。

总的来说，红外光谱具有下列特点：①特征性强，可用于定性分析和结构鉴定；②应用范围广，可用于从气体、液体到固体，从无机物到有机物，从高分子到低分子化合物的分析；③分析速度快，样品用量少，不破坏样品。

一、红外吸收产生的条件

分子发生振动跃迁需要吸收一定的能量，这种能量对应于光波的红外区域（12 500～25cm^{-1}），只有当照射体系产生的红外线能量（$E_{光子}$）与分子的振动能级差（$\Delta E_{振}$）相当时，才会发生分子的振动能级跃迁，从而获得红外光谱。即

$$E_{光子} = h\nu_{光} = \Delta E_{振} = h\nu_{振} = hc\bar{\nu} \qquad \text{式（3-1）}$$

红外光谱产生的第二个条件是红外光与分子之间有耦合作用。为了满足这个条件,分子振动时其偶极矩(μ)必须发生变化,即$\Delta\mu \neq 0$,这种振动称为红外活性振动。而非极性分子在振动过程中只有伸缩振动,无偶极矩变化,如H_2、O_2、Cl_2、N_2等单质的双原子分子,故观察不到红外光谱。此外,对称性分子的对称伸缩振动(如CO_2的$\nu_{O=C=O}$)也没有偶极矩变化,因此也没有红外吸收。不产生红外吸收的振动称为非红外活性振动。

二、红外光区的划分

根据红外线的波长,习惯上将红外光谱分成三个区域。

近红外区:0.78～2.5μm(12 820～4 000cm^{-1}),主要用于研究分子中的 OH、NH、CH 键的振动倍频与组频。

中红外区:2.5～25μm(4 000～400cm^{-1}),主要用于研究大部分有机化合物的振动基频。

远红外区:25～300μm(400～33cm^{-1}),主要用于研究分子的转动光谱及重原子成键的振动。

通常,红外光谱为中红外区。它是目前人们研究最多的区域,也是最有实际用处的区域,因此本章主要介绍这方面的内容。

红外光谱图通常以波长 λ(μm)或波数 $\bar{\nu}$(cm^{-1})为横坐标,吸光度(A)或百分透过率($T\%$)为纵坐标,记录分子的吸收曲线。图 3-1 是药物对乙酰氨基酚(paracetamol)的红外光谱图。

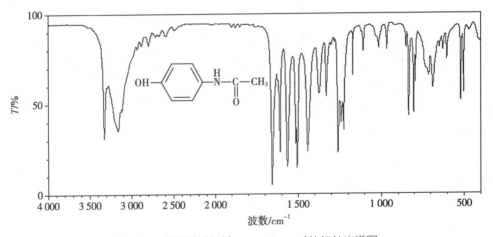

图 3-1 对乙酰氨基酚(paracetamol)的红外光谱图

三、分子振动模型

分子是非刚性的,具有柔曲性,因而可以发生振动。绝大多数分子是由多原子构成的,其振动方式非常复杂。但是多原子分子可以看成双原子分子的集合。为简单起见,把分子的振动模拟成简谐振动,即无阻尼的周期线性振动。

（一）双原子分子的振动及其频率

如果把化学键看成是质量可以忽略不计的弹簧，把 A、B 两个原子看成两个小球，弹簧的长度 r 就是分子化学键的长度。双原子分子的化学键振动可以模拟为连接在一根弹簧两端的两个小球在其平衡位置做伸缩振动（图 3-2）。

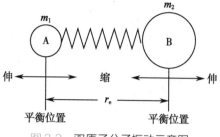

图 3-2　双原子分子振动示意图

根据 Hooke 定律，其谐振子的振动频率为：

$$v = \frac{1}{2\pi}\sqrt{\frac{k}{m}}$$

式（3-2）

若频率用波数（cm^{-1}）表示，则

$$\bar{v} = \frac{1}{2\pi c}\sqrt{\frac{k}{m}} = 1\,307\sqrt{\frac{k}{m}} = 1\,307\sqrt{\frac{k}{\dfrac{m_A m_B}{m_A + m_B}}}$$

式（3-3）

式中，c 为光速，单位为 cm/s；K 为键的力常数，含义为两个原子由平衡位置伸长 1Å 后的恢复力，单位为 10^2N/m；m 为两个原子的折合质量，其中 m_A、m_B 分别为 A、B 原子的摩尔质量，单位为克（g）。

以上公式表明，键的振动频率随化学键的力常数增大而增大，随原子的折合质量增大而减小。

（二）双原子分子的核间距与位能

由图 3-3 中的势能曲线可知：

1. 振动能（势能）是原子间距离的函数。振幅加大，原子间距离加大，振动能也相应增加。

2. 在常态下，分子处于较低的振动能级，化学键振动与简谐振动模型极为相似。只有当能级 v 达到 3 或 4 时，分子振动势能曲线才逐渐偏离简谐振动势能曲线。通常的红外光谱主要讨论从基态（$v=0$）跃迁到第一激发态（$v=1$）或第二激发态（$v=2$）引起的红外吸收。因此，可以利用简谐振动的运动规律近似讨论化学键的振动。

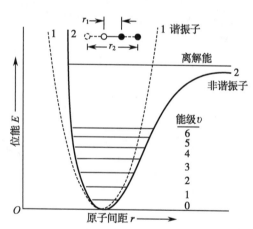

图 3-3　双原子分子的势能曲线

3. 振动量子数越大，振幅越宽，势能曲线的能级间隔将越来越密。

4. 从基态（v_0）跃迁到第一激发态（v_1）时所引起的一个强的吸收峰称为基频峰（fundamental band）。基频峰的强度大，是红外光谱的主要吸收峰基。基频峰的峰位等于分子的振动频率。

从基态（v_0）跃迁到第二激发态（v_2）或更高激发态（v_3）时所引起的弱的吸收峰称为倍频峰（overtone band）。此外，还包括合频峰和差频峰等。泛频峰是倍频峰、合频峰和差频峰的统称。它们之间的关系如图 3-4 所示。

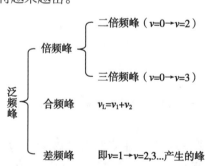

图 3-4　泛频峰、倍频峰、合频峰和差频峰的关系

5．振幅超过一定值时，化学键断裂，分子离解，能级消失，势能曲线趋近于一条水平直线，此时 E_{max} 等于离解能。

四、分子振动方式

（一）基本振动形式

有机化合物分子在红外光谱中的基本振动形式可分为两大类。

1．伸缩振动（stretching vibration），以 ν 表示。①对称伸缩振动（symmetrical stretching vibration），以 ν_s 表示；②不对称伸缩振动（asymmetrical stretching vibration），以 ν_{as} 表示。

2．弯曲振动（bending vibration），以 δ 表示。

（1）面内弯曲振动（in-plane bending vibration），以 β 表示。①剪式振动（scissoring vibration），以 δ_s 表示；②平面摇摆振动（rocking vibration），以 ρ 表示。

（2）面外弯曲振动（out-of-plane bending vibration），以 γ 表示。①非平面摇摆振动（wagging vibration），以 ω 表示；②扭曲振动（twisting vibration），以 τ 表示。

（3）对称与不对称弯曲振动（symmetrical and asymmetrical bending vibration），分别以 δ_s、δ_{as} 表示。如 CH_3 和 NH_2 的弯曲振动就有对称和不对称之分。

以亚甲基和甲基为例来说明各种振动形式，如图3-5和图3-6所示。

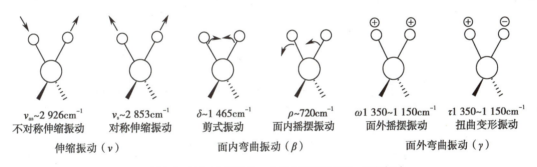

$\nu_{as}\sim2\,926cm^{-1}$　$\nu_s\sim2\,853cm^{-1}$　$\delta\sim1\,465cm^{-1}$　$\rho\sim720cm^{-1}$　$\omega1\,350\sim1\,150cm^{-1}$　$\tau1\,350\sim1\,150cm^{-1}$
不对称伸缩振动　　对称伸缩振动　　剪式振动　　面内摇摆振动　　面外摇摆振动　　扭曲变形振动

伸缩振动（ν）　　　　面内弯曲振动（β）　　　面外弯曲振动（γ）

箭头表示纸面上的振动；⊕和⊖表示纸面前、后的振动。

图3-5　亚甲基（—CH_2—）的振动形式及相应的振动频率

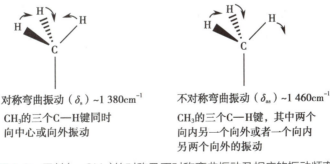

对称弯曲振动（δ_s）~1 380cm^{-1}　　　不对称弯曲振动（δ_{as}）~1 460cm^{-1}
CH_3的三个C—H键同时　　　　　CH_3的三个C—H键，其中两个
向中心或向外振动　　　　　　　向内另一个向外或者一个向内
　　　　　　　　　　　　　　　另两个向外的振动

图3-6　甲基（—CH_3）的对称及不对称弯曲振动及相应的振动频率

以上几种振动形式出现较多的是伸缩振动（ν_s 和 ν_{as}）、剪式振动（δ）和面外弯曲振动（γ）。按照能量高低的顺序排列，一般为 $\nu_{as}>\nu_s>\delta>\gamma$。

（二）分子的振动自由度

双原子分子只有一种振动方式（伸缩振动），所以只可以产生一个基本振动吸收峰。多原子分子随着原子数目的增加，可以出现一个以上的基本振动吸收峰，并且吸收峰的数目与分子的振动自由度有关。

在研究多原子分子时，常把多原子的复杂振动分解为许多简单的基本振动，这些基本振动的数目称为分子的振动自由度，简称分子自由度。分子自由度数目与分子中的各原子在空间坐标中运动状态的总和紧密相关。

原子在三维空间的位置可用 x、y、z 三个坐标表示，称原子有三个自由度。当原子结合成分子时，自由度数目不损失。对于含有 N 个原子的分子，分子自由度的总数为 $3N$ 个。分子的总自由度是由分子的平动（移动）、转动和振动自由度构成的，即分子的总自由度 $3N$＝平动自由度＋转动自由度＋振动自由度。

分子的平动自由度：分子在空间的位置由 x、y、z 三个坐标决定，所以有三个平动自由度。分子的转动自由度：分子通过其重心绕轴旋转产生，故只有当转动时原子在空间的位置发生变化，才产生转动自由度。

所以，非线型分子的振动自由度 = $3N-(3+3)=3N-6$；线型分子的振动自由度 $=3N-(3+2)=3N-5$。

线型分子的转动有以下 A、B、C 三种情况（图 3-7），A 方式转动时原子的空间位置未发生变化，没有转动自由度，因而线型分子只有两个转动自由度。

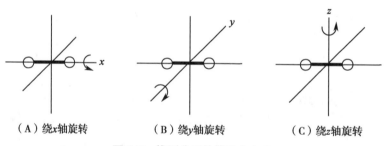

（A）绕 x 轴旋转　　　（B）绕 y 轴旋转　　　（C）绕 z 轴旋转

图 3-7　线型分子的转动自由度

理论上讲，每个振动自由度（基本振动数）在红外光谱区就将产生一个吸收峰。但是实际上，峰数往往小于基本振动的数目，其原因如下。

1. 当振动过程中分子不发生瞬间偶极矩变化时，不引起红外吸收。
2. 频率完全相同的振动彼此发生简并。
3. 弱的吸收峰位于强、宽吸收峰附近时被覆盖。
4. 吸收峰太弱，以致无法测定。
5. 吸收峰有时落在红外区域（4 000～400cm⁻¹）以外。也有些因素会使峰数增多，如有泛频峰存在时，但泛频峰一般很弱或者超出红外区。

例 3-1　计算 H_2O 分子的振动自由度。

H_2O 分子为非线型分子，其振动自由度 $=3×3-6=3$，其三种振动形式见图 3-8。

例 3-2　计算 CO_2 分子的振动自由度。

CO_2 为线型分子,振动自由度 $= 3 \times 3 - 5 = 4$,其四种振动形式见图3-9。但在实际红外光谱图中,只出现 $666cm^{-1}$ 和 $2\,349cm^{-1}$ 两个吸收峰。这是因为 CO_2 的对称伸缩振动的偶极矩变化为0,不产生吸收。另外 CO_2 的面内弯曲振动(δ)和面外弯曲振动(γ)的频率完全相同,谱带完全简并。

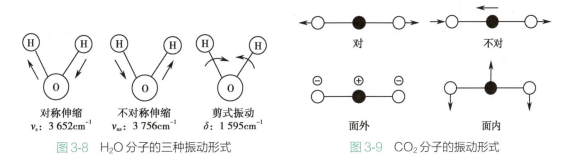

图3-8　H_2O分子的三种振动形式　　　图3-9　CO_2分子的振动形式

五、影响吸收峰的因素

(一)影响吸收谱带位置的因素

分子内各基团的振动不是孤立的,而是受到邻近基团和整个分子的其他部分结构的影响。影响基团频率位移的因素大致可分为内部因素和外部因素。

1. 内部因素

(1)电子效应(electronic effect)

1)诱导效应(inductive effect,I效应):电负性不同的取代基通过静电诱导,使电子云密度发生变化,引起键的振动谱带位移,称为诱导效应。诱导效应沿化学键传递,可分为给电子诱导效应(+I效应)和吸电子诱导效应(-I效应)。

一些典型的产生诱导效应的取代基见表3-1。

表3-1　一些典型的产生诱导效应的取代基

取代基	FCOF	CH_3COF	ClCOCl	CH_3COCl	CH_3COOCH_3	CH_3COCH_3
$v_{C=O}/cm^{-1}$	1 928	1 920	1 828	1 800	1 730	1 715

2)共轭效应(conjugation effect,C效应):共轭体系中,共轭效应使电子云密度和单双键的键长发生平均化,从而引起键的力常数的改变。一般而言,给电子共轭效应(+C效应)使吸收频率降低,吸电子共轭效应(-C效应)使吸收频率升高(图3-10)。

$v_{C=O}/cm^{-1}$ O_2N—⬡—CHO　　　⬡—CHO　　　$(H_3C)_2N$—⬡—CHO

1 710cm^{-1}　　　　1 695cm^{-1}　　　　1 655cm^{-1}

图3-10　共轭效应对吸收峰的影响

当诱导效应和共轭效应同时存在时,若两种作用一致,则相互加强;若两种作用相反,则取决于作用强的基团(图3-11)。

（2）空间效应（steric effect）

1）场效应（field effect，F效应）：场效应是通过空间作用使电子云密度发生变化的，通常只有在立体结构上相互靠近的基团之间才能发生明显的场效应。

2）空间位阻效应（steric repulsion effect）：同一分子中的各基团由于体积大或位置太近，使有关基团不能处于同一平面，共轭效应下降，故相对于共轭体系，有关化学键的吸收峰向高频移动。如下列化合物Ⅱ的空间位阻比较大，故Ⅱ的双键性强于Ⅰ，吸收峰出现在高波数区（图3-12）。

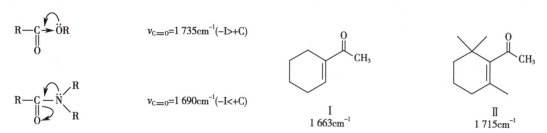

图3-11　诱导效应与共轭效应同时存在对吸收峰的影响　　图3-12　空间位阻效应对吸收峰的影响

（3）跨环效应（transannular effect）：是指环状分子中的两个不相邻的基团之间由于空间位置接近而发生轨道间的相互作用，使吸收带红移，并使吸收强度增强的现象。如图3-13所示的化合物中，因氨基和羰基的空间位置接近而产生跨环效应，使羰基的吸收频率低于正常酮羰基的振动吸收频率，$\nu_{C=O}$仅为1 675cm^{-1}。

图3-13　跨环效应对吸收峰的影响

（4）环张力（ring strain）：环上的羰基从没有张力的六元环开始，每减少一个碳原子，使$\nu_{C=O}$的吸收频率升高30cm^{-1}。但是，碳碳双键$\nu_{C=C}$的吸收频率变化幅度较小（图3-14）。

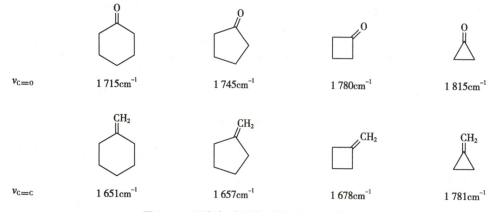

$\nu_{C=O}$　　1 715cm^{-1}　　1 745cm^{-1}　　1 780cm^{-1}　　1 815cm^{-1}

$\nu_{C=C}$　　1 651cm^{-1}　　1 657cm^{-1}　　1 678cm^{-1}　　1 781cm^{-1}

图3-14　环张力对环外双键吸收峰的影响

环内双键的$\nu_{C=C}$则随环张力的增加或环内角的变小而降低，环丁烯（内角90°）达最小值，环内角继续变小（环丙烯的环内角为60°）则吸收频率反而升高（图3-15）。

（5）氢键效应（hydrogen bond effect）：氢键的形成往往对谱带的位置和强度都有极明显的影响，即氢键效应。通常可使伸缩频率向低频方向移动，谱带变宽。

1）分子内氢键（intramolecular hydrogen bond）：分子内氢键的形成可使吸收带明显向低

频方向移动,与测定样品的浓度无关(图3-16)。

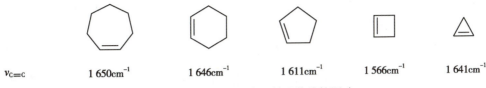

$v_{C=C}$ 1 650cm⁻¹ 1 646cm⁻¹ 1 611cm⁻¹ 1 566cm⁻¹ 1 641cm⁻¹

图3-15 环张力对环内双键吸收峰的影响

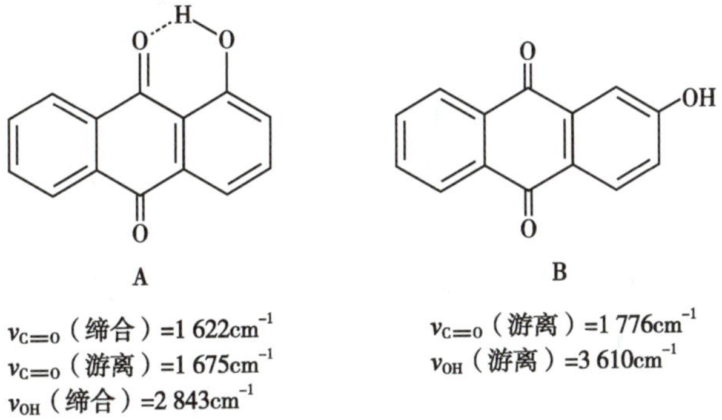

A
$v_{C=O}$(缔合)=1 622cm⁻¹
$v_{C=O}$(游离)=1 675cm⁻¹
v_{OH}(缔合)=2 843cm⁻¹

B
$v_{C=O}$(游离)=1 776cm⁻¹
v_{OH}(游离)=3 610cm⁻¹

图3-16 分子内氢键对吸收峰的影响

2)分子间氢键(intermolecular hydrogen bond):分子内氢键不受浓度影响,分子间氢键则受浓度影响较大。在羧酸类化合物中,分子间氢键的生成使 v_{OH} 移向低频至 3 200~2 500cm⁻¹,且 $v_{C=O}$ 也向低频方向移动。游离羧酸的 $v_{C=O}$ 在 1 760cm⁻¹ 左右,而缔合状态(固体或液体中)时由于羧酸形成二聚体,因氢键作用使 $v_{C=O}$ 出现在 1 700cm⁻¹ 附近(图3-17)。

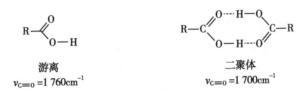

游离
$v_{C=O}$=1 760cm⁻¹

二聚体
$v_{C=O}$=1 700cm⁻¹

图3-17 分子间氢键对吸收峰的影响

(6)互变异构(tautomerism):分子发生互变异构时,吸收峰也将发生位移,在红外光谱上能够看出各互变异构的峰形。如乙酰乙酸乙酯的酮式和烯醇式互变异构,酮式的 $v_{C=O}$ 为 1 738cm⁻¹、1 717cm⁻¹,烯醇式的 $v_{C=O}$ 为 1 650cm⁻¹、v_{OH} 3 000cm⁻¹。

(7)振动耦合效应(vibrational coupling effect):当相同的两个基团在分子中靠得很近时,其相应的特征吸收峰常发生分裂,形成两个峰,这种现象称为振动耦合。

常见的振动耦合有以下几种:

1)如酸酐、丙二酸、丁二酸及其酯类由于两个羰基的振动耦合,使 $v_{C=O}$ 吸收峰分裂成双峰,丙二酸的 $v_{C=O}$ 为 1 740cm⁻¹、1 710cm⁻¹,丁二酸的 $v_{C=O}$ 为 1 780cm⁻¹、1 700cm⁻¹。

2)当化合物中存在有—CH(CH₃)₂(异丙基)或—C(CH₃)₃(叔丁基)时,由于振动耦合,使甲基的对称面内弯曲振动(1 380cm⁻¹)峰发生分裂,出现双峰。

3)伯胺或伯酰胺在 3 500~3 100cm⁻¹ 有两个吸收带,是胺基中的两个 N—H 键振动耦合的结果。

（8）费米共振（Fermi resonance）：当倍频峰（或泛频峰）出现在某个强的基频峰附近时，弱的倍频峰（或泛频峰）的吸收强度常常被增强，甚至发生分裂，这种倍频峰（或泛频峰）与基频峰之间的振动耦合现象称为费米共振。

费米共振常见于醛类化合物的红外光谱中。例如苯甲醛分子在 2 830cm^{-1} 和 2 730cm^{-1} 处产生两个特征吸收峰，这是由于苯甲醛中 ν_{C-H}（2 800cm^{-1}）的基频峰和 δ_{C-H}（1 390cm^{-1}）的倍频峰（2 780cm^{-1}）费米共振形成的。

2. 外部因素

（1）溶剂效应：极性基团的伸缩振动频率常随溶剂的极性增加而降低。

（2）制样方法：对于固态样品，通常有压片法、糊装法、溶液法和薄膜法；液态样品有液体池法和液膜法；气态样品可在气体吸收池内进行测定。同一样品用不同的制样方法测试，得到的光谱可能不同。

（3）仪器的色散元件：棱镜与光栅的分辨率不同，棱镜光谱与光栅光谱有很大不同，在 4 000～2 500cm^{-1} 波段尤为明显。

（二）影响吸收谱带强度的因素

1. 偶极矩变化　基频峰的强度主要取决于振动过程中偶极矩变化的大小，振动时偶极矩变化越大，吸收峰强度越强；而偶极矩的大小主要取决于下列因素。

（1）原子的电负性：化学键两端连接的原子的电负性相差越大，偶极矩的变化也越大，在伸缩振动时引起的吸收峰也越强。

（2）振动形式：振动形式不同对分子的电荷分布影响不同，故吸收峰强度不同。

（3）分子的对称性结构：对称的分子在振动过程中由于振动方向也是对称的，所以整个分子的偶极矩始终为 0，没有吸收峰出现。

（4）其他影响因素：其他因素如费米共振、形成氢键及与偶极矩大的基团共轭等因素也会使峰强发生改变。

2. 能级跃迁概率　由于发生 $\Delta v = \pm 1$ 的能级跃迁概率最大，一般基频峰的强度大于泛频峰的强度。倍频峰虽然跃迁时振幅加大，偶极距变化加大，但由于能级跃迁概率减小，结果峰反而很弱。此外，测试样品的浓度加大，峰强随之加大，这也是跃迁概率增加的结果。

第二节　特征基团与吸收频率

一、特征区、指纹区和相关峰的概念

按照红外光谱与分子结构的特征，红外光谱可大致分为两个区域，即特征区（官能团区）（4 000～1 300cm^{-1}）和指纹区（1 300～400cm^{-1}）。

1. 特征区　特征区又称官能团区（functional region），波数在 4 000～1 300cm^{-1}，是化学键和基团的特征振动频率区。在该区出现的吸收峰一般用于鉴定官能团的存在，在此区域的吸收峰称为特征吸收峰或特征峰。

（1）4 000～2 500cm^{-1}为O—H、N—H、C—H伸缩振动区。

（2）2 500～1 600cm^{-1}为C≡N、C≡C、C=O、C=C等不饱和基团的特征区。

（3）1 600～1 450cm^{-1}是由苯环骨架振动引起的特征吸收区。

（4）1 600～1 300cm^{-1}主要有—CH$_3$、—CH$_2$—、—CH以及OH的面内弯曲振动引起的吸收峰,该区域对判断和识别烷基十分有用。

2. 指纹区 红外光谱1 300～400cm^{-1}的低频区称为指纹区(fingerprint region)。指纹区的峰多而复杂,没有强的特征性,主要是由一些单键C—O、C—N和C—X(卤素原子)等的伸缩振动及C—H、O—H等含氢基团的弯曲振动和C—C骨架振动产生。当分子结构稍有不同时,该区的吸收就有细微的差异,就像每个人都有不同的指纹一样,因而称为指纹区。

指纹区的峰常作为某些基团存在的凭证,也常用于帮助确定化合物的取代类型和顺反异构等。在鉴定某一化合物是否为某"已知物"时,指纹区起到的"指纹"作用具有较大的说服力。

3. 相关峰 一个基团有数种振动形式,每种红外活动的振动都通常相应给出一个吸收峰,这些相互依存、相互佐证的吸收峰称为相关峰。主要基团可能产生数种振动形式,如羧酸中羧基基团的相关峰有四种:v_{O-H}、$v_{C=O}$、δ_{O-H}和v_{C-O}。

在确定有机化合物是否存在某种官能团时,首先应当注意有无特征峰,而相关峰的存在也常常是一个有力的旁证。

二、红外光谱的九大区域

为了方便对红外光谱的解析,通常又把特征区和指纹区分得更细,初步划分为九大区域,红外光谱的九大区域是由日本的岛内武彦总结得出的,见表3-2。

表3-2　红外光谱的九大区域

波数/cm^{-1}	波长/μm	振动类型
3 750～3 000	2.7～3.3	v_{OH}、v_{NH}
3 300～3 000	3.0～3.4	$v_{≡CH} > v_{=CH} ≈ v_{ArH}$
3 000～2 700	3.3～3.7	v_{CH}(—CH$_3$、饱和CH$_2$及CH—CHO)
2 400～2 100	4.2～4.9	$v_{C≡C}$、$v_{C≡N}$
1 900～1 650	5.3～6.1	$v_{C=O}$(酸酐、酰氯、酯、醛、酮、羧酸、酰胺)
1 675～1 500	5.9～6.2	$v_{C=C}$、$v_{C=N}$
1 475～1 300	6.8～7.7	δ_{CH}(各种面内弯曲振动)
1 300～1 000	7.7～10.0	v_{C-O}(酚、醇、醚、酯、羧酸)
1 000～650	10.0～15.4	$\gamma_{=CH}$(不饱和碳-氢面外弯曲振动)

三、有机化合物官能团的特征吸收

（一）烷烃类化合物

烷烃主要有C—H伸缩振动(v_{CH})和弯曲振动(δ_{CH})吸收峰。

1. ν_{CH}　直链饱和烷烃的 ν_{CH} 在 $3\,000\sim2\,800\mathrm{cm}^{-1}$，环烷烃随着环张力的增加 ν_{CH} 向高频区移动。具体表现为以下几种情况。

（1）—CH_3：$\nu_{CH}^{as}\,2\,970\sim2\,940\mathrm{cm}^{-1}$（s），$\nu_{CH}^{s}\,2\,875\sim2\,865\mathrm{cm}^{-1}$（m）。

（2）—CH_2：$\nu_{CH}^{as}\,2\,932\sim2\,920\mathrm{cm}^{-1}$（s），$\nu_{CH}^{s}\,2\,855\sim2\,850\mathrm{cm}^{-1}$（m）。

（3）—CH：在 $2\,890\mathrm{cm}^{-1}$ 附近，但通常被—CH_3 和—CH_2—的伸缩振动所掩盖。

（4）—CH_2—（环丙烷）：$3\,100\sim2\,990\mathrm{cm}^{-1}$（s）。

2. δ_{CH}　甲基、亚甲基的面内弯曲振动多出现在 $1\,490\sim1\,350\mathrm{cm}^{-1}$，甲基显示出对称与不对称面内弯曲振动两种形式。

（1）—CH_3：$\delta_{CH}^{as}\sim1\,450\mathrm{cm}^{-1}$（m），$\delta_{CH}^{s}\,2\,875\sim1\,380\mathrm{cm}^{-1}$（s）。

（2）—CH_2：$\delta_{CH}\sim1\,465\mathrm{cm}^{-1}$（m）。

当化合物中存在异丙基或叔丁基时，由于振动耦合，使甲基的对称面内弯曲振动（$1\,380\mathrm{cm}^{-1}$）峰发生分裂，出现双峰。如异丙基由 $1\,380\mathrm{cm}^{-1}$ 分裂为 $1\,385\mathrm{cm}^{-1}$（s）附近和 $1\,370\mathrm{cm}^{-1}$（s）附近的两个吸收带，强度基本相等；叔丁基由 $1\,380\mathrm{cm}^{-1}$ 分裂为 $1\,390\mathrm{cm}^{-1}$（s）附近和 $1\,365\mathrm{cm}^{-1}$（s）附近的两个吸收带，且 $1\,365\mathrm{cm}^{-1}$ 附近的谱带强度约为 $1\,390\mathrm{cm}^{-1}$ 附近的谱带强度的 2 倍。

此外，甲氧基的 C—H 伸缩振动出现在 $2\,835\sim2\,815\mathrm{cm}^{-1}$，且呈现出尖锐的中等强度的吸收，具有很强的鉴别意义。乙酰基中的甲基以 $1\,430\mathrm{cm}^{-1}$ 和 $1\,360\mathrm{cm}^{-1}$ 两个吸收带为特征吸收。当结构中含有—$(CH_2)_n$—，且 $n>4$ 时在 $720\mathrm{cm}^{-1}$ 处出现吸收峰；但当 $n>15$ 时，此类化合物的红外光谱不能给出特征吸收峰，失去鉴别意义。

（二）烯烃类化合物

烯烃主要有 $\nu_{=CH}$、$\nu_{C=C}$ 和 $\gamma_{=CH}$ 吸收峰。

1. $\nu_{=CH}$　烯烃类化合物的 $\nu_{=CH}$ 多大于 $3\,000\mathrm{cm}^{-1}$，一般在 $3\,100\sim3\,010\mathrm{cm}^{-1}$，强度都很弱，很容易与饱和烷烃的 ν_{CH} 区分开。

2. $\nu_{C=C}$　无共轭的 $\nu_{C=C}$ 一般在 $1\,690\sim1\,620\mathrm{cm}^{-1}$，强度较弱。共轭的 $\nu_{C=C}$ 向低频方向移动至 $1\,600\mathrm{cm}^{-1}$ 附近，强度增大。$\nu_{C=O}$ 也发生在这一区域附近，但前者的强度弱且峰尖，后者由于氧原子的电负性大于碳原子的电负性，振动过程中 C＝O 的偶极矩变化大于 C＝C 的偶极矩变化，故吸收峰强度很强。

3. $\gamma_{=CH}$　多位于 $1\,000\sim690\mathrm{cm}^{-1}$，是烯烃类化合物最重要的振动形式，可用来判断双键的取代类型。取代类型与 $\gamma_{=CH}$ 发生的振动频率关系见表3-3。

表3-3　不用取代类型的 $\gamma_{=CH}$

取代类型	振动频率 /cm^{-1}	吸收峰强度
RCH＝CH_2	900 和 910	s
$R_2C＝CH_2$	890	m～s
RCH＝CR'H（顺）	690	m～s
RCH＝CR'H（反）	970	m～s
$R_2C＝CRH$	840～790	m～s

（三）炔烃类化合物

炔烃主要有 $v_{\equiv CH}$ 和 $v_{C\equiv C}$ 吸收峰。

1. $v_{\equiv CH}$ 位于 $3\,360\sim3\,300\text{cm}^{-1}$，吸收峰强且尖锐，易于辨认。$v_{\equiv CH}>v_{=CH}>v_{CH}$ 可用 C—H 中的碳原子的杂化类型不同进行解释，碳原子的杂化中 s 轨道的成分越多，与氢原子的 s 轨道成键形成分子轨道时重叠的部分就越多，化学键就越稳定，键常数就越大，振动频率就越高。

2. $v_{C\equiv C}$ 位于 $2\,260\sim2\,100\text{cm}^{-1}$。$v_{C\equiv N}$ 也发生在这一区域，但 $v_{C\equiv N}$ 峰很强，可以加以区分。

（1）RC≡CH：$v_{C\equiv C}$ 在 $2\,140\sim2\,100\text{cm}^{-1}$ 附近。

（2）RC≡CR：$v_{C\equiv C}$ 在 $2\,260\sim2\,190\text{cm}^{-1}$（w）附近。

（四）芳香化合物

芳香化合物主要有 $v_{=CH}$、$v_{C=C}$、泛频区、δ_{CH} 和 $\gamma_{=CH}$ 五种形式。

1. $v_{=CH}$ 苯环的 =CH 伸缩振动的中心频率通常发生在 $3\,030\text{cm}^{-1}$，中等强度。

2. $v_{C=C}$（苯环的骨架振动） 在 $1\,650\sim1\,450\text{cm}^{-1}$ 常常出现四重峰，其中 $\sim1\,600\text{cm}^{-1}$ 和 $\sim1\,500\text{cm}^{-1}$ 两个谱带最为重要，它们与苯环的 =CH 伸缩振动结合，可作为芳香环存在的依据。此二峰的强度变化较大，非共轭时强度较小，有时甚至以其他峰的肩峰存在。当苯环与其他共轭时，这些峰的强度大大增强。其他两个谱峰为 $\sim1\,580\text{cm}^{-1}$（vw）和 $\sim1\,450\text{cm}^{-1}$，后者与 —CH₂ 弯曲振动重叠，两者都不易识别，结构信息不明显，意义不大。

3. 泛频区 芳香化合物出现在 $2\,000\sim1\,666\text{cm}^{-1}$ 的吸收峰称为泛频峰，其强度很弱，但这一区间的吸收峰的形状和数目可以作为芳香化合物取代类型的重要信息，它与取代基的性质无关。这个区域内典型的各种取代形式见图 3-18。

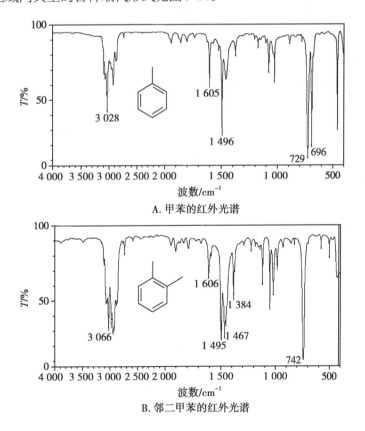

A. 甲苯的红外光谱

B. 邻二甲苯的红外光谱

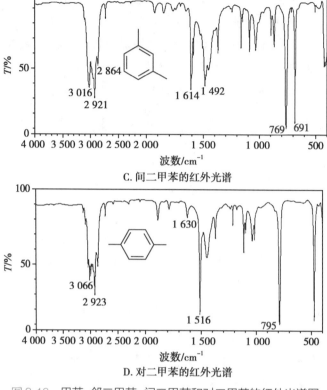

图 3-18　甲苯、邻二甲苯、间二甲苯和对二甲苯的红外光谱图

4. δ_{CH}　出现在 $1\,225\sim955\,cm^{-1}$，该区域的吸收峰特征性较差，对结构解析的意义不大。

5. $\gamma_{=CH}$　芳香环的碳氢面外弯曲振动在 $900\sim690\,cm^{-1}$ 出现很强的吸收峰，它们是由芳香环的相邻氢振动强烈耦合而产生的，因此它们的位置与形状由取代后剩余氢的相对位置与数量来决定，与取代基的性质基本无关。

（五）醇类和酚类化合物

醇类和酚类化合物的主要特征吸收为 ν_{OH}、ν_{C-O} 和 δ_{OH}。

1. ν_{OH}　游离的醇或酚的 ν_{OH} 位于 $3\,650\sim3\,600\,cm^{-1}$，强度不定，但峰形尖锐。形成氢键后，$\nu_{OH}$ 向低频区移动，在 $3\,500\sim3\,200\,cm^{-1}$ 产生一个强的宽峰。游离峰和氢键峰见图 3-19，样品中有微量水分时在 $3\,650\sim3\,500\,cm^{-1}$ 有干扰。

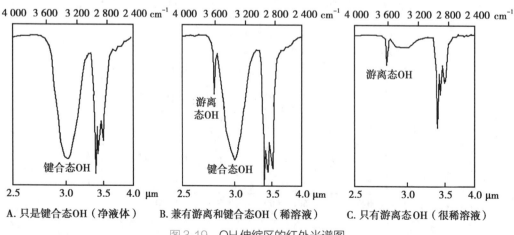

图 3-19　OH 伸缩区的红外光谱图

2. ν_{C-O}　位于 1 250～1 000cm^{-1}，可用于区别醇类的伯、仲、叔结构。醇类和酚类化合物的 ν_{C-O}、ν_{OH} 见表3-4。

表3-4　醇类和酚类的C—O和O—H伸缩振动　　　　　　　　　单位：cm^{-1}

化合物	C—O 伸缩振动	O—H 伸缩振动
酚类	1 220	3 610
叔醇	1 150	3 620
仲醇	1 100	3 630
伯醇	1 050	3 640

3. δ_{OH}　位于 1 400～1 200cm^{-1}，与其他峰相互干扰，应用受到限制。

（六）醚类化合物

醚类化合物主要是 ν_{C-O} 形式。脂肪族醚类化合物的 ν_{C-O} 一般发生在 1 150～1 050cm^{-1}；而芳香族醚类化合物的 ν_{C-O} 表现出对称与不对称两种振动形式，分别出现在 ν_{CO}^{as} 为 1 275～1 200cm^{-1} 和 ν_{CO}^{s} 为 1 075～1 020cm^{-1} 处。

（七）羰基化合物

羰基的伸缩振动是羰基的主要振动形式，$\nu_{C=O}$ 多在 1 850～1 650cm^{-1}。由于在振动过程中偶极矩变化大，羰基的伸缩振动的吸收强度很大，$\nu_{C=O}$ 是羰基存在的有力证据。羰基化合物主要包括醛、酮、羧酸、酸酐、酯、酰卤、酰胺，各种羰基化合物的 $\nu_{C=O}$ 的振动频率见表3-5。

表3-5　各种羰基化合物的伸缩振动频率　　　　　　　　　　单位：cm^{-1}

醋酐Ⅰ	酰氯	醋酐Ⅱ	酯	醛	酮	羧酸	酰胺
1 810	1 800	1 760	1 735	1 725	1 715	1 710	1 690

（八）胺类化合物

胺类化合物的主要特征吸收为 ν_{NH}、δ_{NH} 和 ν_{C-N}。

1. ν_{NH}　伸缩振动在 3 500～3 300cm^{-1}。伯胺在游离状态时，ν_{NH} 在约 3 490cm^{-1} 和 3 400cm^{-1} 两处出现双峰。仲胺在游离状态时，ν_{NH} 在 3 500～3 400cm^{-1} 出现单峰。脂肪仲胺的强度弱，难以辨认；芳香仲胺的强度则很强。叔胺中没有 N—H，故不出现 ν_{NH}。ν_{NH} 与 ν_{OH} 的比较见图3-20。

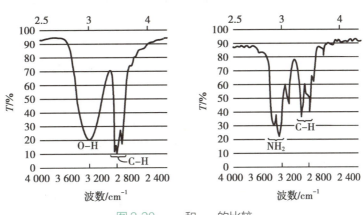

图3-20　ν_{NH} 和 ν_{OH} 的比较

2. δ_{NH}　伯胺的 δ_{NH} 出现在 $1\,650\sim1\,570cm^{-1}$，仲胺的 δ_{NH} 出现在 $1\,500cm^{-1}$ 附近。

3. ν_{C-N}　脂肪族胺的 ν_{C-N} 出现在 $1\,250\sim1\,020cm^{-1}$，芳香族胺的 ν_{C-N} 出现在 $1\,380\sim1\,250cm^{-1}$。

（九）硝基化合物

硝基化合物的主要特征吸收为 $\nu_{N=O}$ 和 ν_{C-N}。

1. $\nu_{N=O}$　产生两个强吸收峰，一个在 $1\,600\sim1\,500cm^{-1}$，另一个在 $1\,390\sim1\,300cm^{-1}$。

2. ν_{C-N}　多位于 $920\sim800cm^{-1}$。

（十）氰类化合物

氰类化合物的 $\nu_{C\equiv N}$ 在 $2\,260\sim2\,215cm^{-1}$ 产生一个中等强度的尖峰，特征性较强，与双键或苯环共轭时峰向低频方向移动。

第三节　红外光谱在结构解析中的应用

一、样品的制备技术

红外光谱的试样可以是液体、固体或气体，一般应要求：

1. 试样应是单一组分的纯物质，纯度应 >98%。

2. 试样的浓度和测试厚度应选择适当，以使光谱图中的大多数吸收峰的透射比处于 15%～70% 范围内。浓度太小，厚度太薄，会使一些弱的吸收峰和光谱的细微部分不能显示出来；浓度过大，厚度太厚，又会使强的吸收峰超越标尺刻度而无法确定它的真实位置。

3. 试样中不应含有游离水。水分的存在不仅会侵蚀吸收池的盐窗，而且水分本身在红外区有吸收，会对样品的红外光谱产生干扰。

（一）固体样品的制备

1. **溴化钾压片法**　粉末样品常采用压片法，一般取试样 2～3mg 与 200～300mg 干燥的 KBr 粉末在玛瑙研钵中混匀，充分研细至颗粒的直径<2μm，用不锈钢铲取 70～90mg 放入压片模具内，在压片机上用 $(5\sim10)\times10^7Pa$ 的压力压成透明薄片，即可用于测定。

2. **糊装法**　将干燥处理后的试样研细，与液体石蜡或全氟代烃混合，调成糊状，加在两块 KBr 盐片中间进行测定。液体石蜡自身的吸收带简单，但此法不能用来研究饱和烷烃的吸收情况。

3. **溶液法**　对于不宜研成细末的固体样品，如果能溶于溶剂，可制成溶液，按照液体样品测试的方法进行测试。

4. **薄膜法**　一些高聚物样品一般难以研成细末，可制成薄膜直接进行红外光谱测定。薄膜的制备方法有两种，一种是直接加热熔融样品，然后涂制或压制成膜；另一种是先把样品溶解在低沸点的易挥发溶剂中，涂在盐片上，待溶剂挥发后成膜来测定。

（二）液体样品的制备

1. **液体池法**　沸点较低、挥发性较大的试样可注入封闭液体池中，液层厚度一般为

0.01～1mm。

2. 液膜法 沸点较高的试样直接滴在两块盐片之间,形成液膜。对于一些吸收很强的液体,当用调整厚度的方法仍然得不到满意的图谱时,可用适当的溶剂配成稀溶液来测定。

(三)气态样品的制备

气态试样可在气体吸收池内进行测定,它的两端粘有红外透光的 NaCl 或 KBr 窗片。先将气体池抽真空,再将试样注入。

二、红外光谱法的应用

1. 鉴定是否为某一已知化合物

(1)待鉴定样品与标准品在同样的条件下测定红外光谱,完全一致可初步断定为同一化合物(也有例外,如对映异构体)。

(2)无标准品,但有标准图谱时,也可与标准图谱对照。但要注意所用的仪器是否相同,测绘条件(如检测样品的物理状态、浓度及使用的溶剂)是否一致。

2. 化合物构型与立体构象的研究 例如 1,3-环己二醇和 1,2-环己二醇的优势构象的确定(图 3-21)。此二化合物在红外光谱的 3 450cm⁻¹(v_{OH})中都有一宽而强的吸收峰,用四氯化碳稀释后,两者的谱带位置和强度都不改变,说明这两个化合物均可能形成分子内氢键,据此可以断定第一种化合物的优势构象是双直立键优势,而第二种化合物的优势构象是双平伏键优势。

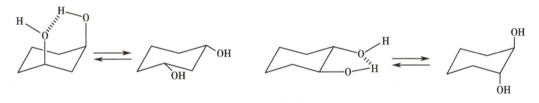

图 3-21　顺式 1,3-环己二醇和反式 1,2-环己二醇

3. 检验反应是否进行 某些基团的引入或消去对于比较简单的化学反应,基团的引入或消去可根据红外光谱中该基团相应特征峰的存在或消失加以判定。对于复杂的化学反应,需与标准图谱比较作出判定。

4. 未知化合物的结构确定 红外光谱可用于确定比较简单的未知有机化合物的结构。对于复杂的全未知化合物的结构测定,则必须配合 UV、NMR、MS、元素分析及理化性质综合确定。

三、红外光谱结构解析程序和实例

首先检查光谱图是否符合基本要求,即基线透过率在 90% 左右,吸收峰的透过率适当,不应有吸收峰强度过弱或过强的现象。

其次要排除可能出现的"假谱带"。如样品含水时,在 3 400cm⁻¹、1 640cm⁻¹ 和 650cm⁻¹ 有可能出现水的吸收峰；大气中的二氧化碳在 2 350cm^{-1} 和 667cm^{-1} 有吸收峰，解析图谱时应排除其干扰。

接下来就可以对图谱进行解析。根据红外光谱的特征，把红外光谱分为特征区（4 000～1 300cm^{-1}）和指纹区（1 300～400cm^{-1}）两大部分。

特征区可帮助确定化合物是芳香族还是脂肪族、饱和烃还是不饱和烃，主要通过 C—H 伸缩振动来判断。C—H 伸缩振动多发生在 3 100～2 800cm^{-1}，以 3 000cm^{-1} 为界，高于 3 000cm^{-1} 多为不饱和烃，低于 3 000cm^{-1} 为饱和烃。芳香化合物的苯环骨架振动吸收在 1 620～1 470cm^{-1}，若在（1 600±20）cm^{-1}、（1 500±25）cm^{-1} 有吸收，可确定化合物含有芳香族结构单元。

指纹区是作为化合物含有什么基团的旁证，可以帮助确定化合物的细微结构。指纹区的许多吸收峰都是特征区吸收峰的相关峰。

总的图谱解析可归纳为先特征，后指纹；先最强峰，后次强峰；先粗查，后细找；先否定，后肯定；一抓一组相关峰。

"先特征，后指纹；先最强峰，后次强峰"是指先由特征区的第一强峰入手，因为特征区峰疏，易于辨认。然后找出与第一强峰相关的峰。第一强峰确认后，再依次解析特征区的第二强峰、第三强峰，方法同上。对于简单的光谱，一般解析一两组相关峰即可确定未知物的分子结构。

"先粗查"是指按上述强峰的峰位查找光谱的九大区域（表 3-2），初步了解该峰的起源与归属。"后细找"是指根据这种可能的起源与归属，细找主要基团的红外特征吸收峰。若找到所有相关峰，此峰的归属便可基本确定。

"先否定，后肯定"是因为吸收峰的不存在对否定官能团的存在比吸收峰的存在对肯定一个官能团的存在要容易得多，根据也确凿得多。因此，在解析过程中采取先否定的办法，以便逐步缩小未知物的范围。

总之是先识别特征区的第一强峰的起源（由何种振动所引起）及可能的归属（属于什么基团），而后找出该基团的所有或主要相关峰进一步确定或佐证第一强峰的归属。以同样的方法解析特征区的第二强峰及相关峰、第三强峰及相关峰等。有必要再解析指纹区的第一强峰、第二强峰及其相关峰。无论解析特征区还是指纹区的强峰都应掌握"抓住"一个峰解析一组相关峰的方法，它们可以互为佐证，提高图谱解析的可信度，避免孤立解析造成结论的错误。简单的图谱一般解析 3～4 组图谱即可解析完毕，但结果的最终确定还需与标准图谱进行对照。

在解析图谱时有时会遇到特征峰归属不清的问题。如化合物中含有若干个羰基（C=O）、碳碳双键（C=C）或芳环时，它们的吸收峰均出现在 1 850～1 600cm^{-1}，此时需通过其他辅助手段来区别，如改变溶剂。溶剂的极性增加，极性的 $\pi \rightarrow \pi^*$（C=O）跃迁的吸收向低频方向移动，而非极性的 $\pi \rightarrow \pi^*$（C=C）跃迁的吸收不受影响。也可以利用化学手段进行一些官能团的归属，以及利用酯化、酰化、水解、还原等方法对化合物的结构进行辅助测定。

上述解析图谱程序只适用于较简单的光谱解析。复杂化合物的光谱由于各种官能团间的相互影响，要与标准光谱对照。

目前常用的红外光谱图集有由国家药典委员会编写的《药品红外光谱集》、Sadtler 红外光谱图集、Aldrich 红外光谱谱图库等。

例 3-3　某化合物的分子式为 C_8H_8O，红外光谱图见图 3-22，沸点为 202℃，试推断其结构。

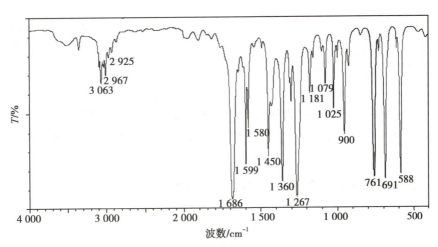

图 3-22　未知化合物的红外光谱图

解析：$\Omega = \dfrac{2 \times 8 + 2 - 8}{2} = 5$（可能有苯环）

在 3 500～3 000cm^{-1} 无任何吸收（3 400cm^{-1} 附近的吸收为水干扰峰），证明分子中无羟基；1 686cm^{-1} 是共轭的酮羰基。

3 000cm^{-1} 以上的 ν_{Ar-H} 及 1 599cm^{-1}、1 580cm^{-1}、1 450cm^{-1} 等峰的出现，泛频区弱的吸收证明为芳香化合物；而 ν_{Ar-H} 的 761cm^{-1} 及 691cm^{-1} 的出现提示为单取代苯。2 967cm^{-1}、2 925cm^{-1} 及 1 360cm^{-1} 的出现提示有—CH$_3$ 存在。

综上所述，结合分子式说明化合物只能是苯乙酮，结构式为：

经与标准谱图核对，并对照沸点等数据，证明结构推断正确。

（宋少江）

第四章　核磁共振氢谱

学习要求：

1. 掌握　核磁共振氢谱在结构解析中的一般程序和应用；简单化合物的氢信号归属。
2. 熟悉　影响化学位移的因素；氢信号的耦合裂分；核磁共振氢谱在谱图测定中的注意事项。
3. 了解　核磁共振的基本原理以及核磁共振测试技术。

核磁共振（nuclear magnetic resonance，NMR）是 20 世纪中叶起逐步发展起来的，是目前最常用的波谱技术。最早由哈佛大学的爱德华·米尔斯·珀塞尔（Edward Mills Purcell）和斯坦福大学的费利克斯·布洛赫（Felix Bloch）两个研究小组各自用不同的方法，首次独立观测到石蜡和水中质子的核磁共振吸收信号这一物理现象。作为核磁共振的基础，更早一些的核物理进展如原子核能量跃迁的理论建立、分子束方法测定质子磁矩及电子自旋现象的发现等为核磁共振的发现奠定了理论基础。随后，20 世纪 70 年代美国科学家使用核磁共振观察不同组织之间弛豫时间的不同，将核磁共振技术引入医疗领域；20 世纪 80 年代瑞士物理化学家恩斯特（Ernst）完成一维、二维乃至多维脉冲傅里叶变换核磁共振的相关理论，为脉冲傅里叶变换核磁共振技术的发展奠定了坚实的理论基础。核磁共振领域所取得的一系列理论、实验进展及应用使其成为化学、医药、生物、物理等领域必不可少的研究手段，几十年中屡受诺贝尔奖青睐。

在核磁共振技术中，氢的核磁共振研究最早且应用最广，是有机化合物结构测定的重要工具。它可提供分子中氢的类型、相对个数、周围化学环境乃至空间排列等结构信息，在确定有机化合物的结构中发挥巨大的作用。目前，对于分子量在 1 000Da 以下且不到 1mg 的有机化合物即可完成其核磁共振氢谱测定，有时仅用核磁共振氢谱技术即可确定它们的分子结构。本章将主要介绍核磁共振波谱的基本原理及核磁共振氢谱解析的相关基本知识。

第一节　基本原理

一、核磁共振的基本原理

核磁共振（NMR），顾名思义，是指"原子核"的"磁共振"现象。那么原子核如何产生磁共振呢？核磁共振的原理比较复杂，简单来说，它是利用原子核自旋对外部电磁辐射的共振吸收来分析化合物中的特定核的波谱技术。具体来说即是对于自旋量子数不为 0 的原子，其原子核自旋产生核磁矩，磁性核在外加磁场的自旋取向之间产生能级差，低能级向高能级跃迁需要外加电磁辐射，共振吸收导致核跃迁即核磁共振。具体的核磁共振理论并非本课程能够承担，对于核磁共振理论的进一步浅显解释由以下几个小节组成，重点在于理解满足核磁共振的条件。

（一）原子核的自旋与自旋角动量、核磁矩及磁旋比

相对于紫外光谱的电子能级跃迁和红外光谱的振动能级跃迁，核磁共振研究的是自旋原子核的能级跃迁。所以，核磁共振的研究对象是对外显示磁性的原子核，而磁性产生的内在原因在于这些原子核本身固有的自旋（spin）运动。因为原子核是带正电荷的粒子，所以原子核的自旋产生感应磁场，显示磁性。

在量子力学中，自旋是粒子的内禀属性，不是经典力学围绕质心的旋转。图 4-1 是用经典力学做类比的原子核的自旋，本质上是迥异的，可以理解为具有离散性质的场的运动，且具有方向性。

图 4-1　原子核的自旋和核磁矩的经典力学类比图

通常用自旋角动量（spin angular momentum，P）来表述原子核的自旋运动特性，而由自旋感应产生的核磁矩（nuclear magnetic moment，μ）来表述核磁性强弱特性，两者均为矢量，方向一致，具有以下关系。

$$\mu = \gamma P \qquad\qquad 式（4-1）$$

式中，γ 为磁旋比（magnetogyric ratio）或旋磁比（gyromagnetic ratio），也是原子核的一个重要特性常数；而自旋角动量 P 与核的自旋量子数（spin quantum number，I）相关，可以表述为：

$$P = \frac{h}{2\pi}\sqrt{I(I+1)} = \hbar\sqrt{I(I+1)} \qquad\qquad 式（4-2）$$

式中，h 为普朗克常数（planck constant）；$\hbar$ 为约化普朗克常数（reduced Planck constant）或狄拉克常数（Dirac constant）；I 为量子化参数，不同的核具有 0、1/2、1、3/2 等不同的固定数值。

一种原子核的自旋现象可用自旋量子数 I 判断。自旋量子数 $I=0$ 时，原子核的自旋角动量 $P=0$，则核磁矩 $\mu=0$，不显示磁性，不产生核磁共振现象。例如 ^{12}C、^{18}C 等属于这种无磁性的原子核，不产生核磁共振信号。只有 $I>0$ 的原子核才有自旋角动量，具有磁性，并成为核磁共振研究的对象。自旋角动量与相对原子质量数及原子序数之间存在的关系如表 4-1 所示。

表4-1　原子核的自旋量子数(I)与质量数(A)及原子序数(Z)的关系

质量数（A）	原子序数（Z）	自旋量子数(I)		举例	
奇数	奇数或偶数	半整数（1/2，3/2，5/2……）	1/2	^{13}C，^{1}H，^{19}F，^{31}P，^{15}N	具有半整数自旋的粒子遵循费米 - 狄拉克统计，称为费米子（fermion），遵从泡利不相容原理（Pauli exclusion principle）
			3/2	^{7}Li，^{9}Be，^{23}Na	
偶数	偶数	0	0	^{12}C，^{16}O，^{32}S	具有整数自旋的粒子遵循玻色 - 爱因斯坦统计，称为玻色子（boson）
偶数	奇数	整数（1，2，3…）	1	^{2}H，^{14}N	

原子序数等于该原子核内的质子数，相对原子质量等于该原子的质子数和中子数之和。如果质子和中子个数的总和为偶数，I 为 0 或整数，其中质子和中子个数均为偶数者的 $I=0$；如果质子和中子个数的总和为奇数，I 为半整数（1/2、3/2、5/2…）。在有机化合物中最常见的 ^{1}H、^{13}C、^{19}F、^{31}P 的核自旋量子数 $I=1/2$，并具有均匀的球形电荷分布。这类核不具有电四极矩（electric quadrupole moment），核磁共振的谱线窄，能够反映出核之间的耦合裂分，易于检测，常用于结构解析。自旋量子数 $I \geq 1$ 的原子核具有非球形电荷分布，具有电四极矩，导致核磁共振的谱线加宽，反映不出耦合裂分的真实情况，不利于结构解析。

总之，部分原子核固有的自旋运动特性是使这些自旋核显示磁性，成为核磁共振的研究对象的内在根本原因。本章主要研究 $I=1/2$ 的原子核。

（二）磁性原子核在外加磁场中的行为特性

原子核的自旋运动通常是随机的，因为自旋产生的核磁矩在空间随机无序排列、相互抵消，在一般情况下对外不呈现磁性。但当把自旋核置于外加静磁场中时，核的磁性将会在外加磁场的影响下表现出来。

1. 核的自旋取向、自旋取向数与能级状态　当把自旋核置于外加静磁场中时，在外加磁场强大的磁力作用下，无数个核磁矩将由原来的无序随机排列状态趋向有序的排列状态，最终使每个核的自旋空间取向被迫趋于整齐有序。根据量子理论，磁性核在外加磁场中的自旋取向数（spin orientation number）可由下式计算。

$$自旋取向数 = 2I + 1$$

每个自旋取向将分别代表原子核的某个特定的能级状态，并可以用磁量子数（magnetic quantum number，m）来表示，$m = I，I-1 \cdots -I$，共有 $2I+1$ 种自旋取向。$I=1/2$ 时，自旋取向数为 2，$m = -1/2$、$+1/2$，即有两种自旋相反的取向；如果 $I=1$，则 $m = -1$、0、$+1$，即有三种自旋取向；以此类推。如图 4-2 所示。

每种自旋取向都有特定的能量，为了将核自旋与其量子态能量相关联，使用磁矩与自旋角动量在 Z 轴分量之间的关系即 $\mu = \gamma \hbar m_z$，当自旋取向与外加磁场 H_0 方向一致时，$m = +1/2$，核处于一种低能级状态，磁矩与磁场的相互作用能为 $E_1 = -\vec{\mu}\overrightarrow{H_0} = -\gamma \hbar H_0 / 2$。

根据量子力学原则，只有 $\Delta m = \pm 1$ 时的跃迁才是允许的，即为相邻能级之间发生跃迁所对应的能量差 ΔE 可用式（4-3）表示。

$$\Delta E = E_2 - E_1 = 2\mu H_0 = \gamma \hbar H_0 \qquad 式（4-3）$$

式中，μ 表示核磁矩在 H_0 方向的分量；H_0 表示磁场强度。

上式表示，核由低能级向高能级跃迁时需要的能量与外加磁场强度及磁矩/磁旋比成正比。显然，随着磁场强度增强，发生核跃迁时所需的能量也相应增大。

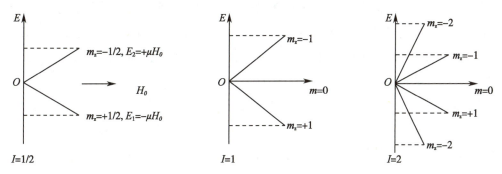

图 4-2　$I = 1/2$ 的核在外加磁场中的自旋取向及对应的能级

2. 核在能级间的定向分布及核跃迁　以 $I = 1/2$ 的核为例，在外磁场中，核自旋仅能取核磁矩 μ 与外磁场方向一致的低能状态或相反的高能状态，形成自旋的两种能级状态。如果这些核平均分配在高能状态、低能状态，就无法实现核磁共振信号的测定。但实际上，在热力学温度 0K 时，所有核都处于低能态，而在常温下两种能态都有核存在，且在热力学平衡条件下，自旋核在两个能级间的定向分布数目遵从 Boltzmann 分布定律，即式（4-4）。对 ^{1}H 核来说，若以 60MHz 射频，温度为 300K 时，低能态核的数目 n_+ 与高能态核的数目 n_- 的比例为：

$$\frac{n_+}{n_-} = e^{\frac{\Delta E}{kT}} = e^{\frac{rhH_0}{2\pi kT}} = 1.000\ 009\ 9 \qquad\qquad 式（4\text{-}4）$$

式中，k 为 Boltzmann 常数，表示低能态核的数目比高能态核数仅多约十万分之一。这仅仅十万分之一的分布差异恰恰正是能够检测到核磁共振信号的主要基础。然而，随着核磁共振检测仪磁场场强的提高，自旋核在两个能级之间的定向分布发生变化，核磁共振信号也在增强。如在 500MHz 射频的相应条件下，高低能态核数目的分布差异缩小到了接近万分之一，这就大幅提高了核磁信号强度（图 4-3）。

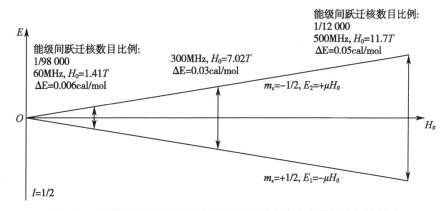

图 4-3　核磁共振场强与自旋核在能级间的定向分布数目之间的关系

3. 饱和与弛豫　如前所述，如果仅仅是低能态的核吸收能量自低能态向高能态跃迁，仅仅多百万分之几的低能核数很快就会全部跃迁到高能态，能量不再吸收；与此相应，核磁共振信号也将逐渐减退,直至完全消失,此种状态称为"饱和"(saturation)状态。如果饱和是自旋核在外加磁场中的一种不可逆性行为特性,那么核磁共振将因为检测不到任何连续的吸收信号而无实用价值。实际上,在核磁共振条件下,处于低能态的核通过吸收能量向高能态跃迁时,高能态的核也通过非辐射的方式将能量释放到周围晶格(自旋 - 晶格弛豫,spin-lattice relaxation)或给同类的低能态核(自旋 - 自旋弛豫,spin-spin relaxation),由高能态回到低能态,从而保持 Boltzmann 分布的热平衡状态。这种通过非辐射的释放能量途径由高能态回到低能态的过程称为弛豫(relaxation)。

如自旋量子数 $I = 1/2$ 的核在外加磁场中分为 $m = +1/2$(低能态)及 $-1/2$(高能态)两个能级。在热平衡状态下,处于 $+1/2$ 能级的核数要稍稍多一些,如图 4-4(a)所示。当对此体系采用共振频率的电磁辐射照射时,即发生能量吸收,$+1/2$ 能级的核将跃迁至 $-1/2$ 能级,如图 4-4(b)所示。

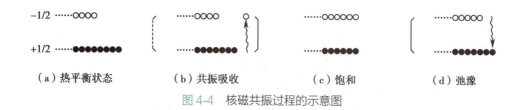

$-1/2$ ⋯⋯○○○○	⋯⋯○○○○○	⋯⋯○○○○○○	⋯⋯○○○○○
$+1/2$ ⋯⋯●●●●●●●	⋯⋯●●●●●●	⋯⋯●●●●●●	⋯⋯●●●●●●
(a)热平衡状态	(b)共振吸收	(c)饱和	(d)弛豫

图 4-4　核磁共振过程的示意图

当 $+1/2$ 能级的核与 $-1/2$ 能级的核数量相等时,不再吸收能量,这种状态谓之饱和,如图 4-4(c)所示。同时,比热平衡状态多的 $-1/2$ 能级的核又通过能量释放回到 $+1/2$ 能级,直至恢复到 Boltzmann 分布的热平衡状态,这种现象谓之弛豫,如图 4-4(d)所示。正是核的弛豫这种特性才能使得检测核磁共振的连续吸收信号成为可能。

上述弛豫过程主要有两种,即自旋 - 晶格弛豫(又称纵向弛豫,longitudinal relaxation)和自旋 - 自旋弛豫(又称横向弛豫,transverse relaxation)。

4. 核的进动与拉莫尔频率　自旋核形成的核磁矩在外加磁场中会发生进动并被迫对外加磁场自动取向。当核磁矩与外加磁场呈一夹角时,核磁矩在外加磁场力的作用下围绕外加磁场做回旋运动,使自旋核围绕外加磁场进行拉莫尔进动(Larmor procession)或称拉莫尔旋进,就像自旋的陀螺在与地球重力相对倾斜时做进动的情况类似。

由 $E = \hbar\omega$ 可得拉莫尔方程:

$$w = \gamma H_0 \qquad\qquad 式(4\text{-}5)$$

式中,w 即为拉莫尔频率,进动的方向由 γ 的符号决定。

拉莫尔方程是研究核磁共振波谱的重要方程之一,它揭示原子核在外加磁场中发生核跃迁时的吸收频率与磁旋比 γ 和外加磁场 H_0 的关系。

设想在垂直于外加磁场 H_0 的平面上(沿 x 轴)加一个线偏振交变磁场(图 4-5),其圆频率等于 ω。线偏振交变磁场可以分解为旋转方向相反的两个圆偏振磁场。其中一个旋转磁场和核进动的方向相反,它与核磁矩作用的时间很短,其作用可以忽略不计;另一个旋转磁场和核进动的方向相同且同频率,电磁波的能量传递给原子核,产生原子核的能级跃迁(改变进动夹角 θ),此亦即核磁共振,在 y 轴上的接收线圈就会感应到 NMR 信号。

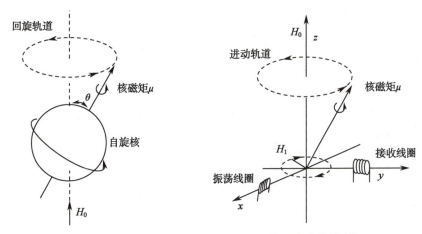

图 4-5　核磁矩的拉莫尔进动示意图和振荡线圈产生旋转磁场 H_1

二、核磁共振产生的必要条件

在外加磁场中,具有磁矩的原子核从低能级向高能级跃迁时需要吸收一定的能量,此时运用外加电磁波来照射且满足电磁辐射的频率和自旋核的进动频率相等时,能量才能有效地从电磁辐射向核转移,使核由低能级跃迁至高能级,实现核磁共振。

因为核的跃迁能 $\Delta E = 2\mu H_0 = \gamma\hbar H_0$,电磁辐射的能量为 $\Delta E' = h\nu$,而在发生核磁共振时 $\Delta E = \Delta E'$,故 $h\nu = 2\mu H_0 = \gamma\hbar H_0$,由此可得满足核磁共振所需的辐射频率和外加磁场强度之间的关系式。

$$\nu = \frac{2\mu H_0}{h} = \frac{\gamma H_0}{2\pi} \qquad \text{式（4-6）}$$

或

$$H_0 = \frac{h\nu}{2\mu} = \frac{2\pi\nu}{\gamma} \qquad \text{式（4-7）}$$

式中,ν 为电磁波频率。

由上可知,①因 μ、γ、h 为常数,故实现核磁共振有下列两种方法:固定外加磁场强度,通过逐渐改变电磁辐射频率来检测核磁共振信号,简称扫频(frequency sweep);固定电磁辐射频率,通过逐渐改变磁场强度来检测核磁共振信号,简称扫场(field sweep)。②对不同种类的核来说,因核磁矩各异,故即使是置于同一强度的外加磁场中,发生共振时所需要的辐射频率也不相同。

以 $I = 1/2$ 的 ^1H 及 ^{13}C 核为例,两者的核磁矩相差 4 倍,故 ^1H 核磁共振所需的射频约为 ^{13}C 核的 4 倍。当外加磁场强度为 2.35T 时,^1H 核磁共振所需的射频为 100MHz,而 ^{13}C 核磁共振只需要约 25MHz。同理,若固定射频,则不同原子核的核磁共振信号将会出现在不同强度的磁场区域。因此,在某一磁场强度和与之相匹配的特定射频条件下,只能观测到一种核的核磁共振信号,不存在不同种类的原子核信号相互混杂的问题。

三、核的能级跃迁

由上所述,是否可以得出这样的结论:有机化合物中的同一类磁性核不管所处的化学环境如何,只要电磁辐射的照射频率相同,共振吸收峰就出现在同一强度的磁场中吗?如果真实情况如此,那么水分子的氢和苯环的氢就没什么区别,而核磁共振对有机化学家来说就毫无用处了。幸好,事实并非如此。

以 CH_4 和 H^+ 为例,CH_4 上的氢核外围均有电子包围,而 H^+ 则可看成一个裸露的氢核,外围没有电子(当然,这样的氢核实际上不可能存在,只能以 H_3O^+ 等形式存在),那么核外有无电子以及电子云密度的大小会对核磁共振有何影响呢?

实践中发现,核外电子在与外加磁场垂直的平面上绕核旋转同时将产生一个与外加磁场相对抗的第二磁场,如图 4-6 所示。结果对氢核来说,相当于增加一个免受外加磁场影响的防御磁场,这种作用称为电子的屏蔽效应(shielding effect)。上例中,CH_4 中的氢核因电子屏蔽效应较大,故实受磁场比外加磁场低;而 H^+ 因电子屏蔽效应较小,故实受磁场比 CH_4 中的氢核高。

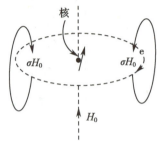

图 4-6　核外电子流动产生对抗磁场

假如用 H_0 代表外加磁场强度,σH_0 代表电子对核的屏蔽效应,H_N 代表核的实受磁场,则

$$H_N = H_0 - \sigma H_0 = H_0(1-\sigma) \qquad \text{式}(4-8)$$

式中,σ 为屏蔽常数(shielding constant)。

屏蔽常数 σ 表示电子屏蔽效应的大小,其数值取决于核外电子云密度,而后者又取决于其所处的化学环境,如相邻基团的电子效应。例如在 CH_3CH_2Br 分子中,因 Br 的吸电效应影响,CH_2 上的电子云密度比 CH_3 低,电子屏蔽效应减弱,故 CH_2 氢核的实受磁场比 CH_3 高,共振峰将出现在低场,而 CH_3 氢核的共振峰则出现在高场。两者的区别如图 4-7 所示。

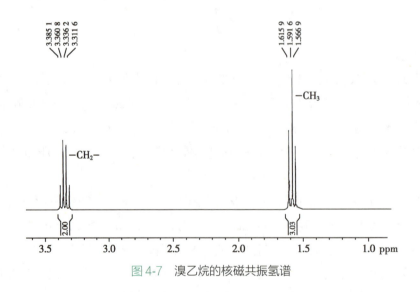

图 4-7　溴乙烷的核磁共振氢谱

显然,核的能级跃迁所需能量因有无电子屏蔽效应以及这种屏蔽效应的强弱而不同。如图 4-8 所示,$I=1/2$ 的核在外加磁场中在有屏蔽效应时核的两个能级间的能级差为

$$\Delta E = 2\mu H_N = 2\mu H_0(1-\sigma) \qquad \text{式}(4-9)$$

显然,屏蔽效应越强,核跃迁能越小。发生核磁共振时,所需的照射频率为

$$v = \frac{2\mu H_0(1-\sigma)}{h} = \frac{\gamma H_0(1-\sigma)}{2\pi}$$

式（4-10）

因此在有机化合物分子中，即使同类型的核，每个核也因所处的化学环境不同而所受的电子屏蔽效应强弱不同，因而得到不同的核磁共振信号，从而提供有用的结构信息（图4-9）。在常见的核磁共振氢谱中，从右到左频率依次升高，右侧表示信号受到的电子屏蔽效应较强，为高场；相对应地，左侧信号受到的电子屏蔽效应较弱，为低场。

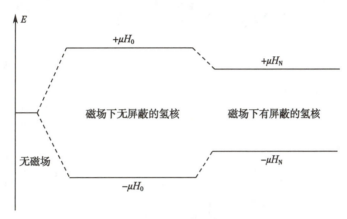

图 4-8 核跃迁与电子屏蔽效应

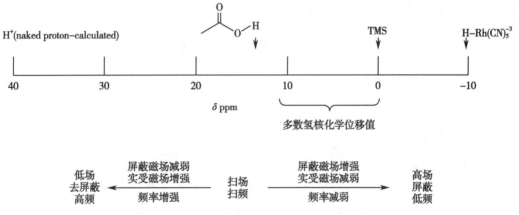

图 4-9 核磁共振各种氢核的位移及磁场对应关系

第二节 核磁共振氢谱的主要参数

核磁共振的一个重要应用即是通过检测不同氢核的特征参数来推导化合物的结构，这些参数包括化学位移、耦合常数和峰面积。如图4-10即是核磁共振应用的一个实际案例——铁死亡诱导剂（imidazole ketone erastin, IKE）的核磁共振氢谱。图中分别标注了核磁共振氢谱的主要组成元素，包括化学位移、峰面积、峰的裂分（耦合常数需要计算）等，另外也标注了使用核磁共振仪器测定目标化合物时所需的（氘代）溶剂及基准物质。那么核磁共振氢谱的化学位移和耦合常数的含义、影响化学位移和耦合常数的因素，将是核磁共振氢谱解析的最关键的内容,而本章接下来的内容围绕核磁共振氢谱的这几个主要参数及其影响因素而展开。

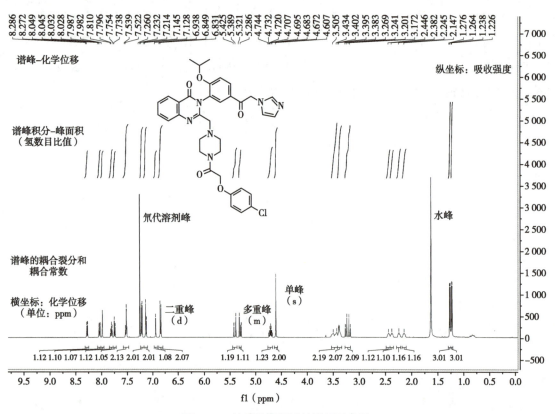

图 4-10　核磁共振氢谱的谱图及参数

一、化学位移及影响因素

（一）化学位移的定义

不同类型的氢核因所处的化学环境不同,共振峰将分别出现在磁场的不同区域。当照射频率为 60MHz 时,这个区域为（14 092±0.114 1）G,即只在一个很小的范围内变动,故精确测定其绝对值相当困难。实际工作中多将待测氢核共振峰所在的位置（以核磁强度或相应的共振频率表示）与某基准氢核共振峰所在的位置进行比较,求其相对距离,称为化学位移 δ （chemical shift）。

$$\delta = [(v_{sample} - v_{ref})/v_0] \times 10^6 \qquad 式（4-11）$$

式中,v_{sample} 为试样的吸收频率;v_{ref} 为基准物质氢核的吸收频率;v_0 为照射试样用的电磁辐射频率。

由化学位移的定义可知,化学位移的数值仅与氢核的屏蔽参数有关,与磁场场强及共振频率没有关系,但后者会提高核磁的分辨率。

（二）基准物质

理想的基准物质氢核应是外围没有电子屏蔽效应的裸露氢核,但这在实际上是做不到的。常用四甲基硅烷（tetramethylsilane,TMS）加入试样中作为内标准应用。TMS 因其结构对称,在 ^{1}H-NMR 谱上只给出一个尖锐的单峰;另外,相对于碳,硅的电负性更弱,甲基碳上的电子云密度更高,对氢核的屏蔽效应较强,共振峰位于高磁场,绝大多数有机化合物的氢核共振峰均将出现在它的左侧,故作为参考标准十分方便。此外,它还有沸点较低(26.5℃)、性质不活泼、与试样不发生缔合等优点。

根据 IUPAC 的测定,通常把 TMS 的共振峰位规定为 0,待测氢核的共振峰位则按左正右负的原则分别用 $+\delta$ 及 $-\delta$ 表示。以 2,2-二甲基-1,3-二氧杂环戊烯为例,其 400MHz ^{1}H-NMR 谱图如图 4-11 所示。

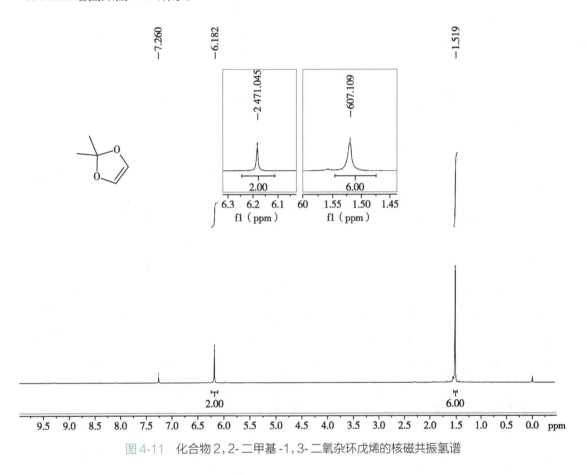

图 4-11 化合物 2,2-二甲基-1,3-二氧杂环戊烯的核磁共振氢谱

如图 4-11 所示,在 400MHz 仪器测得的 ^{1}H-NMR 谱上,CH 氢核峰位则与 TMS 相差 2 471Hz,而 CH$_3$ 氢核峰位则与 TMS 相差 607Hz,故两者的化学位移值分别为:

$$\delta_{CH} = \left[\frac{2\ 471 - 0}{400 \times 10^6}\right] \times 10^6 = 6.18ppm \qquad \text{式(4-12)}$$

$$\delta_{CH_3} = \left[\frac{607 - 0}{400 \times 10^6}\right] \times 10^6 = 1.52ppm \qquad \text{式(4-13)}$$

但同一化合物在低分辨如 60MHz 仪器测得的 ^{1}H-NMR 谱图,两者的化学位移值虽无改变,但它们与 TMS 峰的间隔以及两者之间的间隔却明显变小了,分别为 370Hz 和 91Hz。由此可见,随着外加磁场强度的增加和照射用电磁辐射频率的增大,共振峰频率及 NMR 谱中横坐标的幅度也相应增大,但化学位移值并无改变。目前,通过计算机调整好基准内参的位移值,可通过计算机直接标注化学位移值。

核磁共振技术在研究固体样品时信号分辨率不高，因此固体或者液体样品一般溶解在合适的溶剂中获得核磁共振信号。通常选取氘代率超99%的氘代溶剂，因为氘是最常用的锁场核。因为基准物质TMS不溶于重水，故当测定溶剂采用重水时可选用2,2-二甲基-2-硅杂戊烷-5-磺酸钠（DSS）、叔丁醇、丙酮等其他基准物质。高温下测定时可用六甲基二硅氧烷（HMDO）。另外，苯、氯仿等氘代溶剂残留峰也可用作化学位移的参照标准。常用的基准物质见表4-2。

表4-2　核磁共振常用的基准物质

缩写	全名	结构式	δ
TMS	tetramethylsilane	$(CH_3)_4Si$	0.00
DSS	sodium,2,2-dimethyil-2-silapentane-5-sulfonate	$(CH_3)_3Si(CH_2)_3SO_3Na$	0.00～2.90*
HMDO	hexamethyldisiloxane	$(CH_3)_3SiOSi(CH_2)_3$	0.04

注：* 除甲基外还出现亚甲基信号。

（三）化学位移的影响因素

1. 电负性对化学位移的影响　已知化学位移受电子屏蔽效应的影响，而电子屏蔽效应的强弱则取决于氢核外围的电子云密度，后者又受氢核相连的原子或原子团的电负性（electronegativity）强弱的影响。表4-3为与不同的电负性基团连接时CH_3氢核的化学位移数值。

显然，随着相连基团的电负性增加，CH_3氢核外围的电子云密度不断降低，故化学位移值不断增大。^{1}H-NMR中之所以能够根据共振峰的化学位移大体推断氢核的类型就是这个道理。有时还故意改变氢核的化学位移，如将化合物作为不同的衍生物（甲基化、酰化、苷化等），再测量引入取代基前后发生的化学位移变化，以帮助识别某些氢核的类型与结合位置。其中，位移试剂及酰化位移等在研究确定有机化合物的结构中尤有重要意义。

表4-3　取代基对CH_3氢核的化学位移值的影响

化合物	氢核的化学位移	化合物	氢核的化学位移
$(CH_3)_4Si$	0	CH_3NO_2	4.3
$(CH_3)_3Si(CD_2)_2CO_2Na^+$	0	CH_2Cl_2	5.5
CH_3I	2.2	$CHCl_3$	7.3
CH_3Br	2.6	CH_3CH_2Br	1.6
CH_3Cl	3.1	$CH_3(CH_2)_2Br$	1.0
CH_3F	4.3	$CH_3(CH_2)_3Br$	0.9

2. 磁各向异性效应对化学位移的影响　在$CH_3—CH_3$、$CH_2=CH_2$及$CH≡CH$中，如果仅就电子屏蔽效应而言，三者的氢核化学位移应按$\delta_{(CH≡CH)} > \delta_{(CH_2=CH_2)} > \delta_{(CH_3-CH_3)}$的顺序排列，这是因为碳原子的电负性强弱顺序为$sp_{(CH≡CH)} > sp^2_{(CH_2=CH_2)} > sp^3_{(CH_3-CH_3)}$的缘故。然而氢核化学位移的实际排列顺序为$\delta_{(C_{sp^2}-H)} > \delta_{(C_{sp}-H)} > \delta_{(C_{sp^3}-H)}$。又如苯的芳香氢核，其共振峰原先认为应在与烯烃氢核相似的频率处出现，因为两者均与sp^2杂化的碳原子相连。但实际上，芳香氢核的化学位移比烯烃氢核更大，位于低场，似乎其电子屏蔽效应更小。

实践证明，化学键尤其是π键因电子的流动而产生一个小的诱导磁场，并通过空间影响邻近的氢核。在电子云分布不是球形对称时,这种影响在化学键周围也是不对称的,有的地方与外加磁场方向一致,将增强外加磁场,并使该处的氢核核磁共振峰向低磁场方向移动(去屏蔽效应或负屏蔽效应,deshielding effect,$-\delta$),故化学位移增大;有的地方则与外加磁场方向相反,将会削弱外加磁场,并使该处的氢核共振峰移向高场(正屏蔽效应,shielding effect,$+\delta$),故化学位移值减小。这种效应称为磁各向异性效应(magnetic anisotropic effect)。

(1)C=X 基团(X=C、N、O、S)中的磁各向异性效应:以烯烃为例,在外加磁场中,双键 π 电子环流产生的磁各向异性效应如图 4-12 所示。双键平面的上下方为屏蔽区,平面周围为去屏蔽区。烯烃氢核因正好位于去屏蔽区,故其共振峰移向低场。

醛基氢核除与烯烃氢核一样位于双键的去屏蔽区,还受相连氧原子的强烈电负性的影响,故共振峰位将移向更低场,易于识别。如图 4-12 所示,羰基、硝基、亚砜等含双键的官能团均会产生 π 电子环流,正确识别其 π 键平面的上下屏蔽区及平面周围的去屏蔽区对于判断核磁共振氢谱的相对位置非常重要。

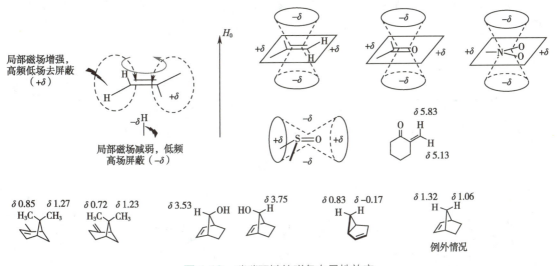

图 4-12　碳碳双键的磁各向异性效应

(2)芳环的磁各向异性效应:以苯环为例,情况与双键类同,苯环平面的上下方为屏蔽区,平面周围为去屏蔽区,如图 4-13 所示,苯环氢核位于去屏蔽区,故共振峰也移向低场。与孤立的 C=C 双键不同,苯环是环状的离域 π 电子形成的环电流,其磁各向异性效应要强得多,故其化学位移值比一般烯氢更大。特别是当氢位于苯环屏蔽区的上下方时,由于受到苯环强烈的屏蔽效应而使得化学位移为负值。

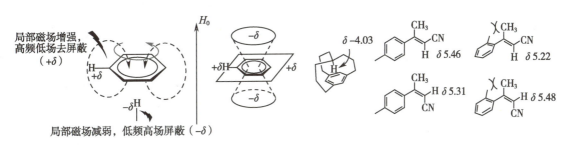

图 4-13　苯环的磁各向异性效应

（3）碳碳三键的磁各向异性效应：炔烃分子为直线型，其上的氢核正好位于π电子环流形成的诱导磁场的屏蔽区，如图4-14所示，故化学位移值移向高场，小于烯氢。相对地，位于炔烃上下位置的氢核受到的局部磁场增强，发生去屏蔽效应而移向低场。

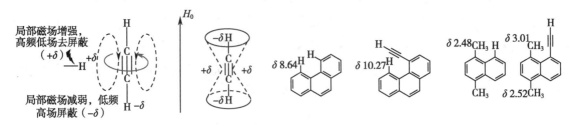

图4-14 碳碳三键的磁各向异性效应

（4）碳碳单键的磁各向异性效应：碳碳单键也有磁各向异性，但比上述π电子环流引起的磁各向异性效应要小得多。如图4-15所示，因C—C键为去屏蔽圆锥的轴，故当烷基相继取代甲烷的氢原子后，剩下的氢核所受的去屏蔽效应逐渐增大，故化学位移值移向低场。

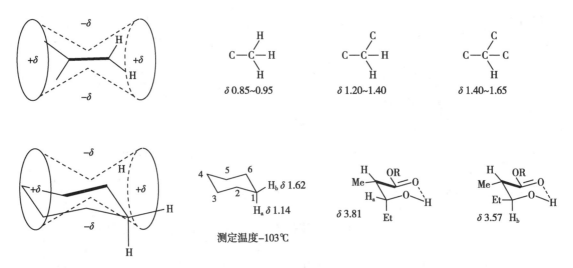

图4-15 碳碳单键的磁各向异性效应

又如环己烷在低温下稳定的椅式构象如图4-16所示，平伏键上的 H_a 及直立键上的 H_b 受 C1—C2 及 C1—C6 键的影响大体相似，但受 C2—C3 键及 C5—C6 键的影响则并不相同。H_a 因正好位于 C2—C3 键及 C5—C6 键的去屏蔽区，故共振峰将移向低场，δ 值比 H_b 大 0.2～0.5，所以谱图上会出现两个峰。但当温度升高至室温时，因构象之间的快速翻转平衡，谱图上将只表现为一个单峰。以环己烷椅式构象为优势构象，可以用来分析 β- 羟基酯的绝对构型。如图4-16所示。

3. 共轭效应对化学位移的影响　在具有多重键或共轭多重键的分子体系中，由于π电子的转移导致某基团的电子云密度和磁屏蔽的改变，此种效应称为共轭效应（conjugation effect）。共轭效应主要有两种类型：p-π共轭和π-π共轭。值得注意的是这两种效应的电子转移方向是相反的，所以对化学位移的影响是不同的。如图4-17所示。

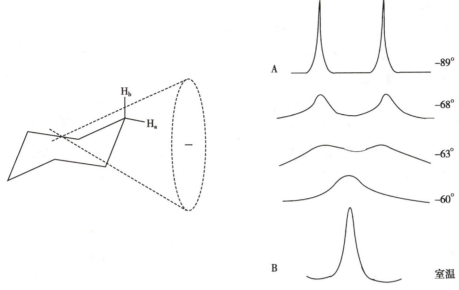

图 4-16　环己烷的椅式构象及其核磁共振氢谱的温度效应

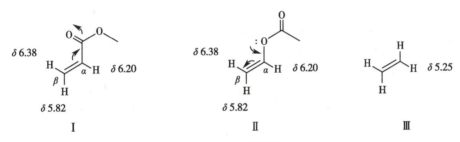

Ⅰ　　Ⅱ　　Ⅲ

图 4-17　双键的共轭效应

在化合物Ⅱ的结构中，由于氧原子具有孤对 p 电子，与乙烯双键构成 p-π 共轭，电子转移的结果使 β 位的 C 和 H 的电子密度增加，磁屏蔽也增加，产生正屏蔽效应，因而 β 位的化学位移 δ 值减小（乙烯的化学位移为 δ 5.25）。化合物Ⅰ结构中的羰基与双键 π-π 共轭，电子转移的结果使 δ 位的 C 和 H 的电子密度和磁屏蔽也减少，产生去屏蔽效应，因而化学位移值也增加。

在化合物Ⅴ中具有 p-π 共轭的结构，使邻位 H 的电子密度增加，产生正屏蔽效应，因而 δ 值减小（苯的化学位移为 δ 7.27）；化合物Ⅳ的结构正好与之相反，π-π 共轭的结果使邻位 H 的电子密度减少，产生去屏蔽效应，δ 值增加（图 4-18）。

Ⅳ　　Ⅴ　　Ⅵ

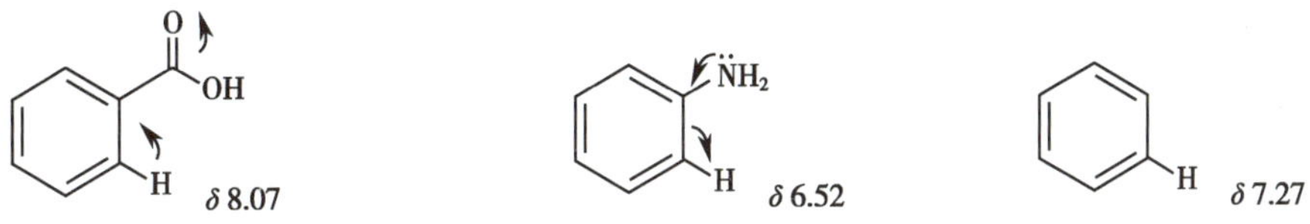

图 4-18　芳环的共轭效应

当芳环或 C═C 与—OR、—C═O、—NO_2 等吸电子、给电子基团相连时，δ 值发生相应的变化，而且这种效应具有加和性（图 4-19）。

4. 氢核交换对化学位移的影响　有些酸性氢核，如与 O、N、S 相连的活泼氢（—OH、

—COOH、—NH₂、—SH 等），彼此之间可以发生氢核交换。交换过程的进行与否及速度快慢对氢核吸收峰的化学位移以及峰的形状都有很大的影响。如图 4-20 所示，不同浓度的乙醇溶液，羟基氢核的吸收峰也不同，甚至会干扰其他信号峰。通常，可以在试样中加入重水（D₂O），使酸性氢核通过与重水交换而使其信号得以消除

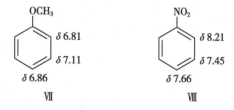

图 4-19　芳环的取代基共轭效应

（图 4-21）。尤其是在与水不互溶且密度更大的氘代试剂（CDCl₃、CD₂Cl₂）中，形成的氘代水（DOH）不溶于有机溶剂而不能被检测到；而与水互溶的溶剂，形成的氘代水会出现在水峰信号区。

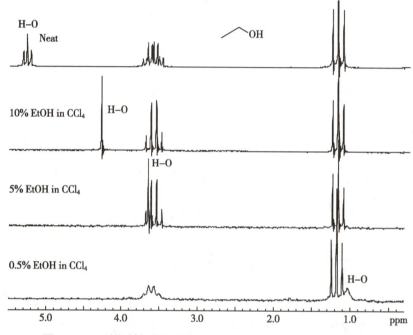

图 4-20　乙醇羟基氢的化学位移随乙醇浓度变化（60MHz，CCl₄）

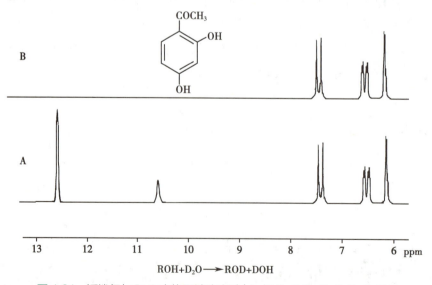

ROH+D₂O —→ ROD+DOH

图 4-21　活泼氢与 D₂O 交换而消失实验（A. 加 D₂O 前；B. 加 D₂O 后）

5. 氢键缔合对化学位移的影响 氢键缔合的氢核与不呈氢键缔合时相比较,其电子屏蔽效应减小,吸收峰将移向低场。

分子间氢键的形成及缔合程度取决于试样浓度、溶剂性能等。显然,试样浓度越高,则分子间氢键缔合的程度越大,δ 值越大。而当试样用惰性试剂稀释时,则因分子间氢键缔合程度的降低,吸收峰将相应向高场方向位移,故 δ 值不断减小。以苯酚为例,在溶液中存在以下平衡(图 4-22)。

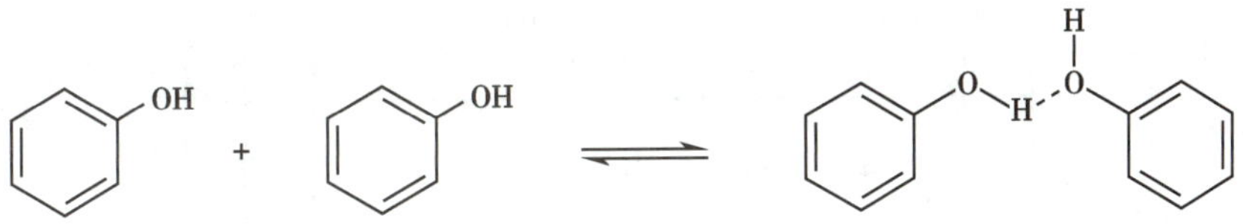

图 4-22 苯酚的分子间氢键缔合

在 CCl_4 中测定苯酚的 ^1H-NMR 谱时,苯基吸收始终表现为一组多重峰,位于 7.0 左右;而酚羟基的吸收则因在氢键缔合及非缔合形式之间建立的快速平衡,将表现为一个单一的共振峰,且峰位随着惰性溶剂的不断稀释而移向高场。

分子间氢键缔合过程如果伴随有放热反应时,则体系的升温或降温有可能会影响相应氢核的化学位移。

除分子间氢键外,分子内氢键的形成也对氢核的化学位移有很大的影响。以 3,5,7- 三羟基黄酮为例(图 4-23),在氘代的无水二甲基亚砜中测定时,三个羟基将分别出现在 δ 9.70(3-OH)、10.93(7-OH)及 12.40(5-OH)处。显然,5-OH 除正好位于羰基及苯环的去屏蔽区外,还因与羰基形成强烈的分子内氢键缔合,故位于最低场,三者很易识别。又如 β- 二酮有酮式和烯醇式两种互变异构体,其烯醇式结构由于能够形成共轭六元环分子内氢键,故其烯醇质子的化学位移很大,可以达到 δ 5.40 左右(图 4-23)。分子内氢键缔合的特点是不因惰性溶剂的稀释而改变其缔合程度,据此可与分子间氢键缔合相区别。

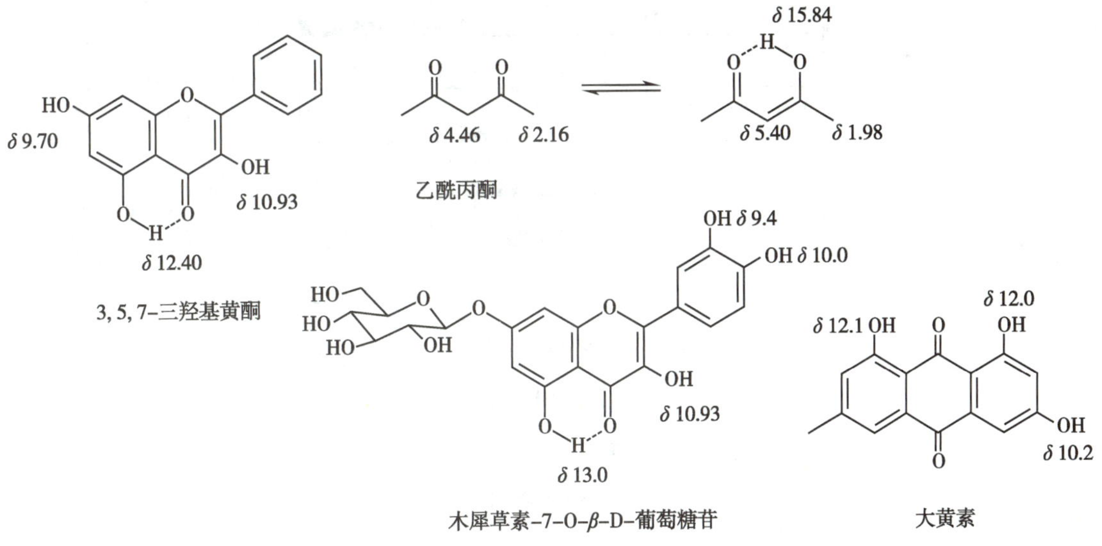

图 4-23 分子内氢键缔合

除了上述四种主要的影响因素外,氢键化学位移还可能受其他一些因素的影响,如溶剂效应及试剂位移、分子内范德华力、不对称因素等。

（四）化学位移与官能团类型

综上所述，各型氢核因所处的化学环境不同，核磁共振信号将分别出现在磁场的某个特定区域，即具有不同的化学位移值，故由实际测得的化学位移值可以帮助推断氢核的结构类型。常见且重要的氢核类型的化学位移值如表4-4所示。

表4-4 常见氢核类型的化学位移值（ppm）

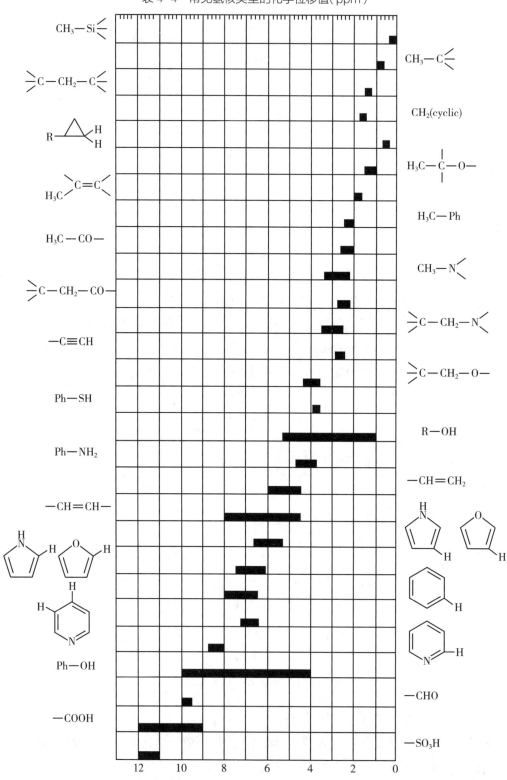

表 4-4 可以简单地归结为图 4-24。

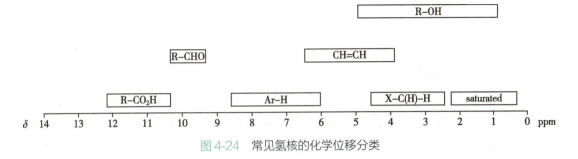

图 4-24　常见氢核的化学位移分类

活泼氢的化学位移变化很大,且受溶剂及温度、浓度的影响较大,并可因加入重水而消失。它们的一般特征如表 4-5 所示。

表 4-5　—OH、—NH—、—SH 氢核的化学位移值范围及特征

基团	δ	特征
ROH	0.5～5.0	烯醇的化学位移较大,可达 11.0～16.0,易形成宽峰
ArOH	4.0～10.0	形成分子内氢键时化学位移可移至 12.0 左右
RCOOH, ArCOOH	10.0～13.0	
RNH$_2$, RNHR′	0.4～3.5	通常矮宽
ArNH$_2$, ArNHR′	3.5～6.0	通常矮宽,化学位移也大
RCONH$_2$, RCONHR′	5.0～8.5	通常矮宽而无法观测
RCONHCOR′	9.0～12.0	矮宽
RSH	1.0～2.0	
ArSH	3.0～4.0	
＝NOH	10.0～12.0	通常矮宽

二、峰的裂分及耦合常数

(一) 峰的裂分

在 ^{1}H-NMR 谱图上,共振峰并不总表现为一个单峰。以 CH$_3$ 及 CH$_2$ 为例,虽然在 ClCH$_2$C(Cl)$_2$CH$_3$ 中都表现为一个单峰(s),但在 CH$_3$CH$_2$Br 中(如图 4-7)却发生峰裂分,分别表现为相当于三个氢核的一组三重峰(CH$_3$, t)及相当于两个氢核的一组四重峰(CH$_2$, q),这种情况称为峰的裂分现象。

1. 吸收峰裂分的原因　峰之所以发生裂分是由相邻的两个(组)磁性核之间的自旋耦合或自旋干扰所引起的。为了简化起见,先以 HF 分子为例说明如下(图 4-25)。

氟核的自旋量子数 $I = 1/2$,与氢核相同,在外加磁场中也应有两个方向相反的自旋取向。其中,一种取向与外加磁场平行,$m = +1/2$;另一种取向与外加磁场反平行,$m = -1/2$。在 HF 分子中,因 ^{19}F 与 ^{1}H 挨得特别近,故 ^{19}F 核的这两种不

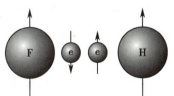

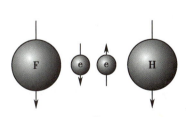

图 4-25　HF 中 ^{19}F 核的不同自旋取向对 ^{1}H 核实受磁场的影响

同的自旋取向将通过键合电子的传递作用对相邻 ^{1}H 核的实受磁场产生一定的影响。

当 ^{19}F 核的自旋取向为 $\alpha(\uparrow)$、$m = +1/2$ 时,因与外加磁场方向一致,传递到 ^{1}H 核时将增强外加磁场,使 ^{1}H 核的实受磁场增大,故 ^{1}H 核共振峰将移向强度较低的外加磁场区;反之,当 ^{19}F 核的自旋取向为 $\beta(\downarrow)$、$m = -1/2$ 时,则因与外加磁场方向相反,传递到 ^{1}H 核时将削弱外加磁场,故 ^{1}H 核共振峰将向高磁场方向位移。

由于 ^{19}F 核这两种自旋取向的概率相等,故 HF 中 ^{1}H 核共振峰如图 4-26 所示,表现为一组二重峰。该二重峰中裂分的两个小峰面积或强度相等(1:1),总和正好与无 ^{19}F 核干扰时未裂分的单峰一致,峰位则对称、均匀地分布在未裂分的单峰的左右两侧。两个小峰间的距离称为自旋 - 自旋耦合常数(spin-spin coupling constant),简称耦合常数 J,用以表示两个核之间相互干扰的强度,单位以赫兹(Hz)或 c/s 表示。这里,氢核与氟核因相互干扰而裂分的耦合常数表示为 J_{HF}(图 4-26)。

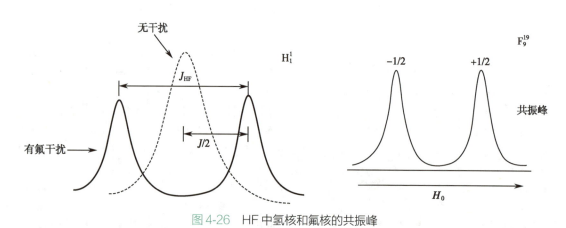

图 4-26　HF 中氢核和氟核的共振峰

耦合常数的物理含义可用下列能级图(图 4-27)表示。在 HF 中,因有 ^{19}F 核的自旋干扰,^{1}H 核的能级差可增强或削弱 $J/4$,并相应伴有两种类型的核跃迁。与无 ^{19}F 核干扰时相比较,一种类型的跃迁将增强 $J/2$ 的能量,另一种类型的跃迁则减少 $J/2$ 的能量,两者的能量差值为 J。显然,核跃迁能小,H_0 也小,共振峰将出现在低磁场区;核跃迁能大,H_0 也大,共振峰将出现在高磁场区。因此,在 ^{1}H-NMR 谱中,HF 分子中的 ^{1}H 核共振峰将均裂为强度或面积相等的两个小峰。小峰间的距离(耦合常数)为 J_{HF},位置则正好在无干扰峰的左右两侧。

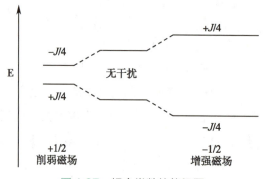

图 4-27　耦合常数的能级图

同理,HF 中的 ^{19}F 核也会因相邻 ^{1}H 核的自旋干扰,耦合裂分为类似的图形,如图 4-26 所示。但是,如前所述,由于 ^{19}F 核的磁矩与 ^{1}H 核不同,故在同样的电磁辐射频率照射下,在 HF 的 ^{1}H-NMR 中虽可看到 ^{19}F 核对 ^{1}H 核的耦合影响,却不能看到 ^{19}F 核的共振信号。

2. 对相邻氢核有自旋耦合干扰作用的原子核　并非所有原子核对相邻氢核都有自旋干扰作用。$I = 0$ 的原子核,如有机物中常见的 ^{12}C、^{16}O 等因无自旋角动量,也无磁矩,故对相邻氢核将不会引起任何耦合干扰。

^{35}Cl、^{79}Br、^{127}I 等原子核虽然 $I \neq 0$，预期对相邻氢核有自旋耦合干扰作用，但因它们的电四极矩很大，会引起相邻氢核的自旋去耦作用（spin decoupling，应用核磁双共振方法消除核间自旋耦合的相互作用的技术），因此依然看不到耦合干扰现象。

^{13}C、^{17}O 虽然 $I = 1/2$，对相邻氢核可以发生自旋耦合干扰，但因两者的自然丰度比甚小（^{13}C 为 1.1%，^{17}O 仅约为 0.04%），故影响甚微。以 ^{13}C 为例，由其自旋干扰产生的影响在 ^1H-NMR 谱中只在主峰两侧表现为卫星峰的形式，如图 4-28 所示，强度甚弱，常被噪声所掩盖。^{17}O 则更是如此，故通常均可不予考虑。当然，在用 ^{13}C、^{17}O 人工标记的化合物中则又当别论。

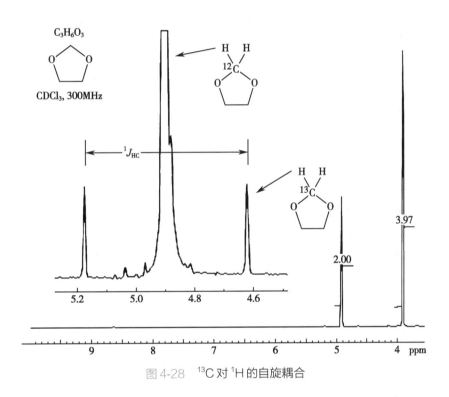

图 4-28　^{13}C 对 ^1H 的自旋耦合

氢核相互之间也可发生自旋耦合，这种耦合称为同核耦合（homo-coupling），在 ^1H-NMR 谱中影响的最大。如图 4-29 所示，假定 H_a 及 H_b 分别代表化学环境不同的两种类型的氢核，则两者因相互自旋耦合将分别作为二重峰出现在 ^1H-NMR 谱的不同区域，其中 $J_{H_a, H_b} = J_{H_b, H_a}$。根据同核耦合关系，可以分为偕耦、邻耦和远程耦合。

3. 相邻干扰核的自旋组合及对吸收峰裂分的影响　对某个（组）氢核来说，其吸收峰的裂分或小峰数目取决于干扰核的自旋方式共有几种排列组合。以 1,1,2- 三氯乙烷为例，共有 H_a 及 H_b 两种类型氢核。对 H_a 来说，起干扰作用的相邻氢核 H_b 有两个。如以↑代表 +1/2 自旋、↓代表 −1/2 自旋，则它们总共可能有下列 4 种自旋组合，见表 4-6。

因（c）和（d）两种自旋耦合给出的综合影响结果相同，故归纳起来只有 3 种，H_a 的吸收峰将裂分为如图 4-30 所示，相当于一个质子的三重峰。其中，自旋耦合的综合影响为 0 时得到的小峰面积是另两种自旋组合的 2 倍，故小峰的相对面积比为 1:2:1。

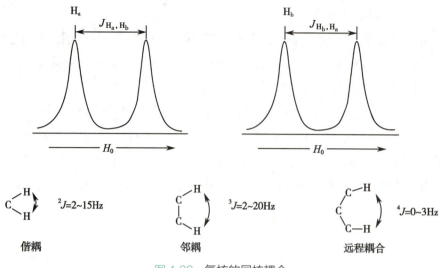

图 4-29 氢核的同核耦合

表 4-6 1,1,2-三氯乙烷中 H_b 对 H_a 的综合影响

自旋耦合			综合影响
	H_{b_1}	H_{b_2}	
（a）	↑	↑	$J/2 + J/2 = J$
（b）	↓	↓	$-J/2 + (-J/2) = -J$
（c）	↑	↓	$J/2 + (-J/2) = 0$
（d）	↓	↑	$-J/2 + J/2 = 0$

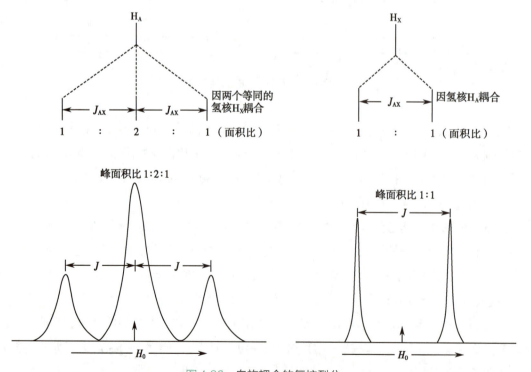

图 4-30 自旋耦合的氢核裂分

同理,对两个 H_b 来说,因为是磁不等同氢核,相互之间的自旋耦合不会表现裂分,对它们耦合并使之裂分的只有 H_a,故两个 H_b 将综合表现为相当于两个质子的一组二重峰。如表 4-7 所示。

表 4-7　1,1,2-三氯乙烷中 H_a 对 H_b 的综合影响

自旋耦合		综合影响
Cl–Cl–Cl 结构 H_a H_{b1} H_{b2}	H_a ↑ ↓	$J/2$ $-J/2$

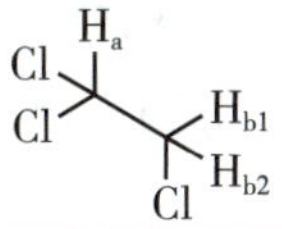

综上所述,氢核因自旋耦合干扰而裂分的小峰数(N)可按下式求算。

$$N = 2nI + 1 \qquad\qquad 式(4-14)$$

式中,I 为干扰核的自旋量子数;n 为干扰核的数目。

因氢核的 $I = 1/2$,故 $N = n + 1$,即有 n 个相邻的磁不等同氢核时,将显示 $n + 1$ 个小峰,这就是 $n + 1$ 规律。

另外,吸收峰精细结构中小峰的相对面积比或强度可按下列二项式展开后取每项前的系数来表示。

$$(X + 1)^m \qquad\qquad 式(4-15)$$

式中,$m = N - 1$。

以上规律可用 Pascal 三角图表示,如图 4-31 所示。

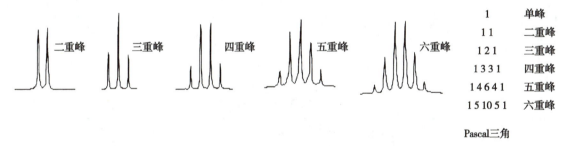

1	单峰
1 1	二重峰
1 2 1	三重峰
1 3 3 1	四重峰
1 4 6 4 1	五重峰
1 5 10 5 1	六重峰

Pascal 三角

图 4-31　Pascal 三角图表示的自旋耦合裂分

以上结果还可用自旋-自旋耦合图(spin-spin coupling diagram)表示。通常,两组相互耦合的信号多是相应的内侧峰偏高,而外侧峰偏低(图 4-32)。

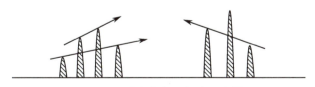

图 4-32　两组氢相互耦合示意图

据此,再结合耦合常数相同等特征,常能帮助识别图谱中的哪些氢核之间发生耦合。但是,在有多重耦合影响时,由于峰的裂分图形非常复杂,故对耦合体系的识别还需要借助各种去耦方法。

4. 耦合常数　两组氢核之间相互耦合产生氢信号裂分,只要相互耦合的两组氢核具有

不同的化学位移，它们之间的耦合裂分数值相同且会在核磁共振谱图中显现，其信号裂分的距离为耦合常数（coupling constant），用 J 值表示，单位通常以赫兹（Hz）表示。质子之间的耦合是通过成键电子传递的，相互耦合的质子根据相隔的化学键的数目，耦合常数可表示为 ^2J、^3J、^4J……根据 J 值大小可以判断耦合氢核之间的相互干扰强度，推测氢核之间的相互关系。再结合峰的裂分情况和化学位移即可推断化合物中的结构单元。

（1）偕耦（geminal coupling）：是指位于同一碳原子的两个氢核因相互干扰所引起的自旋耦合，也称为同碳耦合，其耦合常数用 $J_{偕}$（J_{gem}）或 ^2J 表示。自旋耦合是始终存在的，由它引起的峰裂分只有当相互耦合的自旋核的化学位移值不等时才能表现出来。偕耦的耦合常数变化范围较大，并与结构密切相关，通常其绝对值为 0～19Hz。详见表 4-8。

表 4-8　同碳氢核之间的耦合常数

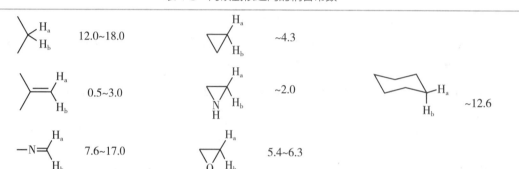

（2）邻耦（vicinal coupling）：是指位于相邻的两个碳原子上的两个（组）氢核之间产生的相互耦合，其耦合常数可用 $J_{邻}$（J_{vic}）或 ^3J 表示。邻位耦合在核磁共振氢谱中占有突出的位置，常为化合物的结构与构型确定提供重要信息。$J_{邻}$ 值大小与许多因素有关，如键长、取代基的电负性、二面角以及 C—C—H 间的键角大小等，详见表 4-9。

表 4-9　邻碳氢核之间的耦合常数

ax–ax 6.0~14.0 ax–eq 0.0~5.0 eq–eq 0.0~5.0	2.5		4.0
$n=1$, 3.0~5.0 $n=2$, 6.0~10.0 $n=3$, 0.0~7.0	12.0~24.0		3.0~19.0
1.0~3.0		$n=1$, 0.5~2.1 $n=2$, 3.0~3.5 $n=3$, 5.1~7.0 $n=4$, 8.8~10.5 $n=5$, 9.7~12.5 $n=6$, 11.8~12.8	
7.0~8.0			
9.0~13.0		$n=1$, 1.0 $n=2$, 2.1 $n=3$, 3.1 $n=4$, 5.7	

$J_{邻}$ 与二面角的关系对决定分子的立体化学结构具有重要意义,并可由下列 Karplus 式计算求。

$$J_{邻} = A + B\cos\phi + C\cos2\phi \qquad 式(4\text{-}16)$$

式中,A、B、C 均为常数。

如图 4-33 所示,$\phi = 90°$ 时,$J_{邻}$ 值最小,约为 0.3Hz;而 ϕ 为 0° 或 180° 时,$J_{邻}$ 值最大。葡萄糖等多数单糖以及相应的苷类化合物中(图 4-34),因糖上的 H-2 位于直立键上,故端基上的氧取 β- 构型时,端基质子与 H-2 的二面角为 180°,$^3J_{\text{H-1, H-2}}$ 值为 6~8Hz;取 α- 构型时,二面角为 60°,$^3J_{\text{H-1, H-2}}$ 值为 1~3Hz。对 H-2 位于直立键的吡喃糖,可根据 ^{1}H-NMR 谱上测得的端基氢的 $^3J_{\text{H-1, H-2}}$ 值判断糖的端基构型。但是在甘露糖及鼠李糖苷中,因 H-2 位于平伏键上,在端基为 α- 构型及 β- 构型时,两质子的二面角均为 60°,故无法通过 $^3J_{\text{H-1, H-2}}$ 值进行区别。

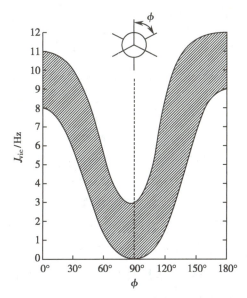

图 4-33　Karplus 式计算耦合常数

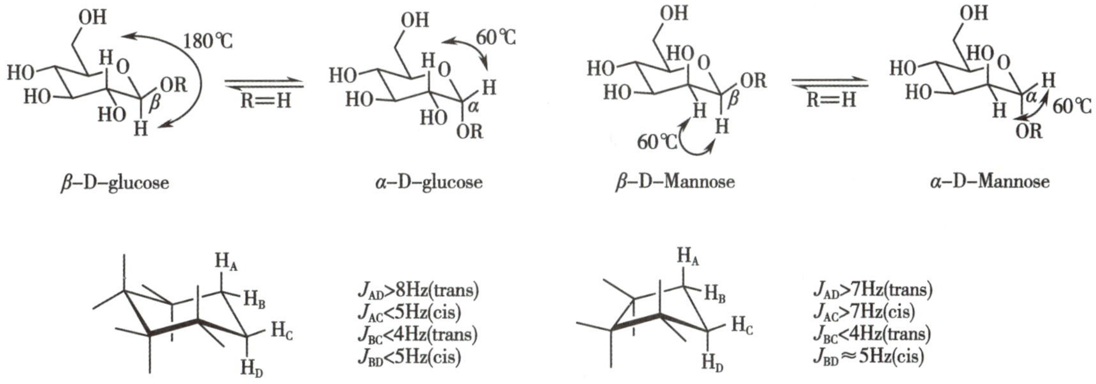

β–D–glucose　　α–D–glucose　　β–D–Mannose　　α–D–Mannose

J_{AD}>8Hz(trans)
J_{AC}<5Hz(cis)
J_{BC}<4Hz(trans)
J_{BD}<5Hz(cis)

J_{AD}>7Hz(trans)
J_{AC}>7Hz(cis)
J_{BC}<4Hz(trans)
J_{BD}≈5Hz(cis)

图 4-34　Karplus 式在预测耦合常数中的应用

(3)远程耦合(long range coupling):是指间隔三根以上化学键的原子核之间的耦合,其耦合常数常用 $J_{远}$ 表示。远程耦合的作用较弱,耦合常数一般在 0~3Hz。通常在饱和化合物中远程耦合太小难以检测,$J_{远} \approx 0$,一般可以忽略不计。但在有些化合物中常可以看到远程耦合。

1）W 型耦合：最常见的是当两个氢键正好位于字母"W"的两端时，虽然间隔四个单键，相互之间仍可发生远程耦合，但 J 值很小，仅约为 1Hz，谓之 W 型耦合（W-coupling）。然而，有些 U 型耦合和镰刀型耦合有时也能被检测到。远程耦合常数也可以比较大，如在表 4-10 中刚性张力桥环中的氢核。

表 4-10　远程耦合类型及实例

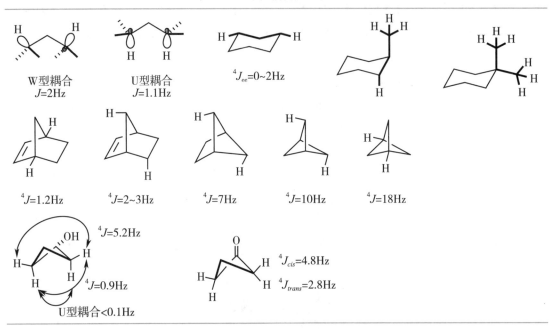

2）π 系统：如烯丙基、高烯丙基以及芳环系统中因为 π 电子的存在，其电子流动性较大，故即使是间隔四根或五根键，相互之间仍可发生耦合，$J_{远} \approx 0 \sim 3Hz$，见表 4-11。在低分辨 ¹H-NMR 谱中多不易观测出来，但在高分辨 ¹H-NMR 谱上则比较明显。如图 4-35 所示，2- 丁烯酸甲酯的核磁共振氢谱（250MHz，CDCl₃）中发现双键上两个处于反式位置的氢除了会相互耦合之外，还会被双键上的甲基取代基裂分而发生远程耦合作用。

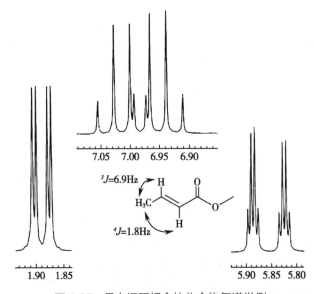

图 4-35　具有远程耦合的化合物氢谱举例

表 4-11　π 系统中的远程耦合常数

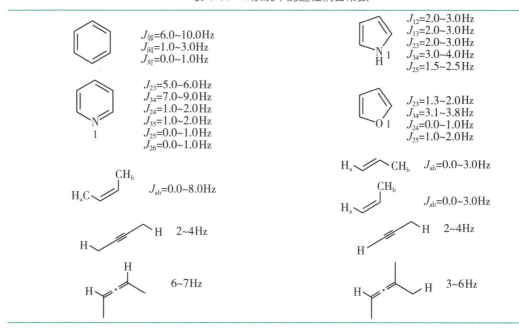

（二）自旋耦合系统

1. 磁不等同氢核　实践中发现，磁等同氢核即化学环境相同、化学位移也相同，且对组外氢核表现出相同的耦合作用强度，其相互之间虽有自旋耦合却并不产生裂分；只有磁不等同氢核（magnetically nonequivalent proton）之间才会因自旋耦合而产生裂分。

磁不等同氢核包括：

（1）化学环境不同的氢核一定是磁不等同的。

（2）处于末端双键上的两个氢核由于双键不能自由旋转，也是磁不等同的。以 1,1- 二氟乙烯为例（图 4-36），H_a 及 H_b 两个氢核虽然是化学上等价，但对两个氟核的耦合作用并不相同。H_a 对 F_1 的耦合为顺式耦合，对 F_2 的耦合为反式耦合；H_b 对 F_1 及 F_2 的耦合则恰好相反。故 H_a 及 H_b 是磁不等同氢核，相互之间也可因自旋耦合而产生裂分。

（3）若单键带有双键性质时也会产生磁不等同氢核。如图 4-37 所示的酰胺化合物中，因 p-π 共轭作用使 C—N 键带有一定的双键性质，自由旋转受阻，故 N 上的两个 CH_3 氢核也是磁不等同氢核，共振峰分别出现在不同的位置。

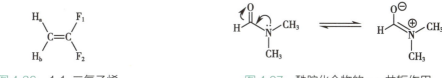

图 4-36　1,1- 二氟乙烯　　　　　　图 4-37　酰胺化合物的 p-π 共轭作用

（4）与手性碳原子相连的 CH_2 上的两个氢核也是磁不等同氢核。以图 4-38 为例，虽然 C—C 单键可以任意旋转，但与手性中心相连的 CH_2 上的两个 H 在下列 Newman 投影式表示的任一种构象式所处的环境均不相同，故为磁不等同氢核，化学位移也不相同。

（5）CH_2 上的两个氢核位于刚性环或不能自由旋转的单键上，也为磁不等同氢核。

（6）芳环上取代基的邻位质子也可能是磁不等同的。在图 4-39 所示的二取代苯中，H_A 与

$H_{A'}$ 的化学位移虽然相同,但 H_A 与 H_X 是邻位耦合,$H_{A'}$ 与 H_X 是对位耦合,$J_{H_A,H_X} \neq J_{H_{A'},H_X}$,故 H_A 与 $H_{A'}$ 也为磁不等同。

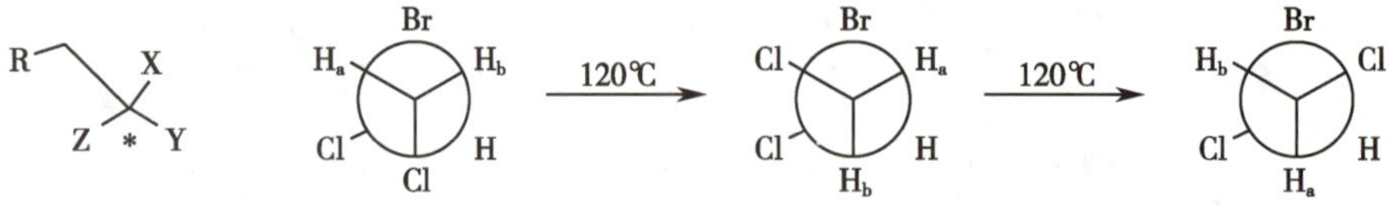

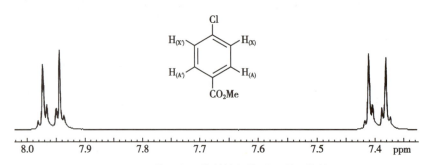

图 4-38　手性化合物的两个氢核磁不等价

图 4-39　芳环上取代基的邻位质子磁不等价

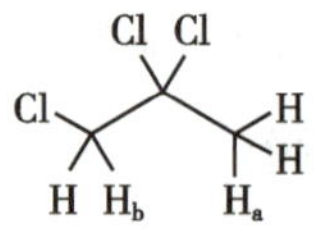

但是,磁不等同氢核之间并非一定存在自旋耦合作用。由于自旋耦合作用是通过键合电子间传递而实现的,故间隔的键数越多,耦合作用越弱。通常,磁不等同的两个(组)氢核当间隔超过三根单键以上时(如图 4-40 系统中的 H_a 与 H_b),相互自旋干扰作用即可忽略不计。

图 4-40　超过三根单键以上的磁不等同氢核相互自旋干扰作用

2. 低级耦合与高级耦合　几个(组)相互耦合的氢核可以构成一个耦合系统。自旋干扰作用的强弱与相互耦合的氢核之间的化学位移有关。若系统中两个(组)相互干扰的氢核的化学位移差距 Δv 比耦合常数 J 大得多,即 $\Delta v/J \geqslant 6$ 时,干扰作用较弱,谓之低级耦合;反之,若 $\Delta v \approx J$ 或 $\Delta v < J$ 时,则干扰作用比较严重,谓之高级耦合。

(1)低级耦合系统的特征及其表示方法:低级耦合系统因耦合干扰作用较弱,故裂分的图形比较简单,裂分的小峰数符合 $n+1$ 规律,小峰面积比大体可用二项式展开后各项前的系数表示,δ 与 J 值可由图上直接读取。低级耦合图谱又称一级图谱(表 4-12)。

表 4-12　常见的低级耦合系统及其特征

多重峰类型	N+1	H_a	信号峰类型	H_b	多重峰类型
二重峰	1+1		H_a　H_b		二重峰
三重峰	2+1		H_a　H_b		二重峰
三重峰	2+1		H_a　H_b		三重峰
四重峰	3+1		H_a　H_b		二重峰

耦合系统中涉及的氢核用英文字母表上相距较远的字母,如 A、M、X 等表示。这里,A、M 及 X 分别代表化学位移彼此差距较大的各个(组)氢核。

此外,还有 A_2X_2、A_3X、A_3X_2 及 AA′X X′ 等系统。其中,英文字母右下角的数字分别代表该类型磁等同氢核的数目。在 AA′XX′ 系统中,AA′ 及 XX′ 分别代表化学等同、但磁不等同氢核,如 1,1- 二氟乙烯中的两个氢核以及对氯硝基苯上的两组氢核。

(2)高级耦合系统的特征及其表示方法:高级耦合中,由于自旋核的相互干扰作用比较严重,故裂分的小峰数将不符合 $n+1$ 规律,峰强变化也不规则,且裂分的间隔各不相等,δ 及 J 值多不能由图上简单读取,而需要通过一定的计算才能求得。

1)二旋系统(AB 系统):如图 4-41 所示,在低级耦合的 AX 系统中共有 4 条谱线,其中 H_A 及 H_X 各有两条线,两线间隔等于耦合常数 J_{AX} 或 J_{XA};H_A 及 H_X 的化学位移 δ_{H_A} 及 δ_{H_X} 各位于所属两线的中心;图中 4 条谱线的高度大体相等,即强度比为 1:1:1:1。但在高级耦合的 AB 系统中则不然,谱线虽然仍为 4 条,即组成两组二重峰,中心点周围的 4 个小峰也大体对称分布,但强度并不相等。

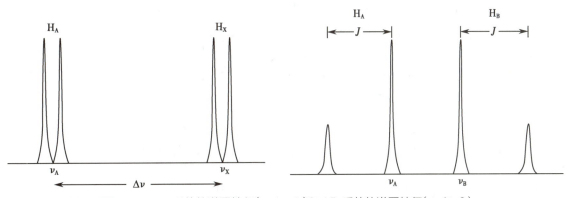

图 4-41　AX 系统的谱图特征($\Delta\nu/J \geqslant 6$)和 AB 系统的谱图特征($\Delta\nu/J<6$)

如图 4-42 所示,随着 $\Delta\nu_{AB}/J_{AB}$ 值减小,内侧两条谱线的强度逐渐增加,外侧两条谱线的强度相应减弱。此时耦合常数虽仍可由图上直接读得(这一点与 AX 系统一致),但化学位移的差距($\Delta\nu_{AB}$)却缩小了。有关数据可由下列计算获得。

耦合常数:
$$J_{AB}=\nu_1-\nu_2=\nu_3-\nu_4 \qquad 式(4-17)$$

化学位移差距:
$$\Delta\delta_{AB}=\sqrt{(\nu_1-\nu_4)(\nu_2-\nu_3)} \qquad 式(4-18)$$

谱线的相对强度比:
$$I_2/I_1=I_3/I_4=(\nu_1-\nu_4)(\nu_2-\nu_3) \qquad 式(4-19)$$

H_A 的化学位移:
$$\delta_A=\nu_1-[(\nu_1-\nu_4)-\Delta\nu_{AB}]/2 \qquad 式(4-20)$$

H_B 的化学位移:
$$\delta_B=\delta_A-\Delta\delta_{AB} \qquad 式(4-21)$$

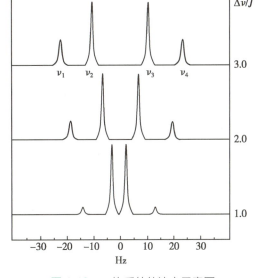

图 4-42　二旋系统的演变示意图

2）三旋系统（AMX、ABX、ABC 系统）：AMX、ABX、ABC 系统和其他相关的自旋系统在有机化合物中非常常见，图 4-43 中的几个类型的有机分子往往能够给出这些小分子。

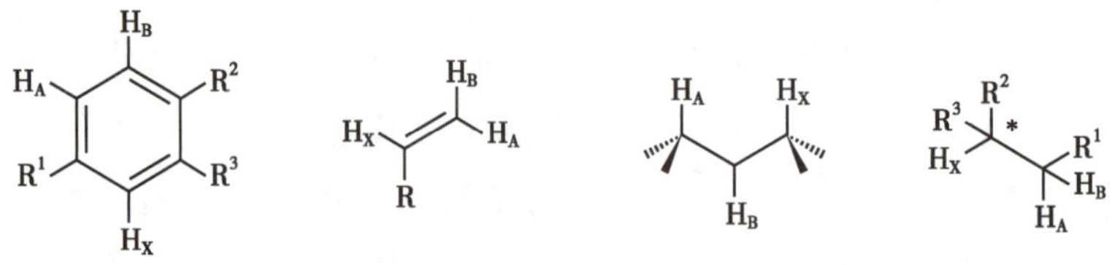

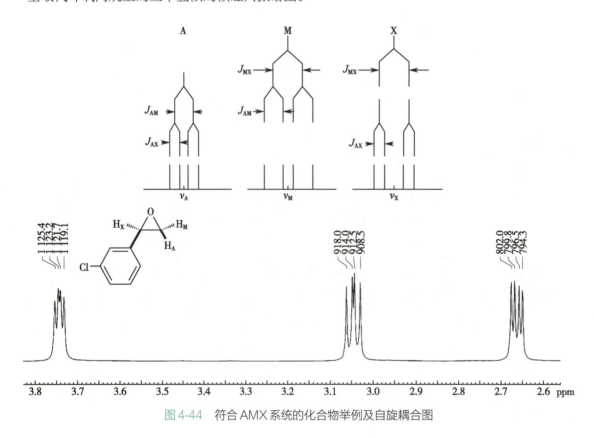

图 4-43　三旋系统的化合物分子

①AMX 系统：是指三个氢核相互耦合，且相互之间相对于耦合常数拥有较大的化学位移差距（$\Delta\nu_{AB}/J>6$），能够相互分离。其中 A、M、X 三个字母在字母表上相距较远，这里指代三个氢核相互耦合，每个是一个 dd 峰，且耦合可以清晰地分开识别。图 4-44 为化合物 3-氯苯基取代环氧丙烷上的三个氢核的核磁共振谱图。

图 4-44　符合 AMX 系统的化合物举例及自旋耦合图

②ABX 系统：从 AMX 系统出发，若其中两个氢核的化学位移相距较近时，即构成高级耦合的 ABX 系统。在低级耦合的 AMX 系统中，因三个氢核均为非磁等同氢核，且 $\Delta\nu/J$ 值较大，显示 3 种化学位移及 3 种耦合常数（J_{AM}、J_{MX}、J_{AX}），故理论上应能给出由 12 个小峰组成的 3 组 dd 峰。在较低分辨率的 ^{1}H-NMR 谱图上，有时因远程耦合较小，只能看到由两组 d 峰（分别为 H_A 及 H_X 给出）及一组 dd 峰组成的 8 条谱线。

高级耦合的 ABX 系统的谱线裂分情况和 AMX 系统相似，最多可得 14 条谱线，但因其中的两个综合峰（相当于两个综合核同时跃迁）往往难以观测，通常只显示 12 个小峰。其中，氢核 A、B 分别由两组对称的 AB 四重峰所组成，各占 4 条谱线，它们的相对位置及强度遵从 AB 系统计算公式；而氢核 X 则由 4~6 个小峰组成。有时因部分重叠或简并，ABX 系统显示的小峰数甚至可以少于 12 个，如图 4-45 所示。

图 4-45 中的三个化合物的烯基氢核可以看出 AMX 系统到 ABX 系统的转化。

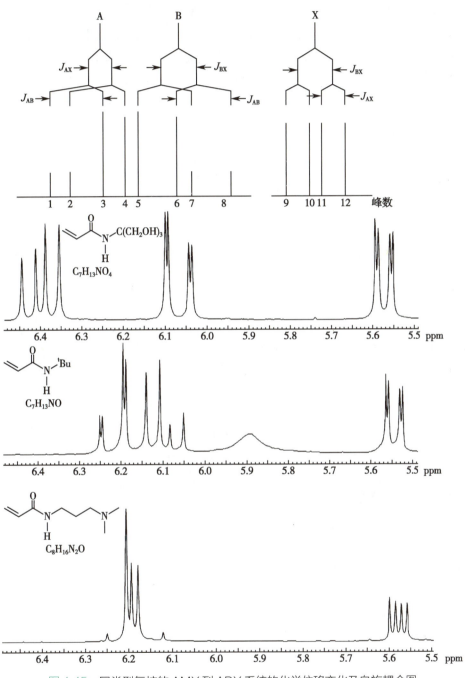

图 4-45　同类型氢核的 AMX 到 ABX 系统的化学位移变化及自旋耦合图

能给出 ABX 系统耦合谱图的化合物有 2-氯 -3- 氨基吡啶、2，3- 二氯吡啶等，随着核磁共振仪器的发展，复杂耦合情况得到大幅改善（图 4-46）。

图 4-46　能给出 ABX 系统耦合谱图的化合物

③ ABC 系统：此类系统在有机化合物中比较多见，因 $\Delta v_{AB} \approx \Delta v_{BC}$，故图形比较复杂。峰的相对强度差别大，且相互交错，难以解析。如单取代乙烯因取代基的性质不同，可能构成 ABX 系统，也可能构成 ABC 系统。苯乙烯、丙烯酸乙酯及氯乙烯等均可构成 ABC 系统。

提高仪器的磁场强度，$\Delta v_{AB}/J$ 值增大，使二级谱转化为一级谱：ABC → ABX → AMX。

3）四旋系统（AA'XX'、AA'BB' 系统等）：在对二取代苯中，取代基邻位上的两个质子为磁不等同氢核（$J_{AX} \neq J_{A'X}$ 或 $J_{AX} \neq J_{AX'}$），构成 AA'XX' 系统。图谱特征以图 4-47 所示的对氯溴苯为例，峰形表现对称、简单，若仔细观察可见大峰两侧还有一些小的裂分，且峰面积相当于四个氢核。随着核磁仪器磁场强度的提高，两对氢核位移峰分离明显。若两个取代基对两组对称取代的四个芳香氢核影响接近，AA'XX' 系统则变为 AA'BB' 系统。事实上，对称邻二取代苯上的四个芳香氢核多构成 AA'BB' 系统，图谱特征如图 4-47 所示。

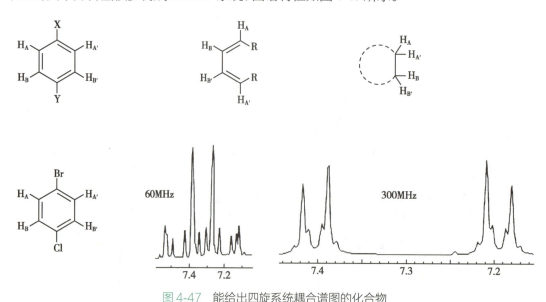

图 4-47　能给出四旋系统耦合谱图的化合物

三、峰面积与氢核数目

在 ^{1}H-NMR 谱上，各吸收峰覆盖的面积与引起该吸收的氢核数目成正比（定量和无损）。例如在前述 CH_3CH_2Cl 的 60MHz ^{1}H-NMR 谱图上，峰面积用自动积分仪测得的阶梯式积分曲线高度表示。积分曲线的画法由左至右，即由低磁场向高磁场。积分曲线的总高度（用 cm 或小方格表示）和吸收峰的总面积相当，即相当于氢核的总个数；而每一阶梯高度则取决于引起该吸收的氢核数目。如图 4-11 所示，核磁共振氢谱中两者的积分曲线高度（即峰面积）比即为 CH_3 峰∶CH 峰＝3∶1。因此，在分析图谱时，只要通过比较共振峰的面积，就可判断氢核的相对数目；当化合物的分子式已知时，就可求出每个吸收峰所代表的氢核的绝对个数。目前氢核的峰面积已很少采用积分曲线的画法，更多的是利用计算机工作站自动给出积分数值。如图 4-48 所示，在某芳烃化合物的 500MHz ^{1}H-NMR 谱上，以其中一个峰的积分为基准，其他峰在积分时，工作站的软件系统会自动给出各个峰的相对积分数值。在确定峰面积时，同型氢核应当归纳在一起考虑，如图 4-48 异丙基的两个甲基属于一组氢。因此，必须首先学会运用磁不等同氢核理论,判断氢核类型是否相同以及一个分子中含有几个类型的氢核。

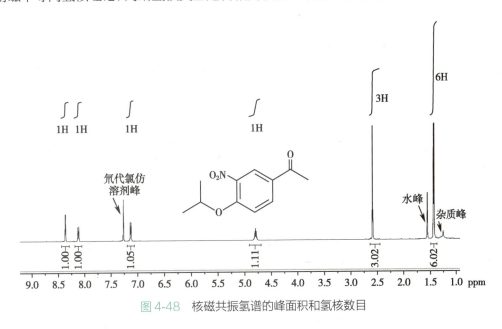

图 4-48 核磁共振氢谱的峰面积和氢核数目

四、常见化合物的核磁共振氢谱数据

随着核磁共振波谱技术的普及,掌握核磁共振谱图的快速解析对于相关实验的迅速推进具有重要意义。通过之前的课程内容,很容易通过一个氢核的化学环境猜测其在核磁共振氢谱中的大致位置和耦合关系;实际上,每种氢核的化学环境几乎是唯一的,其化学位移和耦合常数也很难被准确预测到。因此,根据氢核周围的化学环境推断氢核在谱图中的"大致位置"和"耦合关系",熟悉常见氢核的化学位移及其耦合常数,对于快速解谱非常有帮助。

通过比较同类核磁共振氢谱,了解常见化合物的氢核化学位移和耦合常数,能够进一步帮助理解化学位移、耦合常数及其影响因素,而复杂的耦合关系有时对于解析氢核之间的空间构象很有帮助。表 4-13(烷烃)、表 4-14(烯烃)、表 4-15(芳烃)、表 4-16(炔烃)等列举了部分常见化合物的核磁共振氢核化学位移和耦合常数。

同时,部分异种核如氟、磷核与氢核之间耦合明显,特标注部分耦合常数,如表 4-13、表 4-14、表 4-15。另外,表 4-17 列出部分氘代溶剂中部分溶剂峰的核磁共振氢谱数据,熟悉和分辨出常见的溶剂峰对于氢谱解析很有帮助。

表 4-13 常见烷烃的核磁共振氢谱化学位移

δ 3.48,3.77
Br δ 4.5
(tt,7.9,5.0)

OMe
H δ 4.54
Br OMe δ 3.40
δ 3.37

δ 4.91
δ 3.89

Cl
H δ 5.86(6.0)
Cl
δ 2.03

δ 4.15(d,0.5)
H δ 9.95(d,0.5)
NO₂

δ 19.17
Bu₄N⁺

Cl–Mg H δ −0.44(6.0)
δ 1.2

Mg H δ −0.57(7.9)
δ 1.13(8.0)

δ 2.04 CO₂Me δ 3.60
H
H δ 3.25
H
δ 2.98 CO₂Me δ 3.68

δ 2.30 S δ 2.27

PMe₃ ²J_{H-P}=2.7Hz
P(OMe)₃ ³J_{H-P}=10.7Hz
P(H)ₙ ¹J_{H-P}=150–200Hz

δ 1.7 (⁴J_{F-H}, 2.4) OH
Ph O δ 4.10
F H δ 1.07
δ 4.9(²J_{F-H}, 47.7)

δ 1.51 δ 1.69
H δ 2.41
O
H δ 1.95
δ 2.61 H δ 1.73

δ 9.60 H H 3.34(ddd 7.4,4.3,2.6)
2.97(d,7.4) O 2.48(dd,4.6,2.6)
N 2.89(dd,4.6,4.3)
Bn Ph 3.92

δ 3.15,3.40
H O δ 4.40
Ph N H Ph
N₃ H δ 4.25

1.67 (⁴J_{F-H}, 2.4) OH
Ph O δ 4.09
F H δ 1.06
δ 5.0(²J_{F-H}, 47.7)

δ 0.97
δ 1.53
δ 2.65
O δ 0.84
δ 8.75 H H δ 2.12

δ 1.39 δ 2.04
ᵗBu
δ 1.77 H H δ 2.09
δ 1.21

δ 3.7 δ 6.3 H δ 5.61(4,11)
Ph NH H δ 5.53(d,4.0)
O S δ 1.45
N
O H δ 4.39
CO₂Me δ 3.74

4.17 2.78
H H H 2.47
H 2.41
O 3.96 2.50 H 2.27
1.74 2.04 H H 2.38

表4-14 常见烯烃的核磁共振氢谱化学位移

δ 5.43 δ 4.45
δ 1.63 O
O δ 4.95

δ 6.37(dq,14.0,1.9Hz)
Ph δ 1.85(dd,6.2,1.9)
δ 6.21(dq,14.5,6.2Hz)

Ph δ 5.29
H OH
H δ 4.29
δ 5.20

F H ³J_{H-F}=10~50Hz

O δ 5.81(11.9)
δ 2.5 δ 6.42(11.8,5.3)
δ 1.9 δ 2.5
δ 1.9

δ 2.2 O
O δ 3.86
H
δ 5.81 δ 5.56(12.0Hz)
(12.0,5.7Hz)

δ 3.85
δ 1.40 H δ 5.44
δ 0.85 δ 1.67
OH δ 5.56

F H ³J_{H-F}=0~20Hz

F H ³J_{H-F}=70~90Hz

δ 6.47(5.9,2.0)

δ 4.29 δ 7.84(5.9,2.8)

Ph

δ 4.54(3.8,1.3)

δ 5.86(10.4)

δ 5.92

δ 3.38(4.6)

H   H

δ 3.49(4.9)

δ 6.50(8.6,1.4) δ 3.7

δ 6.26(8.6,6.1,0.8)

δ 3.62(1.3)

δ 5.15(6.1,4.0,1.4)

δ 3.7(4.0,0.8)   H δ 2.10(16)

H

δ 2.73(16,1.3)

δ 0.91 δ 0.05

(dd,18.0,1.7Hz)

δ 5.63

δ 6.60

(dd,18.0,4.0Hz) δ 1.28

δ 6.46(14.4,6.9)

δ 3.86 H δ 3.74

H δ 1.27

δ 4.17(14.4,1.9)

CN   Li$^{\oplus}$

δ 6.15

δ 4.16 H   Cu$^{\ominus}$ δ 0.12

H δ 1.96 δ 0.68

δ 4.56

表 4-15　常见芳烃的核磁共振氢谱化学位移

δ 7.84

δ 8.42   Cl

δ 8.71

O$_2$N   NO$_2$

δ 6.99

δ 7.07

(ddd,7.59,1.17,0.48)

Br

O

δ 8.00(dddd,8.2,2.5,1.2,0.6)

δ 7.61(ddd,8.2,7.7,1.2,0.6)

δ 7.49(dd,7.7,1.2)

δ 4.09

Fe

δ 7.49 δ 6.66(d,2.5)

δ 7.13

δ 7.19 δ 7.52(d,2.5)

δ 7.42   O

δ 7.83 δ 7.34(d,5.5)

δ 7.36

δ 7.34 δ 7.44(d,5.5)

δ 7.88   S

δ 7.72

δ 6.42

O   O

δ 7.40   H δ 8.44

δ 6.43   N

δ 7.70   B

δ 6.92   H δ 4.5

F

$^3J_{H-F}$=7~12Hz

$^4J_{H-F}$=3.5~8Hz

$^5J_{H-F}$=0~3Hz

H$_2$N   2.75   H 13.38

N

3.02   7.55

N

NO$_2$

δ 8.35(9.7) δ 9.08(2.4)

δ 7.78   NO$_2$

H 11.12

N

δ 6.75(11.0)

H

H

δ 7.20(11.0)

δ 7.41

NH$_2$

δ 8.17   N

N

δ 3.70,3.58   N δ 8.38

HO   N

δ 3.99   O δ 5.91

δ 4.17 δ 4.64

OH   OH

δ 5.24 δ 5.51

表 4-16　常见炔烃及其他核磁共振氢谱化学位移

δ 2.44 δ 2.27

H   OH

δ 1.55

δ 2.01 δ 3.68(t,6.5Hz)

H   OH δ 4.04

δ 2.39

(td,6.5,2.5Hz)

SiMe$_3$

Me

δ 1.81(12.3Hz)

δ 2.52(t,2.6Hz)

H   Br

3.88(t,2.6Hz)

δ 4.19(2.3Hz)

Me   OH

δ 1.86(2.3Hz)

O

Me$_3$Si   H

δ 9.18

δ 0.27

δ 6.35

(dd,12.0,2.0Hz)

δ 3.08(dd,5.0,2.0Hz)

H

δ 4.52   OMe

(dd,12.0,5.0Hz)

δ 3.80

δ 5.9(18,11,11)

δ 4.06(11,1.5)

H   O

H

δ 4.9(18,1.5)   H δ 4.0(11)

H   O

H

δ 2.24

表4-17　常见氘代溶剂的核磁共振氢谱化学位移

	氢核	峰形	CDCl$_3$	(CD$_3$)$_2$CO	(CD$_3$)$_2$SO	C$_6$D$_6$	CD$_3$CN	CD$_3$OD	D$_2$O
溶剂残留峰			7.26	2.05	2.50	7.16	1.94	3.31	4.79
H$_2$O		s	1.56	2.84	3.33	0.40	2.13	4.87	
(CH$_3$)$_2$CO	CH$_3$	s	2.17	2.09	2.09	1.55	2.08	2.15	2.22
CH$_3$CN	CH$_3$	s	2.10	2.05	2.07	1.55	1.96	2.03	2.06
CHCl$_3$	CH	s	7.26	8.02	8.32	6.15	7.58	7.90	
CH$_2$Cl$_2$	CH$_2$	s	5.30	5.63	5.76	4.27	5.44	5.49	
DMF	CH	s	8.02	7.96	7.95	7.63	7.92	7.97	7.92
	CH$_3$	s	2.96	2.94	2.89	2.36	2.89	2.99	3.01
	CH$_3$	s	2.88	2.78	2.73	1.86	2.77	2.86	2.85
(CH$_3$)$_2$SO	CH$_3$	s	2.62	2.52	2.54	1.68	2.50	2.65	2.71
CH$_3$CO$_2$Et	CH$_3$CO	s	2.05	1.97	1.99	1.65	1.97	2.01	2.07
	CH$_2$	q, 7	4.12	4.05	4.03	3.89	4.06	4.09	4.14
	CH$_2$CH$_3$	t, 7	1.26	1.20	1.17	0.92	1.20	1.24	1.24
n-hexane	CH$_3$	t	0.88	0.88	0.86	0.89	0.89	0.90	
	CH$_2$	m	1.26	1.28	1.25	1.24	1.28	1.29	
CH$_3$OH	CH$_3$	s	3.49	3.31	3.16	3.07	3.28	3.34	3.34
	OH	s	1.09	3.12	4.01		2.16		
silicone grease	CH$_3$	s	0.07	0.13		0.29	0.08	0.10	
triethylamine	CH$_3$	t, 7	1.03	0.96	0.93	0.96	0.96	1.05	0.99
	CH$_2$	q, 7	2.53	2.45	2.43	2.40	2.45	2.58	2.57

第三节　核磁共振氢谱测定技术

一、试样准备

　　试样纯度须预先进行确认，并注意尽可能地把样品干燥好，避免含有较大量水分或其他有机溶剂，这些都会对测试结果有一定的影响。随后选择适当的氘代溶剂溶解样品。在选择氘代溶剂时，样品中的活泼氢信号有时会与溶剂中的氘发生交换而从图谱上消失，因此在需要观察活泼氢信号的情况下，则要选用不含活泼氢的氘代试剂溶剂，如氘代 DMSO、氘代丙酮等。为了测出效果最佳的图谱，配制的样品浓度要适宜，通常在 10～50mmol/L 范围即可，浓度过低或过高都不利于完整氢信号的观察。但对于核磁共振碳谱测试，因 ^{13}C 的自然丰度较低，则通常是样品浓度越大越好。样品溶液加入干燥的核磁管中，至液层高 35～40mm（普通常见核磁管一般需要样品溶液 600μl），加入 TMS 等基准物质（一般氘代溶剂已经预加TMS）后，加塞并贴上标签待用。

溶剂样品用的溶剂要求溶解性能强,与样品不发生作用,对样品图谱没有干扰。常用溶剂有氘代 $CDCl_3$、氘代 DMSO 等,实践中可根据样品的溶解度、测定目的、观测范围及测定条件等因素灵活运用。为避免溶剂自身信号的干扰,核磁共振测定多采用氘代溶剂,其中因氘代不完全而残存的核磁共振氢谱信号在谱图上仍可看到,该氘代溶剂峰的化学位移常常作为基准信号峰矫正核磁共振谱图。

测试样品信号的化学位移常因溶剂种类不同而发生改变,故在信号重叠时,有时改变溶剂重新测定,往往会收到意想不到的效果。某些类型的化合物其信号的化学位移有一定的规律,可据以判断取代基的位置。还有在测定已知化合物时,为了方便与文献数据或标准图谱进行对比,宜尽量选用与文献报道相同的溶剂。

因条件限制须委托他人测试时,应向操作者详细介绍有关情况,如溶剂及试样浓度、基准物质的种类及添加数量、测试目的及测定条件等,以取得较好的结果。

二、高分辨核磁共振技术

自 1953 年第一台商用核磁共振仪推出以来,核磁共振在理论、实验及应用仪器等领域都出现质的飞跃。目前核磁共振的频率已从 30MHz 发展到 1.2GHz,在化学、物理及生物医学等学科中广泛应用。在 ^{1}H-NMR 谱中,不同类型的氢核信号主要分布在 δ 0~20(主要在 δ 0~10)范围,加之可能相互耦合裂分,故信号之间有时重叠严重,难以分辨。对于初学者来说,从谱图中准确识别出不同类型的氢核自旋耦合体系,判断其信号的化学位移及耦合常数并非易事。这种情况在有高级耦合存在时尤为严重。

前已述及,已知耦合常数是一定值,不受磁场强度的影响,但信号之间的间距则随着外加磁场强度的增强而拉大,图谱的分辨率也明显得到提高。故一些原来用低磁场 NMR 测定时分离度不好,且可能表现为复杂难辨的高级耦合谱图的试样在改用强磁场 NMR 仪测定时,因信号之间的分离度得到改善,可能简化为类似于一级耦合的谱图。图 4-49 为丙烯腈分别采用 60MHz、100MHz 和 300MHz 三种核磁共振仪测得的结果,随着磁场强度的增强,三组氢核信号的分离度得到明显的改善,识别起来十分容易。

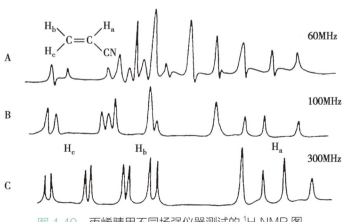

图 4-49 丙烯腈用不同场强仪器测试的 ^{1}H-NMR 图

三、核磁双共振

（一）去耦实验

在 ¹H-NMR 谱中，因相邻氢核之间的自旋耦合造成的信号裂分包含有关化合物结构的许多重要信息。通常，相互耦合的氢核信号因其耦合常数或裂分大小相等，故通过仔细测量并比较裂分间的距离，可以对哪些氢核之间耦合相关作出一定的判断。但因为这种方法不是直接证明，所以在图谱复杂尤其有多重耦合影响时易出现判断错误。此时，可以采用去耦实验方法。

¹H-NMR 中采用的是同核去耦实验，如图 4-50，即通过选择照射耦合系统中的某个（组）或某几个（组）质子并使之饱和，则由该质子造成的耦合影响将会消除，原先受其影响而裂分的质子信号在去耦谱上将会变成单峰（在只有单重耦合影响时），或者得到简化（当还存在其他耦合影响时）。

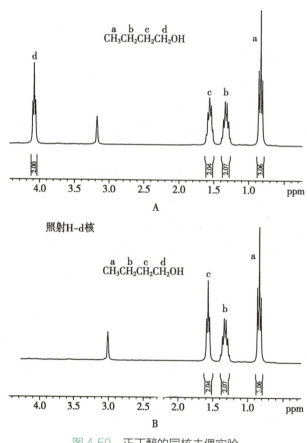

图 4-50 正丁醇的同核去偶实验

（二）核的 Overhauser 效应（NOE）

已知两个（组）不同类型的质子位于相近的空间距离时，照射其中的一个（组）质子会使另一（组）质子的信号强度增强，这种现象称为核的 Overhauser 效应，简称 NOE。

NOE 通常以照射后信号增强的百分率表示（照射氢核为红色，相关氢核信号增强为蓝色）。

NOE 与空间距离的 6 次方成反比，故其数值大小直接反映相关质子的空间距离，可据此确定分子中某些基团的空间相对位置、立体构型及优势构象，对研究分子的立体化学结构具有重要意义。

以 β- 紫罗兰酮为例，分子模型显示侧链的空间排列可能有下列两种方式，如图 4-51 所示。

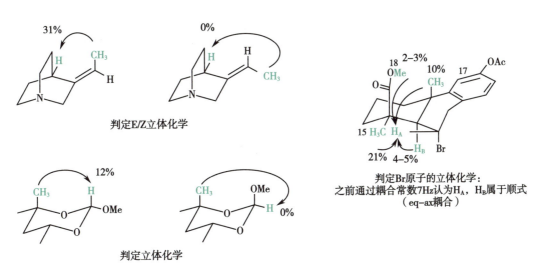

图 4-51　NOE 鉴定 β- 紫罗兰酮的空间构型

通过 NOE 测定，照射 10-CH₃，发现 7-H 信号增强 8.7%，而 8-H 信号仅增强约 5.2%，显示 10-CH₃ 与 7-H 的空间距离较近，故 β- 紫罗兰酮的优势构型应如图 4-51（A）所示。

NOE 测试除了可以确定化合物双键的顺反结构或手性中心之外，还可以判断分子结构的优势构象等。如图 4-52 所示，作者使用 NOE 确定化合物中溴的原子构型。作者通过核磁共振氢谱发现 H_A 和 H_B 的相互耦合常数为 7Hz，认为两个氢核应互相处于环己烷的顺式构型，但进一步进行 NOE 测试发现，分别照射 15-CH₃、17-CH₃、18-OMe、5-H_B，发现与溴相连的 6-H_A 有不同程度的 NOE，并最终确定正确的溴原子构型。作者认为，在环己烷的半椅式构象中（half-chair conformation），H_A 和 H_B 的距离有 3.1～3.2Å，不可能发生 NOE；但在船式构象中，H_A 朝向 H_B 翻转接近 2.9～3.0Å，虽然很小，但足够产生可见的 NOE。

图 4-52　NOE 用于判断分子构型

实际工作中，当信号相互重叠且 NOE 较小时，观测信号强度的微小变化十分困难，可采用 NOE 差光谱测定技术，原理可用模式图简单表示。如图 4-53 所示化合物的核磁共振氢谱（200MHz，CDCl₃），图 4-53A 为正常图谱而图 4-53B 为相应的 NOE 图谱，当照射氢核 δ 6.97Hc 时，氢核 Ha 和 CH₃（f）的信号强度因 NOE 增强，氢核 Hc 的信号因饱和而消失（图 4-53B）；从图 4-53B 中扣除图 4-53A，仅表现为因照射 Hc 而增强的信号部分。在测定 NOE 差光谱时，因为 FT-NMR 技术，可以方便地进行信号强度的加减运算，故照射前后强度没有改变的信号在光谱中被全部扣去，朝下伸出的为被照射质子，朝上伸出的即为照射后强度增加的质子信号。

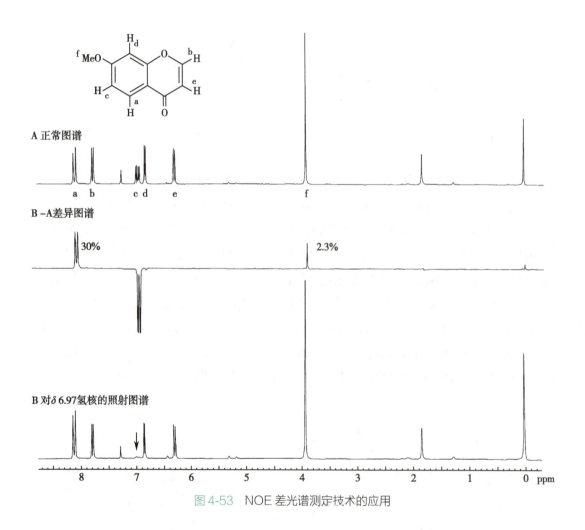

图 4-53　NOE 差光谱测定技术的应用

四、位移试剂

含氧或含氮化合物如醇、胺、酮、醚、酯等中的某些质子的信号可因加入特殊的化学试剂而发生位移，该类试剂称为位移试剂，多为镧系金属化合物，因为该类金属有多条空轨道，可以接受孤电子对形成金属络合物而大幅改变邻近氢核周围的电子屏蔽效应（表 4-18）。

表 4-18　常用的位移试剂

缩写名	结构	溶点 /℃	位移方向
Eu(dpm)₃		188	低磁场
[Pr(dpm)₃]		220	高磁场
Eu(fod)₃		100～200	低磁场
[Pr(fod)₃]		180～225	高磁场

第四节　核磁共振氢谱在结构解析中的应用

一、核磁共振氢谱结构解析的基本程序

在有机化学领域学习核磁共振波谱解析是非常重要的基本功。那么,怎么通过合理的推理分析,解析核磁共振氢谱而得到正确的分子结构呢?

1. 首先将谱图原始文件通过傅里叶变换,接着矫正基线和设定基准物质的参考信号峰,从而得到一张标准的核磁共振氢谱。另外注意观察溶剂相关基团的 ¹H 信号是否出现在预定的位置,以及信噪比(S/N)是否符合要求(一般希望 S/N>30 为宜)。

2. 确定峰的组数,确定分子中的磁不等价氢核的数目;根据每组峰的积分曲线高度算出各个信号对应的氢核数,目前的核磁共振氢谱利用计算机处理可直接获得相对氢核数(注意辨别峰的归属,识别内参峰、溶剂峰及其他杂质峰)。在可能的条件下宜在 $\delta 0<5.0$ 的区域先找出与氧、氮、芳基、羰基、不饱和烯烃或季碳直接相连的孤立甲基信号(3H, s),并按其积分曲线高度去复核其他信号相应的氢核数目[如果有分子式,最好先算出其不饱和度(适用于只含 C、H、O、N 等元素):$\Omega = C + 1 - (H - N)/2$]。

3. 检测活泼氢信号。滴加 D_2O 前后比较测得谱图,解析消失的活泼氢信号,但须注意有些酰胺氢或具有分子内氢键的活泼氢信号不会消失,而有些活泼的—CH—信号会消失。

4. 解析在 $\delta>10.0$ 的低磁场区出现的羧酸及具有分子内氢键缔合的信号等。

5. 参考化学位移、峰裂分数目及耦合常数,解析低级耦合系统。

6. 解析芳香氢核信号及高级耦合系统。

7. 必要时,可以采用更换溶剂、加入位移试剂或采用去偶实验、NOE 测定等特殊技术,甚至改用强磁场 NMR 仪测定,以简化图谱,方便解析。

8. 对推测出的结构再利用取代基位移加和规律,或结合化学方法,或 UV、IR、MS、¹³C-NMR、二维核磁共振谱图甚至 X 射线单晶衍射等信息进行反复推敲加以确认,并对信号

的归属一一作出确认。

以上程序可供未知化合物结构测定时参考。已知化合物的图谱解析比较容易，应参照标准图谱或文献数据进行结构确定。

二、核磁共振氢谱结构解析实例

例4-1 一未知化合物的分子式为 $C_6H_8O_4$，IR 在 $3\,078cm^{-1}$、$1\,721cm^{-1}$、$1\,700cm^{-1}$、$1\,638cm^{-1}$、$1\,635cm^{-1}$、$1\,313cm^{-1}$、$1\,176cm^{-1}$、$994cm^{-1}$ 和 $776cm^{-1}$ 处有吸收，如图 4-54 所示为该化合物的 $^1H\text{-NMR}$（300MHz，$CDCl_3$），试解析并推断其结构。

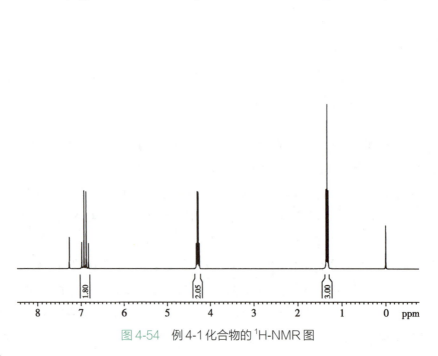

图 4-54　例 4-1 化合物的 $^1H\text{-NMR}$ 图

解析：

（1）不饱和度 $\Omega = 6 + 1 - 8/2 = 3$。

（2）红外光谱有 2 个羰基吸收峰，位于 $1\,721cm^{-1}$ 和 $1\,700cm^{-1}$ 处。

（3）$^1H\text{-NMR}$ 谱峰归属：δ 1.33，3H，三重峰（t），$J=7.2Hz$，为 CH_3 信号，与两个质子耦合，可能为 $-CH_2CH_3$；δ 4.28，2H，四重峰（q），$J=7.2Hz$，为 CH_2 信号，与前面 δ 1.33 的质子耦合，可能为 $-CH_2CH_3$，结合化学位移，推测应为 $-OCH_2CH_3$ 片段（A）；δ 6.95 和 6.85，2H，分别为二重峰（d），$J=15.9Hz$，为典型的反式双键 $CH=CH$ 上的氢信号，两个氢信号可以看作是 AB 系统，根据化学位移值，结合 IR 光谱，该双键应与羰基相连，即 $-CO-CH=CH-CO-$ 片段（B）。

（4）片段（A）和（B）相加后为 $C_6H_7O_3$，而该化合物的分子式为 $C_6H_8O_4$，因此还应有 $-OH$ 基团（C）。

综上所述，将（A）、（B）和（C）连接在一起，确定未知化合物的结构式为：

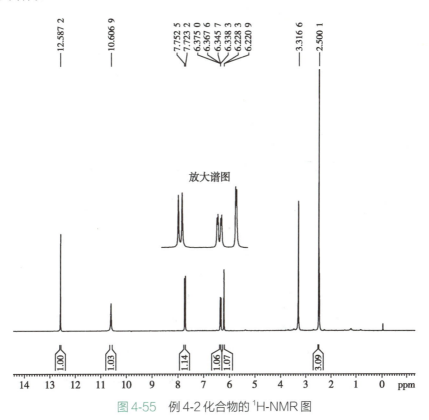

经与文献的核磁共振数据对照确认无误。

例 4-2 一晶形固体的分子式为 $C_8H_8O_3$，^1H-NMR（300MHz，DMSO-d_6）如图 4-55 所示解析并推断其结构。

图 4-55 例 4-2 化合物的 ^1H-NMR 图

解析：

（1）不饱和度 $\Omega = 8 + 1 - 8/2 = 5$，结合芳环区的信号峰推测应该有苯环存在。

（2）^1H-NMR 谱峰归属：δ 2.50，3H，单峰（s），为—CH_3 信号，结合化学位移，推测 CH_3 应与 CO 连接，即—$COCH_3$（A）；δ 6.22，1H，二重峰（d），$J=2.1Hz$；δ 6.35，1H，双二重峰（dd），$J=9.0$，$2.1Hz$；δ 7.24，1H，二重峰（d），$J=9.0Hz$，为苯环上的 ABX 系统氢信号，如片段（B）；δ 10.61 和 12.59 的两个氢信号为苯环上的两个活泼氢信号，其中 δ 12.59 处的信号应为与羰基形成分子内氢键的活泼氢。

综上所述，将结构中的各个基团连接在一起，推测未知化合物的结构式为：

经与文献的核磁共振数据对照确认无误。

例 4-3 如图 4-56 所示是某学生合成的某化合物的 ^1H-NMR，试找出该谱图的问题并解析其结构。已知该化合物为一晶形固体,分子式为 $C_{11}H_{12}O_4$。^{1}H-NMR(500MHz, CDCl$_3$)
δ 7.62(d, $J = 15.9$Hz, 1H), 7.07(dd, $J = 8.2, 1.7$Hz, 1H), 7.02(d, $J = 1.7$Hz, 1H), 6.91(d, $J = 8.2$Hz, 1H), 6.29(d, $J = 15.9$Hz, 1H), 5.93(s, 1H), 3.92(s, 3H), 3.79(s, 3H)。

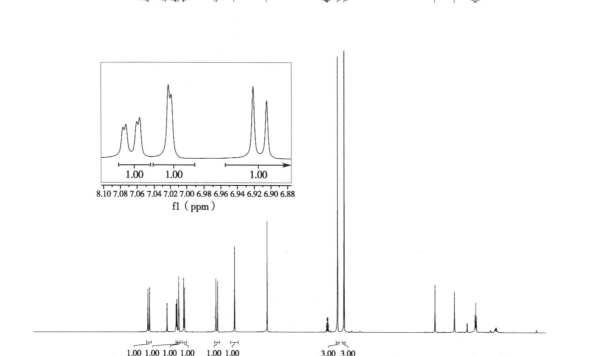

图 4-56　例 4-3 化合物的 ^{1}H-NMR 图

解析:

(1)不饱和度 $\Omega = 11 + 1 - 12/2 = 6$,推测应该存在 1 个苯环和 2 个不饱和键。

(2)分析 ^{1}H-NMR 谱,首先剔除溶剂峰,分别为 δ 5.3 左右处的二氯甲烷峰,δ 4.12、2.05、1.26 左右处的乙酸乙酯峰及 δ 1.6 左右处的水峰。

(3)其中 δ 7.62 和 6.29 处的峰是耦合常数均为 15.9Hz 的二重峰(d),提示这两个氢相互耦合,且化学位移相差较大,可能与羰基相连;且为典型的反式二取代烯烃—CH=CH—CO。另外,δ 7.07(dd, $J = 8.2, 1.7$Hz, 1H)、7.02(d, $J = 1.7$Hz, 1H)和 6.91(d, $J = 8.2$Hz, 1H)这三个裂分小峰的化学位移值及其相同的耦合常数提示这三组氢相互耦合的 ABX 系统,为典型的 1,2,4- 三取代苯环。

(4)剩下的三个峰均为单峰,δ 3.92(s, 3H)、3.79(s, 3H)应为甲氧基,最后只剩下 5.93(s, 1H),只能为羟基。

(5)根据分子式推断,其结构可能为阿魏酸甲酯。

例 4-4 某化合物为白色片状结晶,分子式为 $C_{20}H_{40}O_2$,EI-MS m/z 311(M-1),^{1}H-NMR(500MHz,CDCl$_3$)如图 4-57 所示[δ 2.34(t,J=7.2Hz,H-2,2H),1.62(m,H-3,2H),1.24(16×CH),0.87(t,J=7.2Hz,H-16,3H)],试解析并推断其结构。

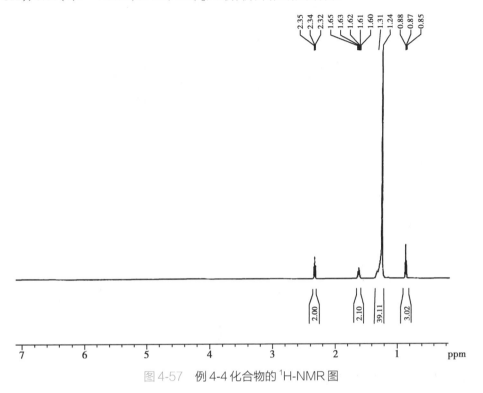

图 4-57   例 4-4 化合物的 ^{1}H-NMR 图

解析:

(1)不饱和度 Ω = 20 + 1 − 40/2 = 1,推测应该有 1 个不饱和键存在。

(2)分析 ^{1}H-NMR 谱,在 1.24 处有一组氢信号,积分值为 39,是脂肪族化合物中的多个亚甲基信号。另外在 2.34 和 1.62 处有 2 个亚甲基信号,前者为三重峰,提示与—CH$_2$—相连。0.87 处有 1 个甲基氢信号,呈现三重峰,提示与—CH$_2$—相连。这是脂肪族化合物的典型特征。

(3)2.34 处的—CH$_2$—处于较低场,推断与吸电子基—COOH 相连。

(4)根据分子式为 $C_{20}H_{40}O_2$,推测为花生酸(二十烷酸)。

综上所述,产物为二十烷酸,结构式为:

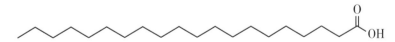

例 4-5 某化合物为白色片状结晶,分子式为 $C_7H_6O_2$,^{1}H-NMR(CDCl$_3$,500MHz)如图 4-58 所示,试解析并推断其结构。

解析:

(1)不饱和度 Ω = 7 + 1 − 6/2 = 5,推测应该有 5 个不饱和度存在。根据分子式和芳环区的信号峰推算,可能含有 1 个苯环和 1 个双键。

(2)分析 ^{1}H-NMR 谱,在 δ 8.1~7.4 有 5 个氢出现,说明有 1 个单取代苯环,结合含有 2 个氧原子和 1 个双键,说明为苯甲酸。分析 5 个芳氢的峰形和耦合常数,δ 8.00 处的氢为双质子 d 峰,J=7.1Hz,应为 2,6-H;δ 7.57 处的氢为单质子 t 峰,J=7.5Hz,应为 4-H;δ 7.5 处的氢为双质子 t 峰, $J=7.8Hz$, 应为 3, 5-H。

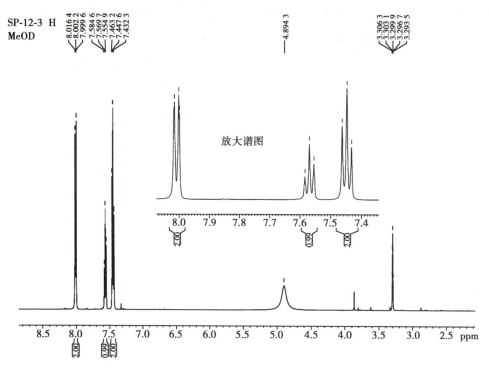

图 4-58　例 4-5 化合物的 ^{1}H-NMR 图

综上所述, 产物为苯甲酸, 结构式为:

CO_2H

习题

习题 4-1: 简答题

1. 20 世纪 70 年代, 科学家发现核磁共振(磁共振成像)可以区分肿瘤组织与正常组织而用于临床病理检查。请回答: ①猜想磁共振成像在临床病理检查中的原理。②磁共振成像检查时的注意事项中不戴含金属物品的原理。

2. 核磁共振在有机化学中的一个重要应用就是化合物的谱图解析, 请问化学位移的影响因素有哪些? 并指出以下几个常见化合物(图 4-59)核磁共振氢谱的大致化学位移值范围。

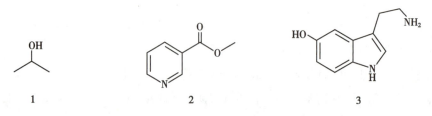

图 4-59　习题 4-1-2 的化合物结构式

3．请举例解释氘代试剂在核磁共振氢谱中的裂分原因，如 $CDCl_3$、D_2O、CD_3OD、DMSO-d_6 等。

习题 4-2：推导题

1．请从磁各向异性等角度解释图 4-60 中的两种芳基化合物的指定核磁共振氢谱的差异。

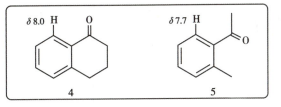 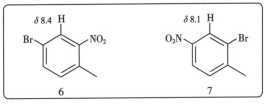

图 4-60　习题 4-2-1 的示意图

2．已知某化合物在常温下为淡黄色液态，分子式为 $C_5H_8O_2$，请根据图 4-61 和以上信息，解析其分子结构并归属化学位移。

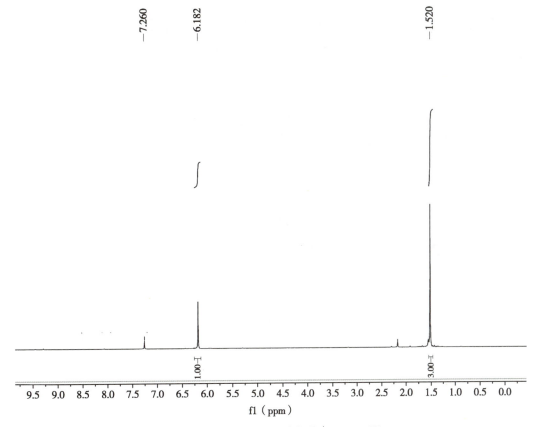

图 4-61　习题 4-2-2 化合物的 ^{1}H-NMR 图

3．已知如图 4-62 为所示化合物的核磁共振氢谱，请归属所有氢的信号峰。

4．已知以下核磁共振谱图为某学生做的一步化学反应的结果，请归属图 4-63 中的所有信号峰。

5．某白色片状晶体的分子式为 $C_{14}H_{12}O_3$，图 4-64 为其核磁共振氢谱，分析并归属氢的化学位移。

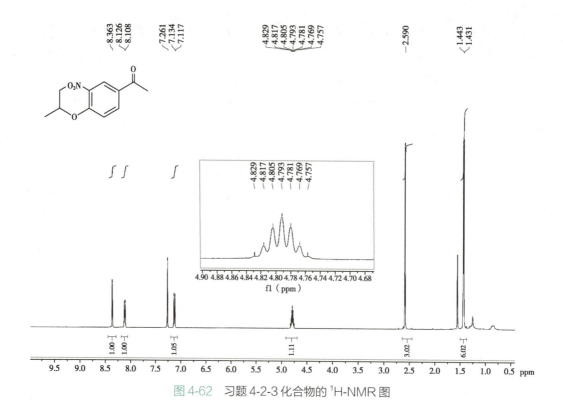

图 4-62　习题 4-2-3 化合物的 ^{1}H-NMR 图

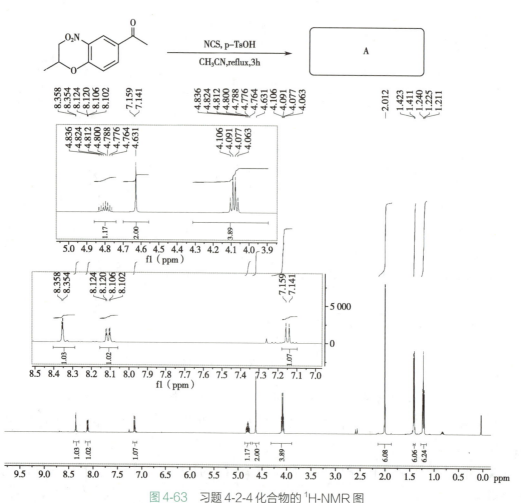

图 4-63　习题 4-2-4 化合物的 ^{1}H-NMR 图

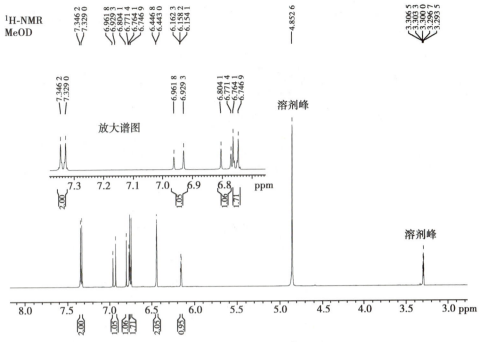

图 4-64　习题 4-2-5 化合物的 ^{1}H-NMR 图

6. 已知某化合物的分子式为 $C_{10}H_8O_2$，其核磁共振氢谱如图 4-65 所示，请列出可能的化合物结构式及推导过程。

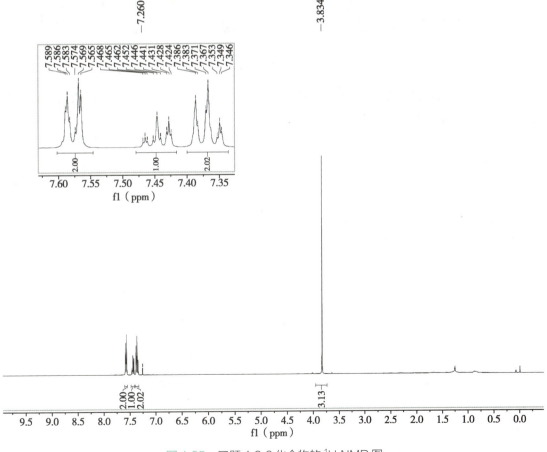

图 4-65　习题 4-2-6 化合物的 ^{1}H-NMR 图

7. 分子式为 C_9H_9N 的粪臭素也可以用来调制香料,图4-66为其核磁共振氢谱(500MHz,DMSO-d_6),试推测其结构。

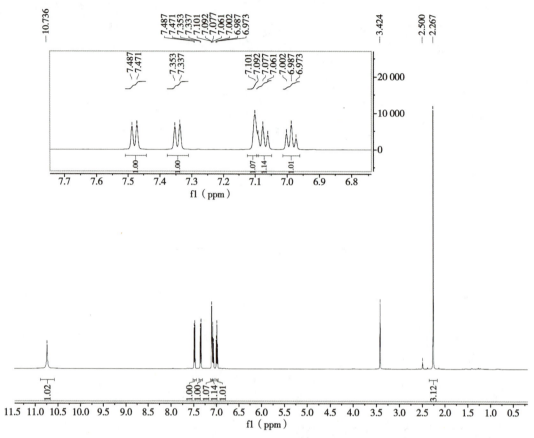

图4-66　习题4-2-7化合物的 ^1H-NMR 图

8. 图4-67是某常用药的核磁共振氢谱,同时也是人体内的内源性物质,分子式为 $C_8H_{11}NO_2$,试推测其结构。

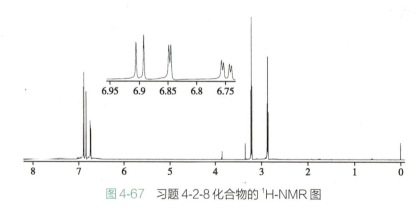

图4-67　习题4-2-8化合物的 ^1H-NMR 图

9. 图4-68为一油状液体的核磁共振氢谱,分子式为 $C_6H_{15}N$,试推测其结构。

10. 图4-69为某化合物的核磁共振氢谱及其化学位移和耦合常数,分子式为 $C_5H_{10}O$,试推测其结构式。

^1H-NMR(600MHz,CDCl$_3$)δ 5.84(m,1H),5.05(d,$J=17.0$Hz,1H),4.98(d,$J=10.2$Hz,1H),3.66(t,$J=6.6$Hz,2H),2.15(q,$J=6.6$Hz,2H),1.67(t,$J=7.1$Hz,2H)。

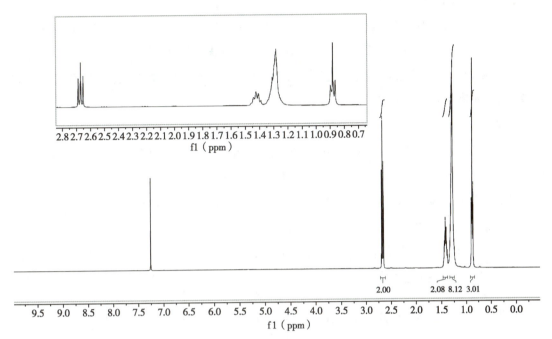

图 4-68　习题 4-2-9 化合物的 ¹H-NMR 图

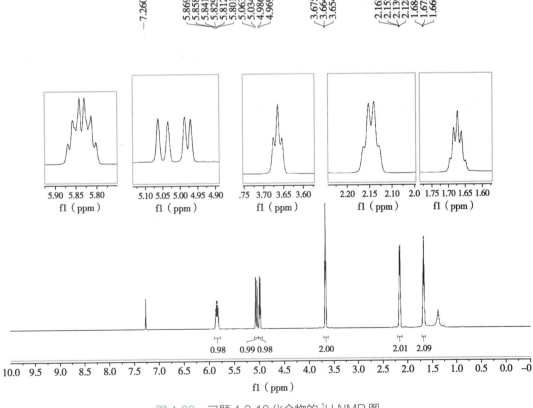

图 4-69　习题 4-2-10 化合物的 ¹H-NMR 图

习题 4-1：简答题

1. ①核磁共振对氢核检测较敏感，而水在人体组织中的含量丰富，故将人体中水的氢核作为磁共振信号的主要来源。②因为磁共振用到超导磁铁，对金属的吸附力较强。

2. 化学位移的影响因素有电负性、磁各向异性、共轭效应、氢键等；预测氢核的化学位移参考表 4-5 和表 4-14～表 4-17。

3. 氢核因自旋耦合干扰而裂分的小峰数（N）按下式求算：$N=2nI+1$。因 ^1H 的 $I=1/2$，故 $N=n+1$，即有 n 个相邻的磁不等同氢核时，将显示 $n+1$ 个小峰；而 D 为 ^2H，$I=1$，故 $N=2n+1$。$CDCl_3$，单峰；D_2O，三重峰（实际因活泼氢之间的氢核交换表现为一宽峰）；CD_3OD，五重峰；$DMSO$-d_6，五重峰。每个氢核被邻近的 n 个氘核所裂分，峰数目为 $2n+1$。

习题 4-2：推导题

1. 羰基和硝基的磁各向异性的应用，双键的上下方为屏蔽效应，周围平面内为去屏蔽效应。同时需要考虑空间位阻效应。

2. 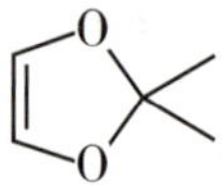 解析要点：单一的 CH＝、CH_3—C（季碳），考虑对称性。

3. 异丙基 δ 4.8 和 1.4，芳环区按共轭效应推导。解析要点：具有耦合关系的异丙基及芳环首先归属，剩下未耦合的单峰为甲基归属。

4. 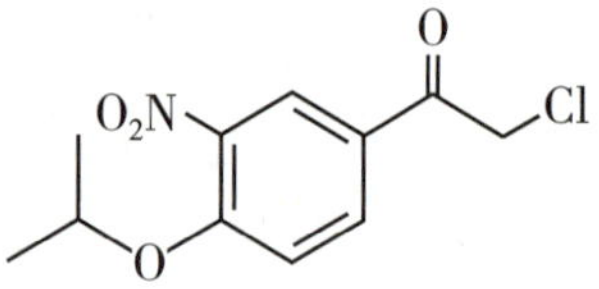 解析要点：归属异丙基和芳环；难点在于该谱图中含有溶剂峰乙酸乙酯峰，δ 4.12、2.05、1.26 附近为氘代氯仿中的乙酸乙酯残留溶剂峰。

5. 白藜芦醇 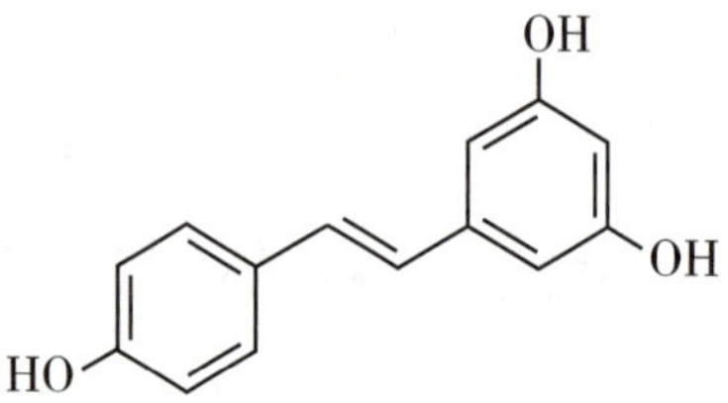 解析要点：归属两个芳环及烯烃，考虑对称性。

6. 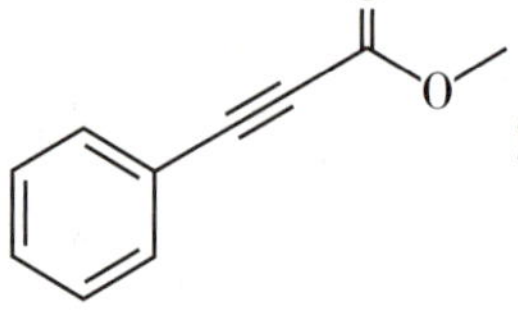 解析要点：首先确定为单取代苯基及 CH_3O—片段，剩下的炔丙酰基在核磁共振氢谱图上不显示，需要根据共轭效应及常见化合物猜测。

7. 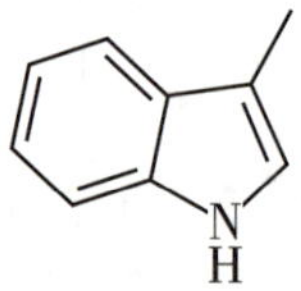 解析要点：首先确定吲哚母环、低场 N—H 等，甲基取代位置可通过共轭

效应确定,如果为 2- 甲基吲哚,则单取代氢应该在更高场。

8. HO—⟨benzene ring⟩—CH₂—CH₂—NH₂ (structure with HO and OH on ring, ethylamine side chain) 　解析要点:首先确定 1,2,4- 三取代苯环及—CH_2—CH_2—片段,

剩下只有两个羟基、一个氨基,与前述片段组合,结合内源性物质和药物,可知为多巴胺。

9. ⟨long chain structure⟩NH_2 解析要点:长链烷烃,氨基取代,活泼氢不显示。

10. ⟨alkene chain structure⟩OH 解析要点:顺反式单取代烯烃及 sp^2—CH_2—CH_2—CH_2—O—片段通过耦合关系解析。

（周应军）

第五章　核磁共振碳谱

碳是构成有机化合物分子骨架的基本原子，碳骨架构成是有机化合物结构研究的核心之一。结合核磁共振氢谱的解析，核磁共振碳谱（^{13}C nuclear magnetic resonance spectroscopy，^{13}C-NMR）可以给出有机化合物骨架构成的基本信息，在化合物结构鉴定方面起着非常重要的作用。

自然界存在的碳同位素中，天然丰度占 98.9% 的 ^{12}C 核的自旋量子数 I 为 0，观察不到其核磁共振信号，只有天然丰度仅占 1.1% 的 ^{13}C 核的自旋量子数不为 0（$I=1/2$），可以观察到其核磁共振信号，^{13}C 原子核遵循与 ^1H 相同的核磁共振原理。但 ^{13}C 的磁旋比 γ 是 ^1H 的 1/4，核磁共振的灵敏度与 γ^3 成正比，因此 ^{13}C 的观测灵敏度只有 ^1H 的 1/5 700 左右；另外由于 ^{13}C 核和它周围的 ^1H 核发生多次耦合裂分使得信号严重分散，因此早期用连续波扫描的实验方法很难记录其信号。得益于计算机等技术的发展，通过提高磁场强度、采用脉冲傅里叶变换实验技术、全去耦等措施，现已能完成各种 ^{13}C-NMR 实验。^{13}C-NMR 在结构测定、构象分析、反应机制研究等方面应用广泛，成为医药、化学、化工等学科领域必备的分析工具。

第一节　核磁共振碳谱的特点

核磁共振碳谱的原理与核磁共振氢谱基本一致。^{13}C 的核磁共振特征、针对 ^{13}C 核的测试技术、^{13}C-NMR 图谱的基本特点总结如下。

1. **^{13}C 的灵敏度低，核磁共振碳谱不如核磁共振氢谱灵敏**　核磁共振中，一般以一个基准物质的信号（S）和噪声（N）的比即信噪比（S/N）作为灵敏度。信噪比与核磁共振波谱仪的磁场强度 H_0、测定核的磁旋比 γ、待测核的自旋量子数 I 及其核的数目 n 成正比，与测试时的绝对温度 T 成反比。^{13}C 的天然丰度低，^{13}C 的观测灵敏度大约为 ^1H 的 1/5 700，在氢谱测定的条件下很难测定核磁共振碳谱。故测定核磁共振碳谱时，增加样品的量、提高磁场强度或者增加扫描次数才能提高碳的灵敏度，最终得到质量比较好的核磁共振碳谱。

2. **¹³C 核的弛豫时间长** ¹³C 的弛豫时间要比 ¹H 长得多,并且不同类型的碳原子的弛豫时间也不同,反映在图谱上,一般季碳的信号相对较低,并且可以通过测定弛豫时间得到更多的结构方面的信息。不同类型碳原子的弛豫时间的差异以及去耦造成的 NOE 大小不同,在常规全去耦核磁共振碳谱中,峰的强度与碳原子的数量无直接关系。

3. **针对 ¹³C 核的测定有多种技术** 除了常规核磁共振碳谱即全去耦谱外,针对 ¹³C 核有多种测试技术,如保留 ¹³C-¹H 耦合信息的偏共振去耦、反转门控去耦等。

4. **核磁共振碳谱具有较宽的化学位移值范围** 核磁共振氢谱各信号的化学位移值 δ 一般在 $1\sim13$ ppm,最大也不会超过 20ppm;而核磁共振碳谱各信号的化学位移值 δ 大多在 $0\sim230$ ppm,化学位移值范围很宽,能够区分化学环境有微小差异的核。分子量<500Da 的小分子化合物如果消除碳氢之间的耦合,且该化合物的结构无对称性(无化学环境相同的核),那么化合物中的每个碳原子都会出现在核磁共振碳谱各区域,即可以通过碳信号的个数来判断该化合物含多少个碳原子。当化合物结构中含有化学环境相同的碳原子时,相应的碳信号也会重叠,且重叠的峰信号一般会强一些。此外,与核磁共振氢谱不同的是,核磁共振碳谱中碳的个数与峰面积并不成比例,因此核磁共振碳谱中一般不对信号峰进行积分。

5. **核磁共振碳谱峰形简单** 目前常见的全去耦核磁共振碳谱中,若分子中除了碳原子和氢原子外不含其他磁性核(D、³¹P、¹⁹F 等),碳信号的峰形均呈单峰(s),不像核磁共振氢谱一样,由于耦合出现二重峰(d)、三重峰(t)、双二重峰(dd)、四重峰(q)以及多重峰(m)等现象,全去耦使得核磁共振碳谱容易观察解析。

6. **核磁共振碳谱能给出分子中的所有碳信号信息** 核磁共振碳谱中季碳没有氢与其直接相连,在核磁共振氢谱中得不到相关信息,只能通过分析分子式及与其相邻的碳上质子的信号来判断其是否存在。核磁共振碳谱中的所有信号,包括季碳都有相应的信号。

7. **常见的核磁共振碳谱中没有碳 - 氢耦合信息** 由于 ¹³C 的天然丰度低,核磁共振碳谱中一般不考虑 ¹³C-¹³C 耦合。碳原子常与氢原子相连,它们之间可以互相耦合,且 ¹³C-¹H 一键耦合的耦合常数大,一般在 $110\sim320$ Hz,但由于 ¹³C 的天然丰度相对于 ¹H 很低,所以这种耦合并不影响核磁共振氢谱,但在核磁共振碳谱中的影响很大,所以不去偶的核磁共振碳谱中各个裂分的谱线彼此交叠,不易识别。目前常用的核磁共振碳谱基本为全去耦谱,消除了 ¹³C 与 ¹H 之间的耦合。

第二节 核磁共振碳谱的主要参数

一、化学位移

核磁共振碳谱中的化学位移 δ 与核磁共振氢谱一样,以 ppm 为单位。在核磁共振碳谱中,通常用四甲基硅烷(TMS)作为内标,其化学位移在图谱的最右端为 0ppm,即 TMS 的碳信号化学位移为 0ppm。以此为参考,将出现在 TMS 信号左侧(低场)的 ¹³C 信号的化学位移值规定为正值,在 TMS 右侧(高场)的信号规定为负值。此外,也可以利用各种氘代试剂的碳信号作为内标。常用氘代试剂的碳信号化学位移如表 5-1 所示。

表 5-1 常用氘代溶剂的 ^{13}C 化学位移及谱线多重性

名称	结构	δ_C	谱线多重性
三氯甲烷-d_1	CDCl$_3$	77.0±0.5	三重峰
甲醇-d_4	CD$_3$OD	49.0	七重峰
丙酮-d_6	(CD$_3$)$_2$CO	29.8	七重峰
		206.5	多重峰
二甲基亚砜-d_6	(CD$_3$)$_2$SO	39.7	七重峰
二甲基甲酰胺-d_7	$\overset{O}{\underset{\parallel}{DCN(CD_3)_2}}$	29.8	七重峰
		34.9	七重峰
		163.2	三重峰
苯-d_6	C$_6$D$_6$	128.0±0.5	三重峰
吡啶-d_5	C$_6$D$_5$N	123.5	三重峰
		135.5	三重峰
		149.2	三重峰
二氧六环-d_8		66.5	五重峰
乙酸-d_4	CD$_3$COOD	20.2	七重峰
		178.4	多重峰

根据核磁共振原理,若磁场强度已知,则可用 NMR 公式[$v=(\gamma/2\pi)H_0$]计算 ^{13}C 核的共振频率。如一台 600MHz 的仪器(^{1}H 核),其 ^{13}C 核的共振频率为 150.9MHz,约为 4:1。

核磁共振碳谱的化学位移值范围一般在 0~230ppm,比核磁共振氢谱宽很多。核磁共振碳谱的化学位移值能精细地反映各种碳原子所处的化学环境与碳原子核周围的电子云分布情况,这些信息与分子结构中的细小差异如分子结构、构象的差异等密切相关。

碳原子位于骨架上,与氢原子相比其化学位移值受分子间效应的影响较小。影响碳原子化学位移值的因素主要是结构性因素和外部因素,包括碳原子的存在状态、杂化类型、碳原子所处的化学环境对其周围电子云密度的影响、空间效应、溶剂效应等。

(一)影响碳原子化学位移的结构性因素

1. 碳原子本身的存在状态　在有机化合物分子中,碳原子与其他原子一般共价结合。当碳原子所结合的原子的电负性极强或极弱时,电子离域,碳原子本身以碳正离子或碳负离子存在。碳正离子缺电子,强烈的去屏蔽效应使碳原子的化学位移处于极低场,化学位移值超出常规核磁共振碳谱范围,一般在 320ppm;碳负离子则由于碳原子核外电子云引起的强屏蔽效应,化学位移值在高场。

$$CH_3\overset{+}{C}(C_2H_5)_2 \quad (CH_3)_2\overset{+}{C}C_2H_5 \quad (CH_3)_3\overset{+}{C} \quad (CH_3)_2\overset{+}{C}H \quad (CH_3)_3\bar{C}Li$$

δ_C　　334.7　　　　333.8　　　　330.0　　　319.6　　　10.7

当碳正离子与含有未共用的孤电子对的杂原子相连时,由于受孤电子对的影响,碳的化学位移值向高场移动。

$$(CH_3)_2\overset{+}{C}OH \quad CH_2\overset{+}{C}(OH)C_6H_5 \quad CH_3\overset{+}{C}(OH)OC_2H_5$$

δ_C 　　　　　 250.3 　　　　　 220.2 　　　　　 191.1

2. 杂化状态 除了碳原子本身的存在状态外,轨道杂化状态是影响碳化学位移值的重要因素。碳原子的化学位移值一般与该碳上氢的化学位移值次序保持基本平行。有机化合物中的碳原子杂化轨道有 sp^3、sp^2 和 sp 三种,不同杂化状态的碳原子对应的化学位移值如表 5-2 所示。

表 5-2　不同杂化碳原子的化学位移值范围

碳原子杂化类型	所在的基团	δ_C
sp^3	CH_3<CH_2<CH< 季 C(无杂原子取代)	0~60
sp^2	烯碳和芳碳	95~170
sp^2	羰基	160~220
sp	$-C\equiv C-H$,$-C\equiv C-$(无杂原子取代)	60~90

3. 诱导效应

(1)与碳原子相连的基团的电负性会影响其化学位移值。吸电子基团会使邻近的碳原子核去屏蔽而使其化学位移向低场移动;若取代基的电负性增大,这种位移也会增大。

$$CH_4 \quad CH_3I \quad CH_3Br \quad CH_3Cl \quad CH_3F \quad CH_2Cl_2 \quad CHCl_3 \quad CCl_4$$

δ_C 　　 −2.6 　−20.6 　　10.2 　　 25.1 　　 75.4 　　 52 　　　 77 　　 96

(2)电负性对碳原子化学位移的影响与相隔的化学键的数目有关。电负性对 α 位(直接相连)碳原子的影响最大,对 β 位的影响相对较小,γ 位碳原子则向高场移动,这是由 γ- 邻位交叉效应引起的。一般情况下,对于 γ 位以上的碳,诱导效应可忽略不计。

$$CH_3-CH_2-CH_2-CH_2-CH_2-CH_3$$

δ_C 　 14.1　23.1　32.2　32.2　23.1　14.4

　　　　 α 　　 β 　　 γ

$$FCH_2-CH_2-CH_2-CH_2-CH_2-CH_3$$

δ_C 　 84.2　30.9　25.4　32.2　23.1　14.1

$$ClCH_2-CH_2-CH_2-CH_2-CH_2-CH_3$$

δ_C 　 45.1　33.1　27.1　31.7　23.1　14.1

(3)烷基取代使碳的化学位移值向低场移动。烷基虽然是供电子基团,但由于碳的电负性比氢大,所以烷基取代也会使该碳的化学位移值向低场移动,化学位移值增大。

一般来说,碳上的烷基或吸电子取代基数目增加,会使该碳的化学位移值向低场移动。

$$CH_4 \quad CH_3CH_3 \quad CH_2(CH_3)_2 \quad CH(CH_3)_3 \quad C(CH_3)_4$$

δ_C 　 −2.5 　　 5.7 　　　 15.4 　　　　 24.3 　　　　 31.4

$$CH_3Cl \quad CH_2Cl_2 \quad CHCl_3 \quad CCl_4$$

δ_C 　　 23.8 　　 52.8 　　 77.7 　　 95.5

此外,由于碳的电负性比氢大,因此邻位碳上取代的甲基数目增多,化学位移值会随之增大。

δ_C 　　 $RCH_2C(CH_3)_3 > RCH_2CH(CH_3)_2 > RCH_2CH_2CH_3 > RCH_2CH_3$

4. 共轭效应 共轭效应使电子在共轭体系中非均匀分布,会导致碳原子的化学位移值发生变化(向低场或向高场位移)。

如反式丁烯醛,3 位碳带有部分正电荷,相比 2 位碳的化学位移处于较低场,而羰基碳的 δ 值相比乙醛(199.6ppm)处于较高场。

苯甲酸分子中,由于羧基与苯环共轭,使芳环的电子云密度降低,δ 值比苯环(128.5ppm)大。若苯环被具有孤对电子的基团(如—NH_2、—OH 等)取代,由于孤对电子的离域作用(p-π 共轭),使邻、对位碳的电荷密度增加,屏蔽作用增强,δ 值移向高场。不管苯环上的取代基是供电子基团还是吸电子基团,对于间位碳的化学位移值影响不大,δ 值基本上保持与苯相似。例如:

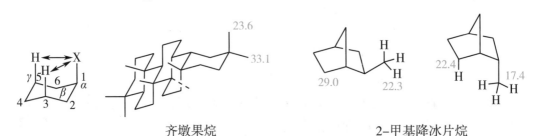

5. 空间效应 分子的空间结构也会影响碳的化学位移值。由于空间上接近,相隔三个键以上的碳可能产生相互作用,即空间效应。空间效应一般是空间上接近的碳上氢之间的相互排斥使碳原子周围的电子云密度有所增加,屏蔽效应增强,从而使碳信号向高场移动,化学位移值减小。常见的空间效应如下。

(1)链状结构中的 γ- 效应:链状结构中 α 位上的取代基与 γ 位碳原子的空间距离较近,相互排斥,将电子云推向双方的核附近,使相应碳原子的化学位移值移向高场,这就是链烃的 γ- 效应,又称 γ- 邻位交叉效应或 γ- 旁氏效应。

(2)环状结构中的 γ- 效应:环状结构如环己烷,当环己烷的 C-1 位取代基位于直立键时,它会对 γ 位(3 位和 5 位)碳原子产生 γ- 效应,使其化学位移值移向高场。环状结构中 γ- 效应的存在使得直立键上的甲基比平伏键上的甲基处在更高场。如常见的天然产物齐墩果烷型五环三萜类化合物,29 位甲基为平伏键,化学位移出现在低场 33.1ppm;30 位甲基为直立键,由于 γ- 效应,化学位移出现在高场 23.6ppm。刚性构象的 2- 甲基降冰片烷中也可以观察到典型的 γ- 效应。

齐墩果烷　　　　　　　2-甲基降冰片烷

（3）烯烃结构中的 γ- 效应：烯类化合物中，处于顺式的两个取代基也有这种空间效应。如顺式丁二烯中的 1 位碳比反式丁二烯中的 1 位碳向高场位移约 5ppm。

$$H_3C-C=C-CH_3 \quad (11.4) \qquad H_3C-C=C-H \quad (16.8)$$
$$\quad\quad H \quad\quad H \qquad\qquad H \quad\quad CH_3$$

此外，当分子中的空间位阻导致电子难以转移、共轭程度降低时，碳原子的化学位移值也会发生相应的变化。如苯乙酮随着邻位甲基的引入，空间位阻增大，导致苯环和羰基所在平面的扭转角 (φ) 增大，共轭下降，羰基碳的化学位移值向低场位移。

197.6 199.0 205.5

$\varphi\approx 0°$ $\varphi\approx 28°$ $\varphi\approx 50°$

6. 重原子 大多数电负性基团的作用是去屏蔽诱导效应，但有原子序数较大的卤素（重原子）存在时，除了诱导效应外，还存在一种"重原子"效应，即随着原子序数增加，抗磁屏蔽效应增大。CH_3I 的 δ 值比 CH_4 位于较高场，是由于卤素原子碘核外围有丰富的电子，碘原子的引入对与其相连的碳原子产生抗磁屏蔽作用，碳信号移向高场，化学位移值减小。碘取代越多，屏蔽效应越强。

	CH_4	CH_3I	CH_2I_2	CHI_3	CI_4
δ_C	−2.5	−20.7	−54.0	−139.9	−292.5

7. 分子内氢键效应 与氢原子一样，分子内氢键的形成也会影响碳原子的化学位移。邻羟基苯甲醛和邻羟基苯乙酮中的羟基和羰基形成分子内氢键，电荷的分散使得羰基碳去屏蔽，δ 值增大。

192.4 196.9 197.6 204.1

（二）影响碳原子化学位移的外部因素

1. 溶剂效应 不同的测试溶剂、不同的 pH 与样品浓度都会引起碳的化学位移值改变，变化范围由几到十几个化学位移单位。

由于测试溶剂不同引起的化学位移值的变化称为溶剂效应。溶剂效应通常是样品中的氢与极性溶剂的基团通过氢键缔合产生去屏蔽作用的结果。一般来说，溶剂对碳化学位移值的影响要大于对氢化学位移值的影响。如苯乙酮的羰基碳在 $CDCl_3$ 中的峰比在 CCl_4 中向低场位移 2.4ppm。

pH 的影响主要是酸碱性基团的存在状态影响邻近碳原子的化学位移。碳原子核附近存在—OH、—COOH、—NH$_2$、—SH 等基团时，这些基团上的电子云密度会随 pH 变化影响邻碳周围的电子云密度，从而使邻碳的化学位移值改变。胺、羧酸盐阴离子和 α- 氨基羧酸等在质子化时产生较大的高场位移，特别是在质子化基团的 β 位上，主要是由质子化基团的电场引起的,在 α 位和 γ 位上则主要是诱导效应和空间效应。

$$-C-C-C-NH_2 \rightleftharpoons -\underset{\gamma}{C}-\underset{\beta}{C}-\underset{\alpha}{C}-\overset{+}{N}H_3$$

$$\Delta\alpha \sim -1.5$$
$$\Delta\beta \sim -5.5$$
$$\Delta\gamma \sim -0.5$$

样品浓度不同有时也对碳原子的化学位移有影响。样品分子结构中存在容易解离的基团时,溶液稀释可使碳原子的化学位移值产生几个化学位移单位的变化,但对于不易离解的化合物,这种稀释效应可忽略不计。

2. **温度效应** 温度变化会对碳原子的化学位移产生影响。当分子结构中有随温度变化而发生的构型转变、构象变化或交换过程时,温度变化直接影响动态过程的平衡,从而使相关的碳原子的化学位移、谱线的数目、分辨率、线性等发生明显变化。通常改变温度可以改善图谱的质量,使之便于解析。

如吡唑分子存在下列互变异构:

吡唑

温度较高时,异构化变换速度较快,碳原子 C-3 和 C-5 信号的出峰位置一致,为一平均值。当温度降低后,其变换速度减慢,谱线将变宽,然后裂分,最终将变成两条尖锐的谱线。

此外,温度会影响分子内一些基团的运动,从而使核磁共振碳谱产生细微的变化。如化合物 N,N- 二甲基甲酰胺中,N—C 键同时具有 π 键和 δ 键的性质。在室温下,N—C 键旋转受限,N 上的两个甲基不等同,碳谱图上有两个甲基信号峰。随着温度升高,N—C 键旋转加快,两个甲基变得等同起来,于是两个甲基信号逐渐靠近。当温度继续升高时,两个甲基信号最终将变为一个峰。

N,N-二甲基甲酰胺

一般来说,温度升高,溶液黏性降低,分子运动速度加快,可以减轻谱峰的宽化程度;此外,温度升高,样品的溶解度增加,提高核磁共振谱的信噪比。当温度降低时,可降低交换速度,有利于观察可交换质子以及其他核的耦合。

二、耦合常数

原子核之间的自旋耦合作用是通过成键电子自旋相互作用实现的,是一种标量耦合,与分子取向无关。耦合常数与分子结构有关,与磁场大小及外界条件无关。^{13}C 与 ^1H 均为磁性核,在间隔一定的化学键数范围内均可通过相互自旋耦合,使对方的信号产生相应的裂分。

由于 ^{13}C 核的天然丰度很低，^{13}C 核对 ^{1}H 核的耦合、^{13}C 核对相邻核的耦合（^{13}C-^{13}C 耦合）在核磁共振氢谱与核磁共振碳谱中一般不显示。但 ^{1}H 核的天然丰度很高，^{1}H 核与 ^{13}C 核有很强的耦合，常见的碳-氢耦合如下。

（一）直接碳-氢耦合（$^{1}J_{CH}$）

核磁共振碳谱中，直接相连的 ^{13}C-^{1}H 耦合具有很大的耦合常数（$^{1}J_{CH}$ 为 110～320Hz）。CH_n 基团中的 ^{1}H 核对 ^{13}C 核耦合产生的峰裂分数目遵循 $n+1$ 规律，在只考虑一键耦合时，^{13}C 信号将分别表现为四重峰 q（CH_3）、三重峰 t（CH_2）、二重峰 d（CH）及单峰 s（C）。影响 $^{1}J_{CH}$ 值的因素如下。

1. $^{1}J_{CH}$ 值与杂化轨道的 s 电子成分有关 一键耦合的耦合常数的大小与碳原子杂化状态有关。$^{1}J_{CH}$ 值与 s 电子成分所占比例（%S）的近似经验关系式为

$$^{1}J_{CH} = 500 \times (\%S) \text{Hz} \qquad \text{式（5-1）}$$

在杂化轨道中，%S 越大，$^{1}J_{CH}$ 越大。如乙烷中的碳 sp^3 杂化，%S 为 25%，$^{1}J_{CH}$ 约为 125Hz；乙烯中的碳 sp^2 杂化，%S 为 33%，$^{1}J_{CH}$ 约为 165Hz；乙炔中的碳 sp 杂化，%S 为 50%，$^{1}J_{CH}$ 约为 250Hz。

2. $^{1}J_{CH}$ 值与键角有关 环越小，键角越小，$^{1}J_{CH}$ 越大。

	$H_3C{-}CH_3$	⬡	⬠	☐	△
$^{1}J_{CH}$(Hz)	125	123	128	136	161

	$H_2C{=}CH_2$	⬡	⬠	☐	△
$^{1}J_{CH}$(Hz)	159	157	160	170	226

3. $^{1}J_{CH}$ 值与取代基的电负性有关 $^{1}J_{CH}$ 值受取代基电负性的影响，取代基的电负性增大，$^{1}J_{CH}$ 值相应增大。

	CH_4	CH_3CN	CH_3OH	CH_3Cl	CH_3F	CH_2F_2	CHF_3
$^{1}J_{CH}$/Hz	125.0	136.1	141.0	150.0	149.1	184.5	239.1

（二）远程碳-氢耦合（$^{2}J_{CH}$ 和 $^{3}J_{CH}$）

间隔 1 个键以上的碳-氢耦合统称为远程耦合，主要指间隔 2 个和 3 个键的碳-氢耦合。通常间隔 4 个键以上的碳-氢耦合的耦合常数非常小，很难分辨，往往以单峰呈现。

1. 间隔 2 个键的碳-氢耦合（$^{2}J_{CH}$） 间隔 2 个键（$^{13}C{-}C{-}^{1}H$）的碳-氢耦合的耦合常数与杂化轨道以及相连基团的电负性有关。$^{2}J_{CH}$ 值范围为 -5～60Hz，其耦合遵循直接碳-氢耦合的一般规律，即杂化轨道的 s 特征增加时，$^{2}J_{CH}$ 值增大。耦合碳上的吸电子杂原子或取代基也使 $^{2}J_{CH}$ 增大。如：

$^{2}J_{CH}$(Hz) −4.5	5.9	1–16	49.3	26.7

2. 间隔 3 个键的碳 - 氢耦合($^3J_{CH}$） 间隔 3 个键（$^{13}C—C—C—^1H$）的碳 - 氢耦合的耦合常数 $^3J_{CH}$ 不仅与杂化类型和相连基团的电负性有关，还与基团的几何构型有关。sp^3 杂化碳原子的 $^3J_{CH}$ 值和 $^2J_{CH}$ 值大致相等；芳香环中 $^3J_{CH}$ 的特征值比 $^2J_{CH}$ 大，如苯环的 $^3J_{CH}=7.6Hz$、$^2J_{CH}=1.0Hz$。$^3J_{CH}$ 和 $^3J_{HH}$ 类似，也与二面角 φ 有关，因此可以提供分子几何构型方面的信息。如：

| $^3J_{CH}(Hz)$ | ~0 | 5-7 | ≤12 | ≤18 |

（三）其他核与 ^{13}C 核的耦合

在常规核磁共振碳谱即全去耦谱中，只是不显示 ^1H 核对 ^{13}C 核的耦合。有机化合物分子中常含有 D、^{31}P、^{19}F 等，这些核与 ^{13}C 核的耦合仍存在。对于任意原子构成的 CX_n 系统，计算裂分峰的通式为 $2nI_x+1$。当 X 为 ^1H 时，$I_H=1/2$，$2nI_H+1=n+1$。这些耦合的存在可以解释一些碳信号呈现多重峰的原因。

1. D 与 ^{13}C 的耦合 D 是 H 的同位素，其自旋量子数 $I_D=1$，n 个 D 使碳信号裂分为 $(2n+1)$ 重峰。例如 $CDCl_3$ 在全去耦核磁共振碳谱中 $\delta\,77$ 的碳信号呈现三重峰（$2\times1+1=3$）；CD_3COCD_3 的甲基碳信号在 $\delta\,29.8$ 呈现七重峰（$2\times3+1=7$），$^1J_{CD}$ 为 20～30Hz。

2. ^{19}F 与 ^{13}C 的耦合 氟没有同位素，只有 ^{19}F 一种核，^{19}F 的自旋量子数 $I_F=1/2$，n 个 F 使碳信号裂分为 $(n+1)$ 重峰。$^1J_{CF}$ 为 158～370Hz，$^2J_{CF}$ 为 30～45Hz，$^3J_{CF}$ 为 0～8Hz。

3. ^{31}P 与 ^{13}C 的耦合 磷只有 ^{31}P 一种，^{31}P 的自旋量子数 $I_P=1/2$，n 个 P 使碳信号裂分为 $(n+1)$ 重峰。磷与碳的耦合常数与磷的价态、相隔的键数及化合物种类有关，一般 $^1J_{CP}$ 为 -14～150Hz。

4. ^{15}N 与 ^{13}C 的耦合 由于 ^{15}N 的天然丰度很小，只有 ^{14}N 的 0.37%，因此 ^{13}C 与 ^{15}N 直接相连的概率很低，耦合常数也很小。一般 ^{13}C 与 ^{15}N 耦合的耦合常数在 1～15Hz。

三、峰强度

全去耦核磁共振碳谱中的信号强度（峰高或峰面积）与碳的数目不成比例，其信号强度主要有两大影响因素。

1. 自旋 - 晶格弛豫时间 自旋 - 晶格弛豫时间影响碳信号强度。不同种类的碳原子的自旋 - 晶格弛豫时间（纵向弛豫，即 T_1）不同。通常，碳核上直接相连的氢原子数越多，T_1 越小，碳原子信号越强；反之，T_1 越大，信号越弱。通常随着与碳原子相连的氢原子数目增加，T_1 减小。由此可知，与碳原子相连的氢原子数目越少，碳原子的信号强度越低。例如 CH_3 的 T_1 仅几秒，季碳的 T_1 接近 1 分钟，因此核磁共振碳谱中的季碳信号最弱，它的弛豫时间较长。

2. 氢原子对直接相连碳原子的 NOE 增益 氢原子的 NOE 增益会影响碳信号强度。由全去耦产生的异核 NOE 表现为与氢相连的碳原子谱峰增强。由于季碳没有 ^{13}C-^1H 偶极弛豫，NOE 为 0，因此季碳信号呈现低峰。

第三节 核磁共振碳谱的种类

核磁共振碳谱类型很多,有全去耦谱、偏共振去耦谱、质子选择性去耦谱、DEPT 谱、INEPT 谱和 APT 谱等,最常用的是全去耦谱和 DEPT 谱。这些测试技术所获得的图谱,在解析化合物结构时起到不同的作用,互相印证。

一、全去耦谱

全去耦也称质子噪声去耦谱或质子宽带去耦谱。由于自然界中 ^1H 同位素的天然丰度很高,核磁共振碳谱中 ^1H 核与 ^{13}C 核的耦合效应很明显。直接相连的 $^{13}C—^1H$ 具有很大的耦合常数,$^1J_{CH}$ 为 110~320Hz;相隔 2 个键 $^{13}C—C—^1H$($^2J_{CH}$)和 3 个键 $^{13}C—C—C—^1H$ 的耦合($^3J_{CH}$)也明显可见(0~60Hz)。这些与质子耦合的碳信号在核磁共振碳谱中呈现出复杂重叠的多重峰,信噪比低,给谱图解析带来很大的难度。

为了解决这个问题,在检测 ^{13}C 信号的同时,在 ^1H 检测通道增加宽带去耦射频(该射频场覆盖所有氢的共振频率),消除 ^1H 核对 ^{13}C 核的全部耦合,使谱图中裂分的多重峰呈现一条谱带,相同化学环境的碳都以单峰出现,这种核磁共振碳谱称为全去耦谱。如图 5-1 所示。

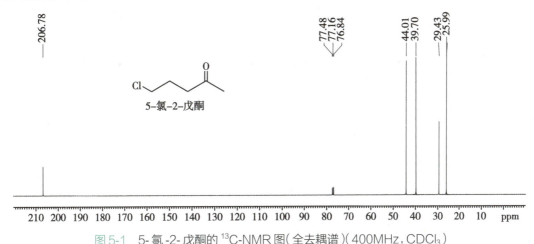

图 5-1　5- 氯 -2- 戊酮的 ^{13}C-NMR 图(全去耦谱)(400MHz,CDCl$_3$)

二、DEPT 谱

全去耦谱可以使核磁共振碳谱简化,但是图谱中没有 ^{13}C 和 ^1H 的耦合信息,无法确定谱线所属的碳原子级数。随着现代脉冲技术的进展,已发展了多种确定碳原子级数的方法。目前常用的有无畸变极化转移增强(distortionless enhancement by polarization transfer,DEPT),即 DEPT 谱,主要用于区分核磁共振碳谱中的伯碳、仲碳、叔碳和季碳。

DEPT 序列的特征是质子脉冲角度 $\theta(\pm Y)$ 是可变的,一般可设置为 45°、90° 和 135°。设置的 $\theta(\pm Y)$ 不同,CH、CH$_2$ 和 CH$_3$ 三种类型的碳显示的信号强度与符号也不相同。$\theta(\pm Y)$ 为 45° 时,CH、CH$_2$ 和 CH$_3$ 均显示正峰;90° 时只有 CH 显示正峰;135° 时 CH 和 CH$_3$ 显示正峰,CH$_2$ 则显示负峰。季碳在 DEPT 谱中不出峰。如图 5-2 和图 5-3 所示。

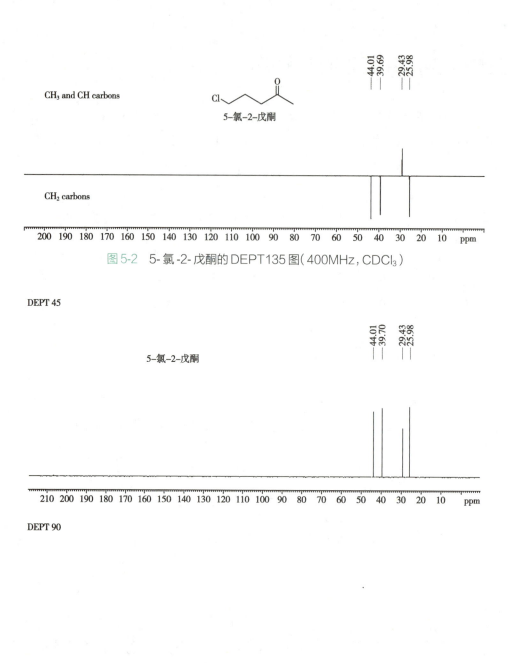

图 5-2　5- 氯 -2- 戊酮的 DEPT135 图（ 400MHz，CDCl₃ ）

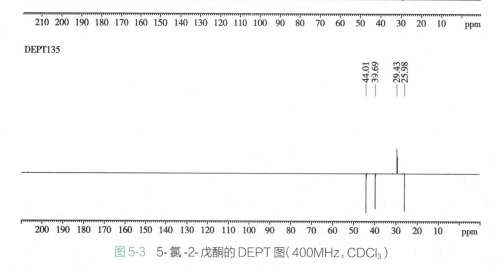

图 5-3　5- 氯 -2- 戊酮的 DEPT 图（ 400MHz，CDCl₃ ）

三、其他谱

全去耦谱、DEPT 谱是核磁共振碳谱测定中最常用的。此外，还有一些其他针对 ^{13}C 核的测定技术。

1. 偏共振去耦　在全去耦核磁共振碳谱中，完全去掉了所有 ^{1}H 对 ^{13}C 的耦合。为了弥补全去耦的不足，保留与结构相关的信息，提出了偏共振去耦技术。

偏共振去耦技术是在测定核磁共振碳谱时，使用偏离 ^{1}H 核共振的中心频率为 $0.5\sim$ $1\,000Hz$ 的质子去偶频率，使与 ^{13}C 核直接相连的 ^{1}H 和 ^{13}C 核之间保留自旋耦合作用，耦合常数比未去耦时的 $^{1}J_{CH}$ 小，而 $^{2}J_{CH}$、$^{3}J_{CH}$ 则不再表现出来。按 $n+1$ 规律，CH_3 显示四重峰（q），CH_2 显示三重峰（t），CH 显示二重峰（d），季碳显示单峰（s）。偏共振去耦法可以确定与碳原子相连的质子数目，从而可判断各碳的类型。

2. 质子选择性去耦　质子选择性去耦是偏共振去耦的特例。当测一个化合物的核磁共振碳谱时，选择某一特定质子的共振频率去耦，与该质子直接相连的碳发生全去耦而变为尖锐的单峰，且信号强度因 NOE 而大大增强。这一针对 ^{13}C 核的测试技术称为选择性去耦，它的优点是针对性强，常用于证实小分子结构。

3. 门控去耦与反转门控去耦　全去耦失去所有耦合信息，偏共振去耦也只有部分耦合信息，都因 NOE 不同而使信号的相对强度与所代表的碳原子数目不成比例。为了测定真正的耦合常数或进行各类碳的定量分析，可以采用门控去耦或反转门控去耦方法。

门控去耦（又称交替脉冲去耦或预脉冲去耦）是在 ^{13}C 通道采样过程中，质子去耦通道设置"开"或"关"以达到门控去耦的目的。在弛豫延迟期时将去耦通道打"开"，采样期"关"闭通道，得到保留部分 NOE 和碳 - 氢耦合的谱带。在照射 ^{1}H 核时，NOE（核磁共振碳谱中的 NOE 净效应表现为与氢相连的碳原子信号峰增强）是在 ^{1}H-^{13}C 弛豫延迟期开始后逐渐增强的，停止照射后又呈指数关系衰减，而在整个采样期都有耦合效应。相较于不用门控去耦技术的质子耦合碳谱，门控质子去耦技术获得留有部分 NOE 的耦合核磁共振碳谱。

反转门控去耦（又称抑制 NOE 门控去耦）用加长的脉冲间隔，增加延迟时间，尽可能地抑制 NOE，使信号的相对强度能够与碳原子数成比例。由此方法测得的核磁共振碳谱称为反转门控去耦谱，亦称为定量核磁共振碳谱。在这种谱图中，碳数与其相应的信号强度接近成比例。

4. APT 谱和 INEPT 谱　除了 DEPT 谱外，APT 谱和 INEPT 谱也能解决分子中的碳的类型，区分 CH_3、CH_2、CH、季碳，但 DEPT 谱的使用更普遍。

APT（attached proton test，APT）即连接质子测试，是以次甲基亚甲基和甲基这些不同级数的 ^{1}H-^{13}C 耦合为基础，通过调整脉冲序列的时间间隔，使 CH_3 和 CH 基团相位朝上（正信号），而季碳和 CH 基团相位朝下（负信号）。

INEPT（insensitive nuclei enhanced by polarization transfer）即低敏核极化转移增强，也是确定分子中各种碳的类型的有效方法。通过调节等待时间 Δ 来调节 CH、CH_2、CH_3 信号的强度，季碳信号检测不到。

第四节　各类型 ^{13}C 核的化学位移

　　碳原子的化学位移 δ_C 是核磁共振碳谱中最重要的参数,由碳原子所处的化学环境决定。^{13}C 核的化学位移顺序与核磁共振氢谱中 ^{13}C 核对应的 ^1H 质子的化学位移值顺序相一致,即质子在高场,则质子相对应的碳也在高场;质子在低场,质子相对应的碳也在低场。根据经验,核磁共振碳谱大致可以分为 6 个区,碳的类型与其对应的化学位移值范围见表 5-3,常见基团的碳化学位移值范围见表 5-4 和图 5-4。

表5-3　核磁共振碳谱中碳的类型与化学位移值范围

化学位移 /ppm	碳的类型
0～60	烷烃的甲基、亚甲基、次甲基、季碳等
40～60	甲氧基或氮甲基
60～85	连氧脂肪碳(—OCH 或—OCH₂,包括糖上的碳信号,糖端基碳信号除外)
100～135	未取代芳碳及烯碳
123～167	取代芳碳或烯碳
160～220	羰基碳

表5-4　常见基团的 ^{13}C-NMR 化学位移值范围(以 TMS 为内标)

基团	化学位移 /ppm	基团	化学位移 /ppm
—CH₃	0～30	—Ar(未取代芳碳)	110～135
仲碳	10～50	—Ar—y(取代芳碳)	123～167
$\overset{\mid}{\underset{\mid}{-C}}-H$ (叔碳)	31～60	—COOR(酯)	155～175
$\overset{\mid}{\underset{\mid}{-C}}-$ (季碳)	36～70	—CONHR(酰胺)	158～180
CH₃—O—	40～60	—COOH	158～185
—CH₂—O—	40～70	—CHO	175～205
$\overset{\mid}{\underset{H}{-C}}-O-$	60～76	α,β- 不饱和醛	175～196
—C≡C—	70～100	α,β- 不饱和酮	180～213
$\overset{\mid}{-C}=\overset{\mid}{C}-$	110～150		

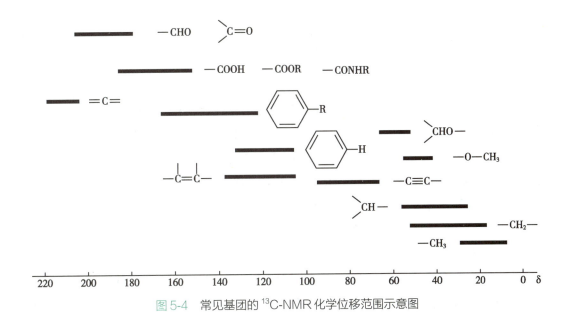

图5-4　常见基团的 ^{13}C-NMR 化学位移范围示意图

一、脂肪烃类

1. 链状烷烃　未被杂原子取代的烷烃碳为 sp^3 杂化,化学位移值通常在 −5~60ppm。甲烷碳的屏蔽效应最大,其化学位移为 −2.5ppm。当甲烷中的氢依次被甲基取代后,中心位置碳的 δ_C 值逐步向低场位移,可以应用取代基加和位移效应和加和位移参数计算预测直链或支链烷烃中各个碳原子的化学位移值。

取代基加和位移效应:未被杂原子取代的烷烃的化学位移 δ 在 0~60ppm,在此范围内可以根据化学位移计算公式[式(5-2)]和加和位移参数(表5-5)计算每个碳的化学位移值。

$$\delta_C = -2.5 + \sum nA \qquad\qquad 式(5-2)$$

式中,δ_C 为碳原子的预测化学位移值;A 为加和位移参数(表5-6);n 为具有相同加和位移参数的碳原子数;−2.5 为甲烷的化学位移值。

表5-5　加和位移参数

^{13}C 原子	$A(\delta)$	^{13}C 原子	$A(\delta)$
α	9.1	2°(3°)	−2.5
β	9.4	2°(4°)	−7.2
γ	−2.5	3°(2°)	−3.7
δ	0.3	3°(3°)	−9.5
ε	0.1	4°(1°)	−1.5
1°(3°)	−1.1	4°(2°)	−8.4
1°(4°)	−3.4		

注:1°(3°)表示与叔碳邻接的甲基;2°(4°)表示与季碳邻接的仲碳;4°(2°)表示与亚甲基碳邻接的季碳。

现以 2-甲基己烷为例计算其中各个碳的预测值方法。

$$\begin{array}{c} \overset{7}{CH_3} \\ | \\ \underset{1}{H_3C}-\underset{2}{\overset{H}{C}}-\underset{3}{\overset{H_2}{C}}-\underset{4}{\overset{H_2}{C}}-\underset{5}{\overset{H_2}{C}}-\underset{6}{CH_3} \end{array}$$

在 2- 甲基己烷中，C-1 有一个 α 基团（C-2）、两个 β 基团（C-3 和 C-7）、一个 γ 基团（C-4）、一个 δ 基团（C-5）、一个 ε 基团（C-6），C-1 是与叔碳（C-2）邻接的甲基，故有一个 1°（3°），因此 $\delta_{C-1}=-2.5+(9.1\times1)+(9.4\times2)+(-2.5\times1)+(0.3\times1)+(0.1\times1)+(-1.1\times1)=22.2$；C-2 有三个 α 基团（C-1、C-3 和 C-7）、1 个 β 基团（C-4）、一个 γ 基团（C-5）、一个 δ 基团（C-6），C-2 本身是叔碳与一个亚甲基相连，即一个 3°（2°），因此 $\delta_{C-2}=-2.5+(9.1\times3)+(9.4\times1)+(-2.5\times1)+(0.3\times1)+(-3.7\times1)=28.3$；依此类推，$\delta_{C-3}=38.9$，$\delta_{C-4}=29.5$，$\delta_{C-5}=22.9$，$\delta_{C-6}=14.0$。经与文献值对比，上述计算值与实测值基本一致。

各种取代基对烷烃碳原子的化学位移有较大的影响。当多个取代基或多种取代基存在时，应用取代基加和位移效应计算得到的数值会与实测值有一定的误差，但该种计算方法所得的结果仍有参考价值。

表 5-6 给出直链或支链烷烃中的氢被其他基团取代后对化学位移的影响。取代基对 α 位碳原子的影响与其电负性有关（溴和碘原子除外），对 β 位碳原子的影响较为稳定（羰基、氰基以及硝基除外），而 γ- 邻位交叉效应会导致 γ 位碳原子向高场位移。此外，若引入 N、O 和 F，且为反式构象时，由于形成超共轭，γ 位碳原子也会向高场位移。

表 5-6　烷烃中的取代基对碳原子 Y 化学位移的加和位移参数（δ）

Y	α		β		γ
	端位	侧链	端位	侧链	
CH_3	9	6	10	8	-2
$CH=CH_2$	20		6		-0.5
$C\equiv CH$	4.5		5.5		-3.5
COOH	21	16	3	2	-2
COOR	20	17	3	2	-2
C_6H_5	23	17	9	7	-2
OH	48	41	10	8	-5
OR	58	51	8	5	-4
OCOR	51	45	6	5	-3
NH_2	29	24	11	10	
Cl	31	32	11	10	-4
Br	20	25	11	10	-3
NO_2	63	57	4	4	

一些常见的直链或支链烷烃碳的化学位移值见表5-7。

表5-7　烷烃的 ^{13}C 化学位移值（以 TMS 为内标）

化合物	C-1	C-2	C-3	C-4
甲烷	−2.5			
乙烷	5.7			
丙烷	15.8	16.3		
丁烷	13.4	25.2		
戊烷	13.9	22.8	34.7	
己烷	14.1	23.1	32.2	
庚烷	14.1	23.2	32.6	29.7
辛烷	14.2	23.2	32.6	29.9
异丁烷	24.5	25.4		
异戊烷	22.2	31.1	32.0	11.7
2,2- 二甲基丁烷	29.1	30.6	36.9	8.9
2,2,3- 三甲基丁烷	27.4	33.1	38.3	16.1

2. 环烷烃　常见的无取代环烷烃分子中的 ^{13}C 化学位移值如下。

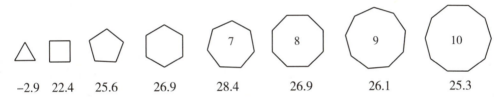

　　　−2.9　22.4　　25.6　　　26.9　　　28.4　　　26.9　　　26.1　　　25.3

环烷烃中亚甲基的碳化学位移值显示,碳化学位移值与环的大小并无明显联系,除环丙烷的碳化学位移值为负值外,环烷烃中碳化学位移值的变化幅度 <6ppm。环烷烃为张力环时, ^{13}C 信号位于较高场,化学位移值相对较小。在环烷烃上引入烷基取代基后,会使环烷烃中的 α 位碳以及 β 位碳的化学位移值向低场位移,而 γ 位碳的 δ 值会由于 γ- 邻位交叉构象的空间挤压引起的屏蔽效应而向高场位移。

3. 烯烃　烯烃碳为 sp^2 杂化,被烷基碳原子取代的烯烃其碳的 δ 值在 110~150ppm。分子中端基(＝CH$_2$)烯烃碳的化学位移值比与烷烃相连的烯烃碳(＝CH—)的化学位移值小 10~40ppm;顺式烯烃碳比其对应的反式烯烃碳的化学位移值小;碳原子直接与顺式—C＝C—相连比与反式—C＝C—相连的化学位移值小。烯烃的化学位移值符合烷烃的规律,即 δ_C(季碳)>δ_C(叔碳)>δ_C(仲碳)。对于烯烃中与碳碳双键相连的 sp^3 杂化碳原子的化学位移值,双键的影响较小。

H$_2$C＝CH$_2$
123.2

136.2
18.7　115.9

27.5　113.3
13.4　140.2

12.1
124.6

17.6
126.0

H$_2$C＝C＝CH$_2$
74.8　213.5

109.3　30.8
149.3
22.5　12.4

16.9　12.4
131.4　118.7
25.3

109.8　41.8
144.5　　14.5
23.6　20.5

4. 炔烃 炔烃碳为 sp 杂化，烷基取代炔烃的化学位移值在 60～90ppm，端基炔碳信号一般出现在更高场。与极性取代基直接相连的炔碳原子的化学位移值在 20～95ppm。由于 C≡C 键屏蔽的各向异性效应，使与之直接相连的碳原子向高场位移 5～15ppm。

二、芳环化合物

芳香化合物中芳环碳原子的化学位移值在 110～170ppm。苯环碳原子的化学位移基准值约为 128.5ppm，取代基的诱导、共轭和空间位阻均会影响其化学位移。取代基的电负性对直接相连的芳环碳原子的影响最大。共轭效应对邻、对位碳原子的影响较大。处于取代基间位的芳环碳原子的化学位移变化较小（一般小于 2）。可用经验公式[式（5-3）]计算芳环碳原子的化学位移。

根据取代基加和性原则[式（5-3）]，应用取代参数（表 5-8），可以近似求出多取代芳环上碳原子的化学位移值。

$$\delta_C = 128.5 + \sum nA \qquad 式（5-3）$$

式中，δ_C 为芳环中碳原子的预测化学位移值；A 为加和位移值；n 为具有相同加和位移值的碳原子个数；128.5 为苯环中碳的化学位移基准值。

表 5-8　单取代苯环上常见取代基的加和位移值及取代基上的碳原子化学位移值（以 TMS 为内标）

取代基 X	加和位移值（δ）				取代基上碳的 δ 值
	相连位（i）	邻位（o）	间位（m）	对位（p）	
CH_3	9.3	0.7	-0.1	-2.9	21.3
$CH=CH_2$	9.1	-2.4	0.2	-0.5	137.1（CH），113.3（CH2）

取代基 X	加和位移值(δ)				取代基上碳的δ值
	相连位(i)	邻位(o)	间位(m)	对位(p)	
C≡CH	−5.8	6.9	0.1	0.4	84.0(C), 77.8(CH)
C_6H_5	12.1	−1.8	−0.1	−1.6	
COOH	2.9	1.3	0.4	4.3	168
CH_2OH	13.3	−0.8	−0.6	−0.4	64.5
OH	26.6	−12.7	1.6	−7.3	
OCH_3	31.4	−14.4	1.0	−7.7	54.1
NH_2	19.2	−12.4	1.3	−9.5	
NO_2	19.6	−5.3	0.9	6.0	
F	35.1	−14.3	0.9	−4.5	
Cl	6.4	0.2	1.0	−2.0	
Br	−5.4	−3.4	2.2	−1.0	

以硝基苯为例说明芳环中化学位移值的计算方法。

在硝基苯中，C_1 有一个相连位硝基(19.6)，因此 $\delta_1 = 128.5 + (19.6 \times 1) = 148.1$；$C_2$ 有一个邻位硝基，因此 $\delta_2 = 128.5 + (-5.3 \times 1) = 123.2$；以此类推，$\delta_3 = 128.5 + (0.9 \times 1) = 129.4$，$\delta_4 = 128.5 + (6.0 \times 1) = 134.5$。

三、醇、醚、羧酸衍生物

1. **醇** 烷烃中的 H 被 OH 取代后，α 位碳的化学位移值增加 35～52ppm，β 位碳的化学位移值增加 5～12ppm，γ 位碳的化学位移值则降低 0～6ppm，距离羟基越远，所受的影响越小。脂环醇中由于空间效应使 γ 位碳向高场位移，并且羟基为直立键时比平伏键时更为明显。

糖类化合物、环醇等分子结构中含有多个羟基。单糖的末端 CH_2OH 的化学位移值约在 62ppm，糖的端基半缩醛碳的化学位移值在 95～105ppm；环上与羟基相连的碳原子的化学位移值在 68～85ppm。

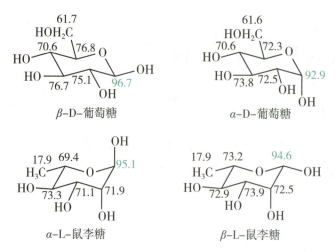

β-D-葡萄糖 β-D-葡萄糖

α-D-葡萄糖 α-D-葡萄糖

α-L-鼠李糖 α-L-鼠李糖

β-L-鼠李糖 β-L-鼠李糖

醇羟基酰化(通常乙酰化)后,α 位碳向低场位移 2～5ppm,β 位碳向高场位移 2～4ppm,1,3-二直立键的相互作用可能引起 γ 位碳向低场位移 1ppm,这种化学位移的变化称为酰化位移。叔醇乙酰化 α 位碳向低场位移 10ppm,β 位碳向高场位移 10ppm。

糖结合苷元形成苷后会导致糖端基碳、苷元的 α 以及 β 位碳原子的化学位移值发生改变,这种改变称为苷化位移(glycosidation shift)。苷化位移值与苷元的结构有关而与糖的种类无关。糖与醇羟基形成苷时,糖的端基碳向低场位移 3～10ppm;与酚羟基、羧基、烯醇羟基成苷后,糖端基碳在酯苷中向高场位移,而在酚苷和烯醇苷中向低场位移,位移幅度在 0～4ppm。

2. 醚 与羟基相比较,烷氧基的引入会引起 C-1 的较大幅度的低场位移(化学位移值增加约 11ppm)。这是由于烷氧基的 C-1′ 位碳原子相对于 C-1 来说,具有与 β 位碳相同的影响。这里的氧原子可认为是 C-1 的"α 位碳"。而 C-2 上存在"γ-效应",向高场位移。反之,乙氧基也会影响甲基(与甲醇比较)。

3. 羧酸、酯、酰氯、酰胺、酸酐化合物 羧酸、酯、酰氯、酰胺、酸酐化合物的羰基碳的化学位移值范围在 160～220ppm。除了醛羰基碳在偏共振去偶谱中以二重峰出现外,其余的羰基碳均以单峰出现。在全去偶谱中由于没有 NOE,羰基碳的信号都很弱。各类化合物羰基碳的化学位移值顺序为酮、醛＞酸＞酯≈酰氯≈酰胺＞酸酐。

醛羰基碳的 δ 为(-200 ± 5)ppm,酮羰基碳的 δ 为(-210 ± 5)ppm,且羰基碳随着 α 位碳上取代基数目的增加,化学位移向低场移动。由于 α,β-不饱和醛以及 α,β-不饱和酮的 π-π 共轭效应,羰基碳会向高场位移 5～10ppm。当有空间位阻等使共轭效应降低时,羰基碳则会向低场位移。

30.7 200.5 202.7 204.9 206.7 30.6 34.5 7.9 211.0 215.5 22.7 37.9 219.6

24.6 26.6 41.8 209.7 30.6 24.4 43.9 215.0 137.1 197.6 26.3 136.4 192.4 137.5 128.6 196.9 136.4 136.0 192.1

羧酸及其衍生物中羰基碳的化学位移在 160～185ppm。有机酸酯中羰基碳的化学位移在 163～179ppm，酰胺中羰基碳的化学位移在 158～180ppm。当与不饱和基团相连时羰基碳信号向高场位移。当羧酸及其衍生物中的羰基碳与有孤电子对的杂原子（O、N、Cl 等）相连产生 p-π 共轭效应时，其化学位移值比酮或醛羰基碳在较高场，化学位移值范围在 150～185ppm，而相应的阴离子向低场位移 3～5ppm。

H_3C—COOH 178.1 20.6 Cl_3C—COOH 168.0 89.1 H_3C—$CONH_2$ 174.3 25.5 H_3C—$COCl$ 169.5 33.8 18.5 179.6 13.4 36.3 COOH

24.6 33.5 185.5 9.3 42.7 COOH H_3C—COO^-Na^+ 181.5 in D_2O 60.0 170.3 20.0 13.8 129.9 128.7 164.5 52.0 177.9 27.7 22.2 68.6

168.0 20.8 142.4 97.4 167.3 20.2 8.4 27.1 170.3 28.4 171.7 136.7 164.3

125.3 136.1 165.5 131.1 29.8 19.1 22.7 171.2 69.4 169.4 COOH 130.3 130.3 128.7 134.0 166.0 51.5 COOCH₃ 130.2 129.9 128.7 133.1

四、含杂原子化合物

1. 杂环化合物 环烷烃中杂原子的引入会使杂原子相邻的 α 位、β 位碳原子向低场位移，γ 位碳原子向高场位移。在含氧或含氮不饱和杂环化合物中，杂原子相邻的 β 位碳原子的化学位移γ 位碳原子比较，β 位碳原子在较低场。

39.5 O 22.9 72.6 O 22.9 22.9 O 24.9 27.7 69.5 O 109.9 143.0 O

18.1 S 28.1 26.1 S 31.2 31.7 S 26.6 27.9 29.1 S 126.4 124.9 S

18.2 (aziridine) ，19.0 / 48.1 (azetidine) ，25.7 / 47.1 (pyrrolidine) ，25.4 / 27.2 / 47.3 (piperidine) ，107.7 / 118.0 (pyrrole) ，104.7 / 133.3 (pyrazole) ，122.3 / 136.2 (imidazole)

67.6 (1,4-dioxane) ，67.5 / 94.8 / 27.5 (1,3-dioxane) ，101.0 (benzodioxole) ，143.2 / 152.7 / 118.6 (thiazole) ，126.8 (triazole)

136.0 / 123.8 / 149.9 (pyridine) ，125.7 / 127.2 / 139.4 (pyridazine) ，122.1 / 157.4 / 159.5 (pyrimidine) ，110.0 / 157.9 / 163.4 / NH$_2$ (2-aminopyrimidine) ，142.6 / 145.4 / 144.6 / 154.6 / 24.0 (methylpyrazine)

2. 卤化物 卤素的取代效应很复杂。从电负性考虑，在 CH_4 中引入一个 F 原子（CH_3F），会导致较大的化学位移值增加。引入 Cl 原子也会引起化学位移值增加，并且随着 Cl 原子数增多（CH_3Cl、CH_2Cl_2、$CHCl_3$、CCl_4），化学位移值也逐步递增。对于 Br 和 I 原子，除了电负性效应外，同时还存在重原子效应。CH_3Br_3 中碳原子的化学位移比 CH_2Br_2 中碳原子的化学位移更小。从 CH_3I 开始，碳的共振化学位移值被强烈屏蔽，开始向高场位移，化学位移值比 CH_4 更小。Cl 和 Br 原子对 C-3 有 γ- 邻位交叉构象屏蔽效应，使其向高场位移。因此，简单地使用电负性或电子云密度来解释化学位移是不够的。表 5-9 给出常见卤化物的化学位移值。

表 5-9　常见卤代物的化学位移值

化合物	C-1	化合物	C-1	化合物	C-1	C-2	C-3
CH_4	−2.5	CH_2Br_2	21.4	CH_3CH_2F	79.3	14.6	
CH_3F	75.4	$CHBr_3$	12.1	CH_3CH_2Cl	39.9	18.7	
CH_3Cl	24.9	CBr_4	−28.5	CH_3CH_2Br	28.3	20.3	
CH_2Cl_2	54.0	CH_3I	−20.7	CH_3CH_2I	−0.2	21.6	
$CHCl_3$	77.5	CH_2I_2	−54.0	$CH_3CH_2CH_2Cl$	46.7	26.5	11.5
CCl_4	96.5	CHI_3	−139.9	$CH_3CH_2CH_2Br$	35.7	26.8	13.2
CH_3Br	10.0	CI_4	−292.5	$CH_3CH_2CH_2I$	10.0	27.6	16.2

3. 胺 NH_2 与烷基相连使 α 位碳原子的化学位移值增加约 30ppm，β 位碳原子的化学位移值增加约 11ppm，γ 位碳原子的化学位移值减小约 4ppm，NH_3^+ 显示较弱的作用。N- 烷基化使 N 邻位的 C-1 位的化学位移值增加。

CH_3NH_2 26.9 ；18.8 / 36.7 ；11.4 / 44.4 / 27.1 ；26.2 / 42.8 / 47.5 ；13.9 / 28.2 / 42.0 / 20.1 / 36.1

34.3 / 48.9 / 14.0 ；24.0 / 36.4 / 53.4 ；25.8 / 25.3 / 37.0 / 50.6 ；26.3 / 25.1 / 33.3 / 58.6 / 33.6 ；26.4 / 25.8 / 29.0 / 63.8 / 41.6 ；29.3 / 22.8 / 37.1 / 71.3

22.6 H
32.0 46.0 50.7 NH₂
34.5 25.1 36.7

21.3 NH₂
26.7 42.4 46.0 H
33.8 20.0 34.7

117.3 63.0 45.2
136.0

116.9 56.4 46.7 11.8
136.2

4. 硫醇、硫醚和二硫化合物　硫取代比氧对碳的化学位移值影响要小。硫醇、硫醚、二硫化物中碳的化学位移见表 5-10。

表 5-10　硫醇、硫醚和二硫化物的 ^{13}C 化学位移（以 TMS 为内标）

化合物	C-1/ppm	C-2/ppm	C-3/ppm
CH₃SH	6.5		
CH₃CH₂SH	19.8	17.3	
CH₃CH₂CH₂SH	26.4	27.6	12.6
CH₃CH₂CH₂CH₂SH	23.7	35.7	21.0
（CH₃）₂S	19.3		
（CH₃CH₂）₂S	25.5	14.8	
（CH₃CH₂CH₂）₂S	34.3	23.2	13.7
（CH₃CH₂CH₂CH₂）₂S	34.1	31.4	22.0
CH₃SSCH₃	22.0		
CH₃CH₂SSCH₂CH₃	32.8	14.5	

第五节　核磁共振碳谱在结构解析中的应用

核磁共振碳谱可用于有机化合物的结构鉴定、有机反应机制研究、动态过程和平衡过程研究等，其中在有机化合物的结构鉴定中应用最普遍。核磁共振碳谱的谱宽远远大于核磁共振氢谱，因此信号重叠的可能性很小。核磁共振碳谱的分析可提供分子中的全部碳原子数目和官能团信息。伯碳、仲碳、叔碳和季碳原子数目亦可由 DEPT 谱等解析获得，核磁共振碳谱是结构分析的有力工具。

核磁共振碳谱中碳信号的归属主要依靠与文献对照的方法，目前国内外的文献已经积累了非常多的不同类型化合物的核磁共振碳谱数据，也有很多综述性文章总结各种类型化合物的核磁共振碳谱规律。因此，在解析化合物核磁共振碳谱前，首先要了解不同类型化合物的碳化学位移值范围以及影响化学位移的因素。需要注意的是，文献中的核磁共振碳谱数据可能使用不同的溶剂。另外，早期文献中使用不同的参照物，可能导致化学位移有几个化学位移单位的差别。

一、核磁共振碳谱解析的一般程序

目前对核磁共振碳谱的解析方法，尚未有统一的模式，一般遵循由原子到基团再到片段、片段连接形成结构的顺序。下面仅介绍核磁共振碳谱图解析的一般程序，供借鉴和参考。

1. 确定碳原子数目。当分子结构中不含 F、P 等原子时，除溶剂信号外，全去耦谱图中的每条谱线一般代表一个碳原子；当分子中有化学环境相同的碳原子如对称结构时，个别强的信号可能代

表 2 个碳原子。分子结构中含有的碳原子数目一般大于或等于全去耦谱中识别的碳信号。如果有谱线变宽现象，则应考虑有无四极矩的影响，如含 ^{14}N、^{79}Br 等，这些都可通过元素分析加以证实。

2. 判断碳原子杂化类型及其可能的化学环境。根据核磁共振碳谱中各信号的化学位移值，将核磁共振碳谱分为以下几个区域，分别分析。

（1）0～100ppm：核磁共振碳谱中这一区域中的信号一般表示各种 sp^3 杂化碳原子。饱和碳原子若不直接与氧、硫、氮、氟等杂原子相连，其化学位移值一般小于 55。另外，sp 杂化的炔碳原子的化学位移也在此区域（60～90ppm）。

（2）100～160ppm：这一区域主要为各种 sp^2 杂化烯碳和芳碳。若化学位移值大于 140ppm，一般表示该碳原子与氧等杂原子相连。

（3）160～220ppm：这一区域内的信号主要代表各种类型的羰基碳。其中醛和酮的羰基碳出现在 190～230ppm，羧酸、酯、酐和酰胺的羰基碳出现在 160～190ppm。

3. 根据碳原子级数确定各信号所表示的可能的基团。综合全去耦谱、DEPT 谱等信息，确定碳原子的级数，即连接的氢原子数目。结合化学位移值所处的区间，确定伯碳、仲碳、叔碳和季碳是否与杂原子相连，可能表示的基团，如化学位移值在 160ppm 以上，如果是季碳，应该是羰基或低场区的连氧烯碳；如果是叔碳，可能是醛基或者与羰基共轭的烯碳。

4. 片段的连接。在有机化合物分子中，碳原子一般是四价，即形成四键，根据碳原子杂化类型以及各个碳原子代表的基团，尝试将各个基团进行连接，形成可能的片段。

5. 结合其他辅助信息，进而将各个片段组合起来形成结构分析可能的结构。其他辅助信息包括质谱（高分辨质谱）提供的化合物的分子量与分子式，以及由此得到的化合物的不饱和度；IR、UV、MS 和 ^1H-NMR 所提供的数据初步判断可能存在哪些特征基团。

6. 结构的进一步确认。对综合核磁共振碳谱与其他信息得到的化合物的可能结构，一方面可以利用软件 ChemDraw 对分子结构中的碳原子的化学位移值进行模拟，或利用化学位移规律与经验计算式进行计算，初步判断可能性；另一方面也可以将结构输入相关数据库如 SciFinder，搜寻化合物的核磁共振数据并进行比对。

对于结构简单的化合物，上述分析基本可以确定存在的结构单元并合理组合成一个或几个可能的结构式，进而与文献报道的相应结构的 ^{13}C-NMR 数据对比确定结构。在与文献数据对比时，需要注意的是不同的溶剂会因为溶剂效应导致化学位移值出现差异。

如果化合物结构复杂，可能需要根据后面介绍的 HSQC、HMBC 以及各种二维核磁共振谱的综合解析来获得正确的结构。

二、核磁共振碳谱解析实例

例 5-1 某化合物的分子式为 $C_5H_8Br_2O$，^{13}C-NMR（50MHz，CDCl$_3$）给出 3 个碳信号 δ_C 19.4、43.8 和 195.8，试推测该化合物的结构并归属碳信号。

解析：通过该化合物的分子式确定不饱和度 $\Omega = 1$；^{13}C-NMR 有 δ_C 195.8，表明结构中有羰基碳信号；此外，分子式中显示含有溴，根据化学位移推测 δ_C 43.8 的信号为与溴原子相连的碳信号。结合 ^{13}C-NMR 只给出 3 个碳信号，而分子式中含有 5 个碳，表明该化合物为对称结构,因此确定该化合物的结构为 2,4- 二溴 -3- 戊酮。

$$
\begin{array}{c}
\overset{\displaystyle O}{\underset{195.8}{\|}} \\
\underset{43.8}{Br} \quad \underset{43.8}{Br} \\
19.4 \qquad 19.4
\end{array}
$$

例 5-2　某化合物的分子式为 $C_5H_8O_4$，^{1}H-NMR（400MHz，$CDCl_3$）δ_H 3.71（3H，s）、2.69（2H，d，$J=5.4Hz$）、2.64（2H，d，$J=5.4Hz$），^{13}C-NMR 和 DEPT135（100MHz，$CDCl_3$）如图 5-5 所示，试推测该化合物的结构并归属碳信号。

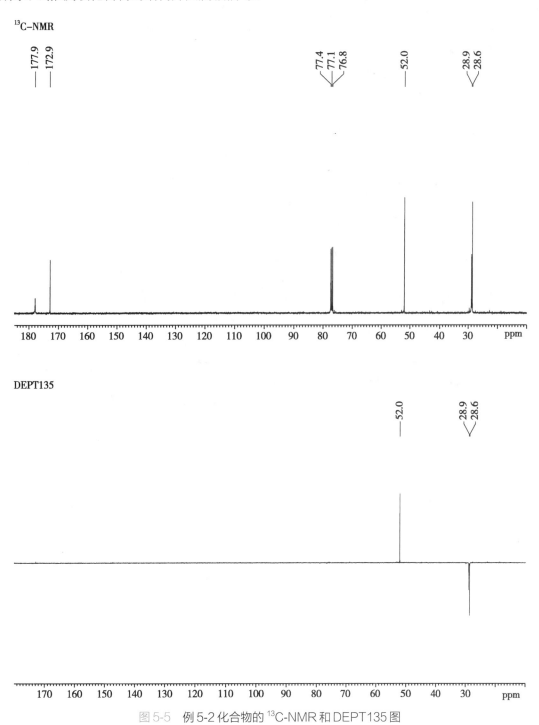

图 5-5　例 5-2 化合物的 ^{13}C-NMR 和 DEPT135 图

解析：通过该化合物的分子式确定不饱和度 $\Omega=2$；^{13}C-NMR 中给出 5 个碳信号 δ_C 177.9、172.9、52.0、28.9 和 28.6，其中 δ_C 177.9 和 172.9 推测是羰基碳；结合核磁共振氢谱中的 δ_H 3.71（3H, s）信号与 DEPT135，推测 δ_C 52.0 为甲氧基碳信号、δ_C 28.9 和 28.6 为两个亚甲基碳；此外，根据核磁共振氢谱中给出的信息 2.69（2H, d, $J=5.4$Hz）和 2.64（2H, d, $J=5.4$Hz），耦合常数相同，推测两个亚甲基互为邻位。基于上述分析，可推测该化合物的结构为丁二酸单甲酯。

例 5-3　某化合物的分子式为 C_5H_9ClO，^{1}H-NMR（400MHz, CDCl$_3$）δ_H 3.57（2H, t, $J=6.4$Hz）、2.64（2H, t, $J=6.9$Hz）、2.16（3H, s）、2.01（2H, m），^{13}C-NMR 和 DEPT135（100MHz, CDCl$_3$）碳信号如图 5-6 所示，试推测该化合物的结构并归属碳信号。

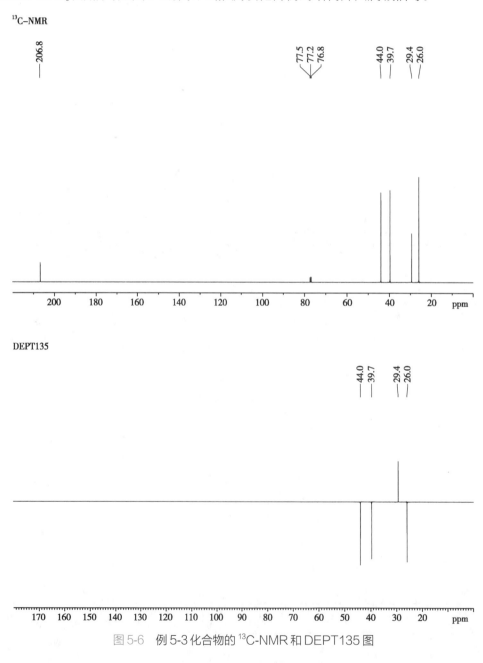

图 5-6　例 5-3 化合物的 ^{13}C-NMR 和 DEPT135 图

解析：通过该化合物的分子式确定不饱和度 $\Omega=1$；^{13}C-NMR 中共有 5 个碳信号，其中 δ_C 206.8 表明结构中有羰基碳存在；结合 DEPT135，δ_C 39.7、44.0、26.0 这三个碳信号均为亚甲基碳；结合核磁共振氢谱中的信号 δ_H 2.16（3H，s），推测 δ_C 29.4 的碳信号推测为甲基，且与羰基碳相连；δ_H 3.57（2H，t，$J=6.4$Hz）和 δ_H 2.64（2H，t，$J=6.9$Hz）信号裂分为三重峰，说明与亚甲基相连；分子式中显示含有氯原子，推测 δ_C 44.0 的碳信号与氯原子相连。基于上述分析，可推测该化合物的结构为 5- 氯 -2- 戊酮。

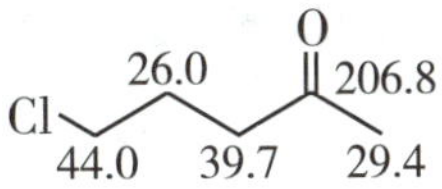

$$\underset{44.0\quad39.7\quad29.4}{\overset{\qquad26.0\qquad\overset{\text{O}}{\|}\ \ 206.8}{\text{Cl}\diagdown\diagup\diagdown\diagup\diagdown}}$$

例 5-4 某化合物的分子式为 C_8H_8O，^{1}H-NMR（400MHz，CDCl$_3$）δ_H 7.92～7.99（m，2H）、7.53～7.59（m，1H）、7.41～7.50（m，4H）、2.60（s，3H），^{13}C-NMR（125MHz，CDCl$_3$）的碳信号分别为 δ_C 198.1（s）、137.0（s）、133.1（d）、128.5（d）、128.2（d）、26.6（q），试推导其结构式。

解析：从该化合物的分子式确定不饱和度 $\Omega=5$；^{13}C-NMR 谱中有 6 个碳信号 δ_C 198.1、137.0、133.1、128.5、128.2 和 26.6，其中 δ_C 198.1 推测为羰基信号，δ_C 137.0、133.1、128.5 和 128.2 为苯环上的碳信号，且苯环为单取代对称结构；δ_C 26.6 为四重峰，表明其为甲基，结合该甲基的氢信号位移 δ_H 2.60（s，3H），推测该甲基与苯环或羰基相连。基于上述分析，推测该化合物的结构式为：

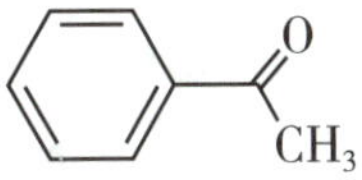

第六节　计算核磁

一、计算核磁共振碳谱的发展

分子磁性行为的量子力学计算最早可以追溯到 1937 年对芳香化合物抗磁各向异性的处理；20 世纪 50 年代初，Ramsey 发表了一系列论文，描述了用于计算核磁共振化学位移和自旋耦合常数的方程式；1963 年，Hamek 等对磁化率、磁共振、与分子结构相关的性质等用量子化学进行了解释。近年来，量子化学计算方法与计算机硬件的发展使量子化学计算的应用越来越广泛。量子计算化学手段已经逐渐成为研究化合物的结构（尤其是复杂天然产物的绝对构型）与各种性质的重要工具。通过量子化学计算对分子的各种性质进行模拟，可以得到大量光谱学信息，如分子的 ORD、CD 以及 NMR 数据，然后将计算模拟谱图与实验数据进行分析比对，从而进一步明确与分子结构相关的信息。

核磁共振计算是量子化学的应用之一。实验的核磁共振反映的是整个分子中的磁性核原子在磁场中的共振信号，对各信号所对应的不同环境的核需要进一步分析；而基于分子结构的核磁共振计算能直接给出各化学位移所对应的原子核，从而解释相应的化学结构。与核磁共振氢谱相比，核磁共振碳谱的化学位移值范围较宽，能精细地反映各化学环境的碳原子，对分子中碳原子的核磁共振计算更普遍。

二、计算核磁共振碳谱的作用

1. 阐明结构　核磁共振计算可用来确认化合物的结构。多种核磁共振实验技术（1D NMR 和 2D NMR）为化合物的结构分析提供丰富的信息，但这些光谱往往不能提供精确地反映分子立体化学的证据；对于结构相似的复杂分子，核磁共振谱上往往只显示出细微的差异。此外，目前的测试针对的多是碳核、氢核的常见磁性核，无法显示分子中含有的杂原子信息。可利用核磁共振计算，通过计算化合物可能结构的 NMR 谱数据，通过比对分析计算 NMR 谱和实验 NMR 谱，从而确认化合物的结构，作为确认化合物结构的一个补充性工具。

2. 确定构型　天然产物或药物合成所得的产物中往往含有多个手性碳原子，需要确定构型。虽然实验的核磁共振可以提供碳原子的化学位移信息，但依靠化学位移与其他核磁共振实验得到的信息往往很有限，给构型确定带来很大的困难。结合化学环境不同的碳原子的化学位移有较为明显的差异，利用核磁共振计算对不同构型分子中的 ^{13}C 核磁进行模拟，结合所给出的化学位移数据与结构的精确对应关系，与实验的核磁共振数据进行比对，确定天然产物分子的相对构型。

3. 修正结构　核磁共振分析是目前解决化合物结构的有力工具。受限于分析者的经验、核磁共振图谱的质量（如信号重叠等）等，依靠核磁共振分析得到的结构有时需要进一步修正，纠正结构指认中存在的问题。X 射线单晶衍射虽然可以进一步确认结构，但一些化合物晶体的获得往往较为困难。对此，可利用核磁共振计算对化合物的核磁共振数据进行模拟，分析结构中可能存在的问题。例如化合物 hexacyclinol，通过核磁共振计算，将计算的核磁共振数据与实验的数据进行比较后，对结构进行修改，随后该结构被全合成和 X 射线单晶衍射实验证实。

4. 归属核磁共振数据　随着多种测试技术与计算机技术的发展，已有众多的一维与二维 NMR 图谱用于化合物的结构分析，并指认各原子的化学位移。但由于分子结构复杂或化合物核磁共振图谱中信号重叠等原因，往往难以根据核磁共振图谱准确地指认碳氢原子的化学位移值，对此可以综合 NMR 图谱、质谱等信息得到的分子结构进行 NMR 计算，对分子中各原子的信号进行准确归属。

三、计算核磁共振碳谱方法

（一）计算核磁共振碳谱方法与步骤

1. 构象搜索　常见的 UV、NMR、ECD、ORD 等通常都是在溶液中测试获得的，溶液中的分子往往有多种构象，这些构象对其光谱都有一定的贡献。在利用量子化学进行计算时，先要分析预测分子可能存在的各种构象，进行构象搜索。除了手动改变原子或基团间的相对位置寻找低能态构象外，构象搜索通常利用分子力学方法（MMFF94），通过一些软件如

CONFLEX、MOE、Spartan、HyperChem 等进行，寻找分子的各构象并结合能量值进行评估，用于后续的计算。

2. 几何优化　在对分子的各构象进行分析后，分子力场对构象的键参数与能量的描述不够精确，需要对构象进行几何优化。几何优化通常用密度泛函理论（density functional theory，DFT）中的 B3LYP 的泛函，以及 6-31G* 基组进行，获得用于后续计算的优化构象及玻尔兹曼（Boltzmann）分布。

3. 计算核磁　在几何优化后，对每个构象进行核磁共振谱计算，并利用玻尔兹曼分布对计算获得的数据进行加权，最终获得化合物的计算核磁共振数据，并与实际测试获得的核磁共振数据对比分析。

（二）需要注意的问题

1. 溶剂的影响　有机化合物的核磁共振数据通常都是在液态核磁共振中测试获得的，在利用量子力学进行计算时需考虑溶剂的影响，即溶剂效应。在计算核磁的过程中，选择溶剂模型时，需要选择与实测核磁共振数据相同的溶剂进行计算。

2. 柔性分子的计算　对于柔性较大的分子，构象众多，难以获得准确的结果。对于柔性分子的核磁共振计算通常需要对构象分析筛选，选择合适的构象，或对结构进行适当的简化等。柔性分子的核磁共振计算结果往往需要与其他数据相结合进行分析，以避免得到错误的结论。

3. 选择恰当的泛函与基组　对于基于量子化学的核磁共振计算，需要选择恰当的泛函与基组。高理论水平的泛函与基组会导致计算所耗费的时间成倍增加，但计算结果的准确性不一定能提升。

对于复杂天然产物的结构解析，可将基于量子化学的计算核磁与其他技术结合使用，实现优势互补、互相佐证，为天然产物的结构解析提供支撑。

（三）计算核磁共振碳谱实例介绍

例 5-5

化合物 zephycandidine A 是从葱莲全草中提取分离获得的无色油状物。根据该化合物的高分辨质谱，结合核磁共振数据，推测出该化合物可能有两种结构，即 1a 和 1b。但在二维核磁共振谱 HMBC 中，H-11/H-12 与 C-4a 和 C-6a 均无相关信息，无法通过 HMBC 谱确认结构。

为了确认该化合物的结构，利用 B3LYP/6-31G*DFT 方法计算该化合物的两种可能结构 1a 和 1b 的 ^{13}C-NMR 数据，将计算的核磁共振碳谱数据进行校正，并比较分析校正的计算值与实测值之间的偏差（表 5-11）。

表 5-11　DFT 法计算 1a 和 1b 的 ^{13}C-NMR 化学位移

position	1	1a			1b		
	δ_C	δ_C(cal.)	δ_C(cor.)	|difference|	δ_C(cal.)	δ_C(cor.)	|difference|
1	125.4	128.6	125.4	0.0	128.6	126.2	0.8
2	126.9	129.1	125.9	1.0	129.8	127.7	0.8
3	129.8	131.8	128.9	0.9	131.9	130.3	0.5
4	117.5	120.9	116.9	0.6	120.3	115.8	1.7
4a	132.3	135.4	132.9	0.6	134.4	133.5	1.2
6	143.8	145.5	144.0	0.2	132.8	131.5	12.3
6a	119.8	125.0	121.4	1.6	125.2	121.9	2.1
7	103.2	107.8	102.5	0.7	107.3	99.5	3.7
8	150.7	151.8	150.9	0.2	151.9	155.4	4.7
9	151.6	152.3	151.4	0.2	151.3	154.6	3.0
10	103.1	106.8	101.4	1.7	107.4	99.6	3.5
10a	125.5	128.1	124.8	0.7	126.1	123.1	2.4
10b	123.1	127.3	123.9	0.8	127.3	125.3	2.2
11	113.8	116.8	112.4	1.4	131.5	129.8	16.0
12	131.5	134.7	132.1	0.6	125.3	122.1	9.4
OCH$_2$O	103.7	111.8	106.9	3.2	111.8	105.2	1.5
		average		0.9	average		4.1
		max		3.2	max		16.0

如表 5-11 所示，1a 与实验核磁共振碳谱数据的平均绝对误差（mean absolute error，MAE）和最大偏差（maximum deviation，MD）分别为 0.9ppm 和 3.2ppm，而 1b 与实验值的核磁共振碳谱数据的 MAE 为 4.1ppm、MD 为 16.0ppm，均远远高于误差范围（MAE<2.2、MD<5），由此确定该化合物的结构式应该为 1a，而不是 1b。同时，通过该化合物的 NOESY 谱，结果显示 H-11 和 H-12 有一个较弱的相关信号，由此可进一步确定该化合物的结构式是 1a。

例 5-6

inonotoide A　　　　　(13R*,17S*)-inonotoide A　　　　　(13S*,17R*)-inonotoide A

化合物 inonotoide A 利用核磁共振确定其平面结构后，NOESY 谱分析表明该化合物存在两种合理的相对构型：$(4S^*, 5S^*, 9R^*, 10S^*, 13R^*, 17S^*)$-inonotoide A 和 $(4S^*, 5S^*, 9R^*, 10S^*, 13S^*, 17R^*)$-inonotoide A。利用 ^{13}C 核磁共振计算，这两种可能性的计算核磁共振、MAE 和 DP4＋分析如表 5-12 所示。

表5-12 ^{1}H-NMR 和 ^{13}C-NMR 的化学位移的平均绝对误差（MAE）和 DP4＋概率

	（4S*,5S*,9R*,10S*,13R*,17S*）-1	（4S*,5S*,9R*,10S*,13S* 17R*）-1
MAE	5.41	6.16
DP4＋（all data）	100%	0%

Inonotoide A 的 ^{13}C-NMR 谱图中各碳原子的化学位移与（4S*,5S*,9R*,10S*,13R*,17S*）- inonotoide A 的计算数据一致，相关系数 r^2＝0.999 8（图 5-7），MAE 为 5.41。进一步 DP4＋分析，确认化合物 inonotoide A 的绝对构型为 4S,5S,9R,10S,13R,17S。最终获得该化合物的结晶，经 X 射线衍射分析，inonotoide A 的绝对构型确认为 4S,5S,9R,10S,13R,17S，确认了核磁共振计算结论。

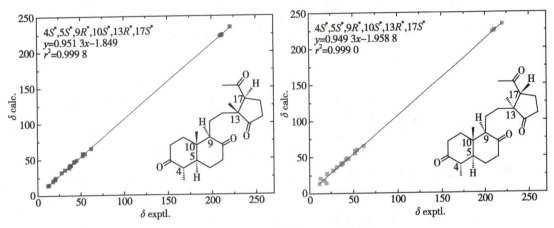

图 5-7 计算与实验的 ^{13}C-NMR 的线性相关分析

（郭远强）

第六章　二维核磁共振谱

一维核磁共振中的两个重要参数是化学位移和自旋耦合常数，尽管它们能够提供丰富的结构单元信息，但对产生核磁共振的核间相互关系以及原子间连接顺序给出的信息非常有限。因此，需要开发更先进的核磁共振检测技术来简化复杂化合物的结构解析过程。

1971 年比利时科学家 J. Jeener 最早提出二维核磁共振（two-dimensional nuclear magnetic resonance，2D NMR）的概念，但是直到 1976 年瑞士化学家 R. R. Ernst 教授才首次成功实现具有两个独立时间变量的 2D NMR 实验，并用密度矩阵方法对 2D NMR 技术进行系统的理论阐述，R. R. Ernst 教授也因此获得 1991 年的诺贝尔化学奖。二维核磁共振的出现是核磁共振领域中的里程碑事件，随着各种二维核磁新技术的不断涌现，不仅极大地简化了复杂化合物的化学结构解析及构象和构型的确定，也在物理、化学、生物等学科领域中得到广泛应用。

第一节　基本原理

一、一维核磁共振谱到二维核磁共振谱的技术变化

在学习 2D NMR 之前，先来了解一下一维核磁共振谱（one-dimensional nuclear magnetic resonance spectrum，1D NMR）与 2D NMR 在表现形式上的区别。1D NMR 图包含两个轴：横坐标代表共振信号分布的频率轴，纵坐标代表信号峰强度。2D NMR 谱是通过特殊的脉冲序列来获得自旋核之间的各种信息的，即将另一个独立的时间变量引入 1D NMR 谱。通过一系列实验获得具有两个时间变量的时域谱 $S(t_1, t_2)$，再经过两次傅里叶变换后就能得到二维频域谱（ω_1, ω_2），即 2D NMR 谱的谱峰分布在由两个频率轴 F_1 和 F_2 组成的平面上。

2D NMR 实验的脉冲序列一般由四个阶段组成：准备期 D_1（preparation）、演化期 t_1（evolution）、混合期 t_m（mixing）和检测期 t_2（detection），见图 6-1。在一维脉冲序列中没有"演化期"部分，但 2D NMR 实验中演化期是脉冲序列中的重要部分，即 2D NMR 实验的不同之

处在于它利用这段"演化期"使分子的自旋发生变化。

（1）准备期（D_1）：使自旋核体系经过一个时间段恢复 Boltzmann 分布，回到平衡状态。在准备期末加一个或多个射频脉冲，以产生所需要的单量子或多量子相干。

（2）演化期（t_1）：2D NMR 的关键是引入第二个时间变量演化期 t_1，即在准备期末将受到一个或多个 90° 射频脉冲的激发，使系统建立非共振平衡状态。演化时间 t_1 是以某固定的时间增量 Δt_1 为单位进行一系列实验，每增加一个 Δt_1，其对应的核磁信号的相位和幅值不同。因此，由 t_1 逐步延迟增量 Δt_1 可得到 2D NMR 实验中的另一维信号，即 F_1 域的时间函数。

（3）混合期（t_m）：由一个或几个固定长度的脉冲和延迟组成，在此期间自旋核通过相干或极化等转移建立检测条件，但有时也可以不设混合期。

（4）检测期（t_2）：在检测期 t_2 期间采集的自由感应衰减（free induction decay，FID）信号是 F_2 域的时间函数，所对应的轴通常是一维核磁共振谱中的频率轴，即表示化学位移的轴。但检测期 t_2 期间采集的 FID 信号都是演化期 t_1 的函数，核进动的磁化矢量具有不同的化学位移和自旋耦合常数，其 FID 信号是这些因素的相位调制的结果。因此，通过控制时间长度可使某一期间仅表现化学位移的相位调制，而某一期间又仅表现自旋耦合的相位调制，通过施加不同的调制就产生各种不同的二维核磁共振谱。

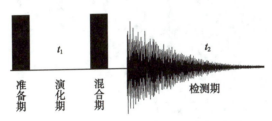

图 6-1　2D NMR 实验的脉冲序列示意图

2D NMR 在两个频率轴构成的平面上展开，它的横坐标为 ω_2 或者 F_2，纵坐标为 ω_1 或者 F_1，ω 和 F 都代表频率。横、纵坐标对应相应的 ^1H-NMR 谱或 ^{13}C-NMR 谱的化学位移或耦合常数，例如 ^1H-^1H COSY 同核相关谱的横、纵坐标均为 ^1H-NMR 谱的化学位移；HSQC 和 HMBC 异核相关谱的横坐标为 ^1H-NMR 谱的化学位移，纵坐标为 ^{13}C-NMR 谱的化学位移；J 分解谱的横坐标为 ^1H-NMR 谱的化学位移，纵坐标为 ^1H-NMR 谱的耦合常数。这两个独立的自变量都是频率，所以其他实验参数的自变量例如温度、浓度、pH 等不属于二维核磁共振谱。综上原因，2D NMR 谱是通过记录一系列 1D NMR 谱而获得的，每个相邻的 1D NMR 谱的差别仅在于脉冲程序内引入时间增量 Δt_1 所产生的相位和幅值不同，仅获得一个 t_1 谱的自变量不属于 2D NMR。

二、常用的二维核磁共振谱图的表现形式

2D NMR 图谱的表现形式有堆积图、等高线图、强度图、剖面图和投影图，常用的主要是堆积图和等高线图。

1. 堆积图　是由很多条一维核磁共振谱线紧密排列而成的三维立体图，可以直观地观

察谱峰强度信息, 立体感强; 缺点是无法分辨频率, 以及对于结构复杂的分子, 谱线重叠或者部分强峰会覆盖附近的小峰, 影响对图谱的判断。如图 6-2 以布洛芬（ibuprofen）为例, 在简单自旋耦合系统中, 其相关信号强度非常直观。但是对于结构复杂的洛伐他汀（lovastatin, 图 6-3）, 其质子峰重叠严重时, 堆积图所展现的相关信息就不如等高线图简洁, 后者更容易定位峰频率。

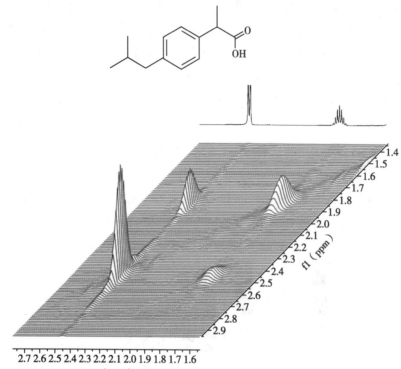

A. 堆积图

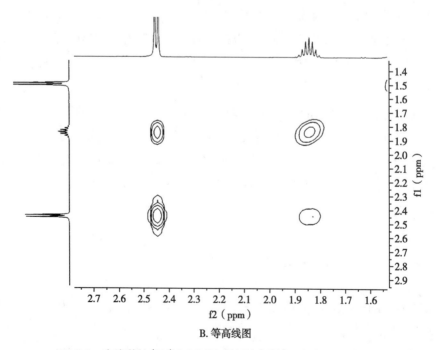

B. 等高线图

图 6-2　布洛芬的 ^{1}H-^{1}H COSY 局部放大谱（500MHz, CDCl$_3$）

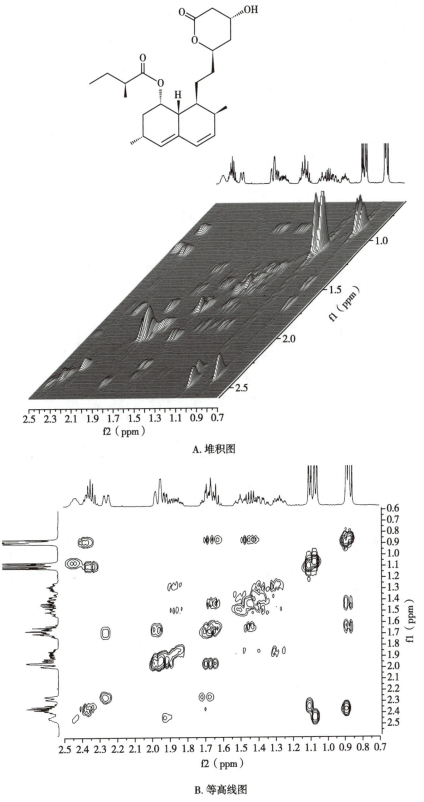

A. 堆积图

B. 等高线图

图6-3 洛伐他汀的 ^1H-^1H COSY 局部放大谱（500MHz，CDCl$_3$）

　　2. 等高线图　是堆积图的使用平行于 F_1 和 F_2 平面进行横切获得的图谱，中心的圆圈代表峰的位置，圆的数目表示峰值的强度。这种图的优点是绘图简便，可以准确定位峰的频率，作图时间短,应用广泛。缺点是切面选择不容易把握,切面太低会覆盖附近的小峰,影响判断;如果切面过高,信号强度小的峰会被忽略。以布洛芬为例,其 ^{1}H-^{1}H COSY 图谱见图6-4。

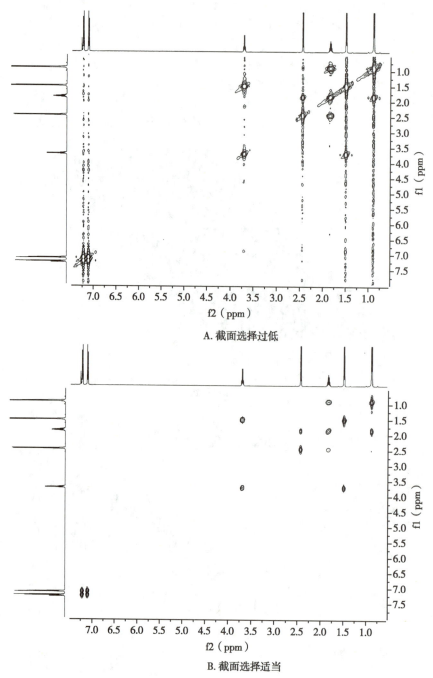

A. 截面选择过低

B. 截面选择适当

图6-4 布洛芬的 ^{1}H-^{1}H COSY 谱(500MHz,CDCl$_3$)

三、二维核磁共振谱共振峰的命名

1. 对角峰(diagonal peak) 如图6-5中落在对角线($\omega_1=\omega_2$)上的共振峰称为对角峰或者自峰(auto peak);对角峰在频率轴 F_1 和 F_2 轴上的投影就是常规 1D NMR 谱。

2. 交叉峰（cross peak） 如图 6-5 中峰落在（$\omega_1 \neq \omega_2$）处，即位于对角线外侧的共振峰称为交叉峰或者相关峰（correlated peak）。

两组对角峰的中心位置即是（v_1,v_1）、（v_2,v_2）或（v_3,v_3），v_1、v_2 和 v_3 的值为核 1、核 2 和核 3 的化学位移，两组交叉峰的中心位置分别为（v_1,v_2）和（v_2,v_3）。两组交叉峰沿对角线对称，可以与对角线上的对角峰连成矩形或正方形，从峰的位置关系可以判断哪些峰之间存在耦合关系。因此，可以通过对角线外侧的交叉峰获得相关谱的耦合关系，是二维核磁共振谱中最有用的信息。

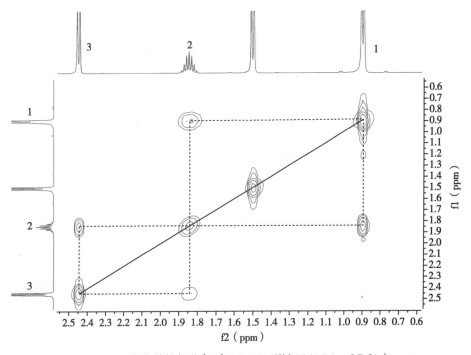

图 6-5　布洛芬的部分 ^{1}H-^{1}H COSY 谱（500MHz，CDCl$_3$）

四、常用的二维核磁共振谱

二维核磁共振的发展对于有机化合物的鉴定提供了极大的帮助，目前在结构解析过程中常用的二维核磁共振谱主要有 ^{1}H-^{1}H COSY、HSQC（HMQC）、HMBC、NOESY（ROESY）、TOCSY 等，利用这些技术可将一维核磁共振谱峰之间的关系联系起来，进而实现一维核磁共振谱峰的准确归属。

第二节　同核化学位移相关谱

一、基本概念和原理

同核化学位移相关谱（homonuclear chemical shift correlation spectrum）的特点是在 t_1

和 t_2 期之间存在混合期，混合期内不同核的磁化之间会发生极化或相干转移。自旋系统中存在两种影响相干转移效率的因素，如果不同核的磁化之间转移是由 J 耦合作用传递的，即相干转移是通过化学键的标量自旋 - 自旋耦合作用传递的，则称为二维化学位移相关谱（two-dimensional chemical shift correlation spectrum, 2D-COSY 或 COSY）。这种耦合关系只有在几个化学键的情况下才会产生，所以二维核磁相关谱为结构解析提供更精细的结构信息。同核化学位移相关谱 2D-COSY 主要包括 ^1H-^1H 和 ^{13}C-^{13}C INADEQUATE 谱（incredible natural abundance double quantum transfer experiment）两种。由于 ^{13}C 的天然丰度低，导致 INADEQUATE 谱所需的样品量大，采集时间长，灵敏度低，限制其应用，本节不做介绍。

二、氢 - 氢化学位移相关谱

氢 - 氢同核化学位移相关谱（^1H-^1H homonuclear chemical shift correlation spectrum, ^1H-^1H COSY）是通过化学键的标量自旋 - 自旋耦合（J 耦合）获得信息的相关谱。它是最常见的 2D NMR 谱，在原理上是其他二维核磁共振谱的基础，且相对于其他相关谱，检测时间最短。

图 6-6 为 ^1H-^1H COSY 常用的脉冲序列，在准备期末加一个 90° 脉冲，经过 t_1 后加入第二个 90° 混合脉冲，在此期间不同核的跃迁之间产生极化转移，通过耦合，磁化强度由 A（X）核转移给 X（A）核，经检测期 t_2 后进行 FID 信号记录，再进行 FT 变换就得到二维 ^1H-^1H COSY 90° 谱。

相关谱的横坐标（F_2）和纵坐标（F_1）都是 ^1H-NMR 谱，即 ^1H-NMR 谱位于相关谱的

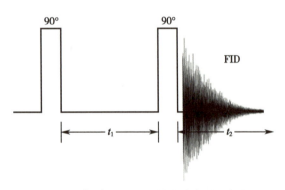

图 6-6　^1H-^1H COSY 的脉冲序列示意图

顶部和右侧（或者左侧）。侧面的 ^1H-NMR 有时可以省略，相关谱的表现形式有正方形或矩形（当 F_1 和 F_2 坐标的尺度不一致时）两种。相关谱沿对角线对称，对角线通常由左向右升高，图谱中有两类峰，一类是对角峰，另一类是交叉峰，每组交叉峰反映两个峰组间的耦合关系。

COSY 谱主要是通过 ^3J 耦合来阐明耦合关系。如果经交叉峰的圆心画一条竖线，这条线将与顶部 ^1H-NMR 谱的峰相交，这个峰是形成交叉峰的两个峰之一。继续在该交叉峰的圆心向下画线就会经过对角峰，而从交叉峰的圆心水平画线将会与氢谱中的另一个峰相交，这个峰与上一个峰共同形成交叉峰。所以在 COSY 谱中可以通过交叉峰找到任意两个相关的耦合峰。这些信息取代 1D NMR 氢谱中通过峰形解读结构。在实际解析过程中有多种查找耦合关系的方式，下面列举两种方式。

A 法：从信号 1 向下出发引一条垂线，通过对角峰［1］与交叉峰 a′ 相遇，再向左划一条水平线与对角峰［2］相遇，穿过对角峰后可以找到信号 2，则表示信号 1 和信号 2 之间存在耦合关系，见图 6-7。

B 法：从信号 1 向下引一条垂线至对角峰［1］后，再向左划一条水平线与交叉峰 a 相遇，再由 a 向上引至信号 2，见图 6-7。

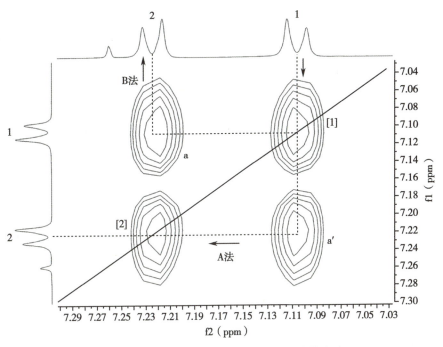

图 6-7　^{1}H-^{1}H COSY 谱中耦合关系的查找方式

图 6-8 所示为实例布洛芬的 ^{1}H-^{1}H COSY 谱。解析图谱时首先要把对角峰和交叉峰区分开,对角峰上有五组峰,分别对应一维核磁氢谱上的五组峰。由对角峰向交叉峰画出矩形,就可以找到相互耦合的氢核的位置。因为处于高场的信号是两组甲基质子信号(9-CH$_3$ 和 12/13-CH$_3$),容易确切归属,将从甲基信号出发进行归属。先从 12/13-CH$_3$ 信号出发作垂线,通过对角峰[1]可以找到交叉峰 a′,再向左引一条水平线找到对角峰[3],随后继续向上作垂线就可以找到与之相互耦合的 11-CH 信号峰。进一步通过对角峰[3]向下引垂线可以与交叉

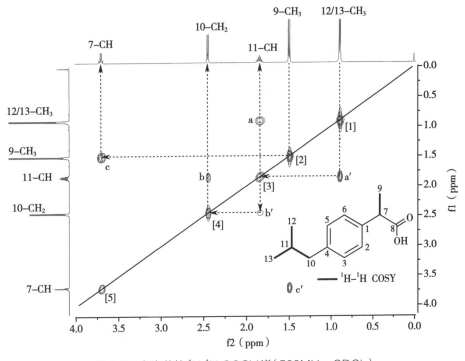

图 6-8　布洛芬的 ^{1}H-^{1}H COSY 谱(500MHz,CDCl$_3$)

峰 b′ 相交, 进而向左找到对角峰 [4], 然后向上引垂线通过交叉峰 b 可以找到 10-CH$_2$ 的位置。使用同样的方式还可以找到该化合物的另一个自旋耦合体系, 信号 9-CH$_3$ 与信号 7-CH 相互耦合形成交叉峰。

由于交叉峰是以对角线对称的, 也可以用一个垂线和一个水平线代替矩形来解析图谱。图 6-9 为洛伐他汀的 ^{1}H-^{1}H COSY 谱, 根据耦合关系可以迅速地找到 7 位甲基信号, 经过对角峰找到交叉峰 a, 进而可依次找到该自旋系统中的 7-H、8-H、8a-H、2-H$_b$、3-H 和 4-H 的化学位移。

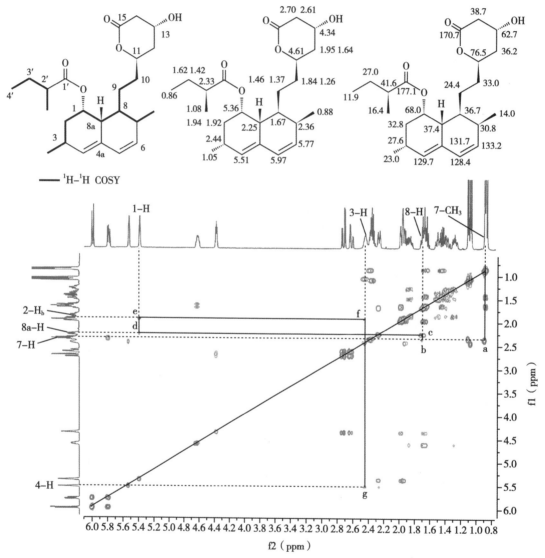

图 6-9　洛伐他汀的 ^{1}H-^{1}H COSY 谱 (500MHz, CDCl$_3$)

因为 ^{1}H-^{1}H COSY 一般反映的是质子之间的标量耦合, 包括偕耦、邻耦和远程耦合, 可以用来建立分子中两个质子的连接关系, 如 CH$_A$H$_B$、CH—CH, 但经常 CH=C—CH 和存在远程耦合的质子也会出现相关信号。因此仅凭 ^{1}H-^{1}H COSY 谱上交叉峰的截面积不能区分质子间的耦合是属于偕耦、邻耦或者远程耦合中的哪一种, 还需要结合化学位移和可能的耦合常数信息进行综合判断。需要注意的是, 当邻位两个质子的二面角接近 90° 时, 其耦合常数通常很小, 在 ^{1}H-^{1}H COSY 谱中也可能看不到相应的交叉峰。

第三节 异核化学位移相关谱

一、基本概念和原理

两种不同核的拉莫尔进动频率间通过标量耦合建立起来的相关谱统称为异核化学位移相关谱（heteronuclear chemical shift correlation spectrum）。异核相关实验是一种非常实用的二维核磁共振谱，其中 ^{13}C-^1H 耦合体系的应用最广泛。其中一个坐标轴是 ^{13}C-NMR 谱，另一坐标轴是 ^1H-NMR 谱，这样的相关谱称为异核化学位移相关谱。^{13}C 和 ^1H 之间的单键耦合常数（$^1J_{CH}$ = 120～160Hz）远大于碳 - 氢远程耦合，利用这种大的差别可以直接将二维核磁共振谱拆分，谱中的质子重叠峰按照 ^{13}C 化学位移很好地分开，它在同一实验中把两种核的所有关系都建立起来，得到直接耦合的 ^1H 和 ^{13}C 之间的化学位移相关关系，即 ^{13}C-^1H 直接相关。

二、^{13}C-^1H COSY 的脉冲序列

^{13}C-^1H COSY 的基本脉冲序列：在第一个 90° 脉冲之后，演化期 t_1 期间内，^1H 磁化矢量发展并标记各个 ^1H 核的自旋频率。t_1 结束时，在 ^1H 核上加另一个 90° 脉冲后，紧跟着在 ^{13}C 核上再加一个 90° 脉冲，使 ^1H 核的极化作用转移到 ^{13}C 核上。在检测期 t_2 前增加一个延迟时间 Δ，它是 $^1J_{CH}$ 耦合常数的倒数调制的。^{13}C-^1H COSY 谱的 F_2 域是全去耦 ^{13}C-NMR 谱，F_1 域是 ^1H-NMR 谱，谱图中只表现直接相连的碳 - 氢交叉峰，没有氢相连的季碳不出现交叉峰，谱图中也没有对角峰，利用交叉峰可找出碳与氢（$^1J_{CH}$）之间的耦合关系。需要指出的是，随着二维核磁共振技术的发展，^{13}C-^1H COSY 谱被 HMQC 和 HSQC 代替。

三、^1H 检测的异核多量子相干相关谱

HMQC（heteronuclear multiple quantum coherence）是 ^1H 检测的异核多量子相干实验，图谱中的交叉峰显示 ^1H 核和与其直接相连的 ^{13}C 核的相关性。HMQC 为反转实验脉冲序列，是将 ^{13}C 信号检测变为 ^1H 信号检测（F_2 域），^{13}C 为间接维（F_1 域），与常规 ^{13}C-^1H COSY 谱正好相反，这极大地提高了检测的灵敏度，可减少样品的使用量和累加次数。加在 ^{13}C 核上的第一个 90° 脉冲将产生双量子相干项，进而起滤波作用，这样就能区分出有 ^{13}C 耦合的和无 ^{13}C 耦合的质子信号。第一个与相应 ^{13}C 耦合的质子脉冲和延迟会产生磁化，^{13}C 核的 90° 脉冲将这个信号转化成多量子相关，这就形成一种过滤，非 ^{13}C 键连接的磁化不会被通过，可以用来区分质子是否与 ^{13}C 直接相连。第二个 ^{13}C 核的脉冲将返回多量子相关来观察质子反相磁化。最后，第二个延迟时间 Δ 将反相态转成正相态，在质子中心给予 180° 脉冲使质子转移演化。

四、^1H 检测的异核单量子相干相关谱

HSQC（heteronuclear single quantum coherence）是 ^1H 检测的异核单量子相干实验，这种

脉冲序列形成的图谱与 HMQC 相似,即 F_2 域是 ^{1}H-NMR 谱、F_1 域是 ^{13}C-NMR 谱。两者的差别在于 HSQC 谱的 F_1 域的分辨率比 HMQC 高,谱图中 F_1 域的 ^{13}C-NMR 谱峰和相关峰的峰形得到一定程度的改善。尽管脉冲序列比 HMQC 稍微复杂,但是 HSQC 在记录大分子如蛋白质的谱图上更有优势,所以在有机化合物的结构解析中,HSQC 的应用更为广泛。这种灵敏度高的碳 - 氢相关的检测实验仅需几分钟,而 ^{13}C-^{1}H COSY 需要几小时,在一次实验中用很短的时间就可以检测两个核(^{1}H 和 ^{13}C)的化学位移,通过测定分子中的碳 - 氢相关就可以找到对应于 ^{13}C 核的 ^{1}H 核。多重峰的氢在 1D 氢谱中经常重叠在一起,但在 2D 谱中就可以很容易区分,因为 ^{13}C 化学位移谱中的频率分布很广。HSQC 图谱中没有对角峰,所以不具备对称性,其解析方法为从 ^{1}H 或 ^{13}C 的信号峰出发,沿 F_1 维或 F_2 维轴线方向画平行线,即可找到与之相连的 ^{13}C 或 ^{1}H 信号峰。如图 6-10 分别为布洛芬的 ^{1}H-NMR 和 ^{13}C-NMR 谱,图 6-11 是布洛芬的 HSQC 谱,无论从碳信号出发还是从氢信号出发,都能很清楚地归属各碳氢信号。

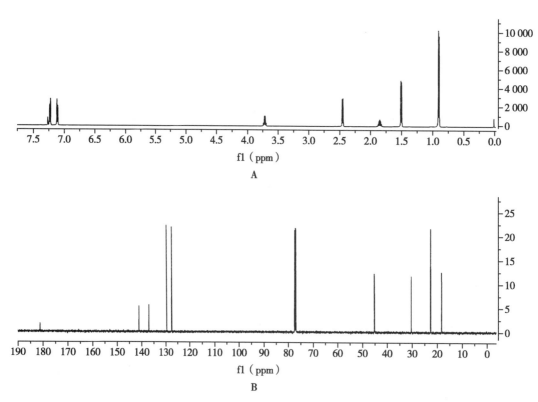

图 6-10　布洛芬的 ^{1}H-NMR(500MHz,CDCl$_3$)和 ^{13}C-NMR 谱(125MHz,CDCl$_3$)

图 6-12 为洛伐他汀的 ^{1}H-NMR 和 ^{13}C-NMR 谱,图 6-13 为洛伐他汀的完整 HSQC 谱,图 6-14 为洛伐他汀局部放大的 HSQC 谱,即使在高场区氢信号存在比较严重的重叠,尤其是甲基部分不容易区分,但是可通过图谱中分辨率高的 F_1 域进行归属。这个优点使得复杂化合物中归属亚甲基或次甲基信号变得容易,通过对图 6-14 进行分析,得到全部直接连接的 ^{13}C-^{1}H 之间的耦合信息。

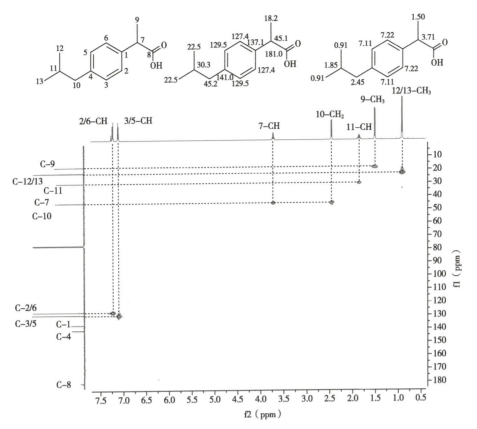

图 6-11　布洛芬的 HSQC 谱（500MHz，CDCl₃）

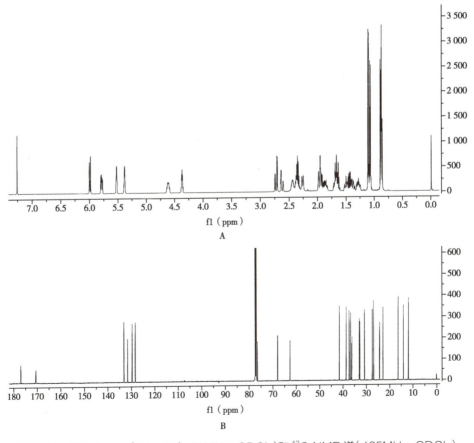

图 6-12　洛伐他汀的 ¹H-NMR（500MHz，CDCl₃）和 ¹³C-NMR 谱（125MHz，CDCl₃）

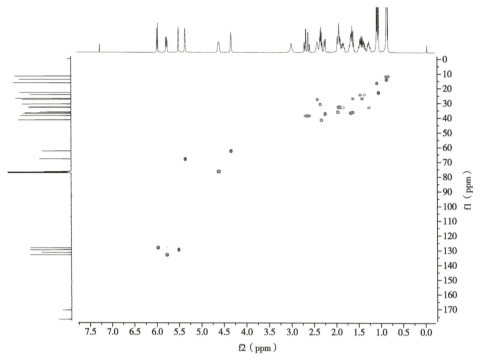

图6-13　洛伐他汀的 HSQC 谱（500MHz，CDCl₃）

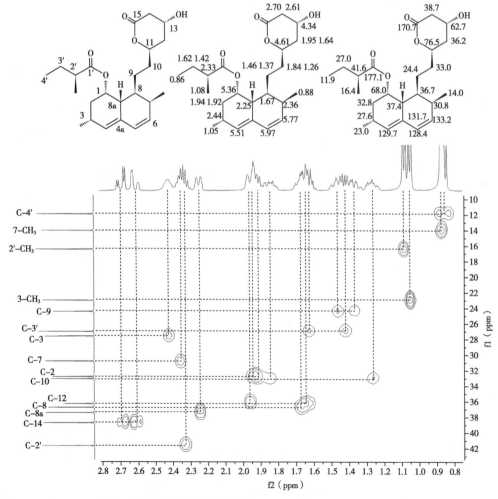

图6-14　洛伐他汀局部放大的 HSQC 谱（500MHz，CDCl₃）

第四节　异核远程相关谱

一、基本概念和原理

^{13}C-^1H 相关的二维核磁共振谱例如 ^{13}C-^1H COSY、HMQC 和 HSQC 提供的是 $^1J_{CH}$ 直接相连，只适用于那些连有氢的碳原子。对于具有 $^2J_{CH}$ 和 $^3J_{CH}$ 更小的耦合的远程相关可以使用 ^{13}C-^1H COLOC（correlation via long range coupling）和 HMBC（heteronuclear multiple bond correlation）二维核磁共振谱的质子检测技术来解决。HMBC 具有更高的灵敏度，是目前使用最广泛的异核远程相关谱。

二、^1H 检测的异核多键相关谱

HMBC 谱是 ^1H 检测的异核多键相干实验，它也是一种多量子相干实验。实际上，任何两个异核（^1H 和 ^{13}C）之间若具有弱耦合作用，它们的磁化转移都包含多量子相干，可以把产生的异核多量子相干转化成单量子相干来检测。HMBC 是通过异核多量子相干实验把 ^1H 核和远程耦合的 ^{13}C 核关联起来，选择性地增加某些碳信号的灵敏度，使孤立的自旋体系相关联，从而组成一个整体分子。与 HMQC 或 HSQC 谱一样，HMBC 谱的 F_2 域是 ^1H-NMR 谱、F_1 域是 ^{13}C-NMR 谱，可高灵敏度地检测出相隔 2～3 根键的质子与碳的远程耦合（如 $^2J_{CH}$、$^3J_{CH}$）。HMBC 谱的相关峰表示 ^1H 核与 ^{13}C 核以 $^nJ_{CH}$（$n>1$）相耦合的关系，这一功能对于未知化合物的鉴定非常重要。我们知道，一个结构单元中碳原子和氢原子之间的联系可以通过对 COSY 谱和异核位移相关谱（例如 HSQC 谱）的综合解析来确定，这种操作可以扩展到结构单元，甚至整个结构。然而，它会在任何季碳原子或杂原子处停止。HMBC 除了可以建立 C-C 间的关联外，也可得到有关季碳的结构信息及因杂原子或季碳的存在而被切断的 ^1H 耦合系统之间的结构信息。图 6-15 是布洛芬的 HMBC 谱，HMBC 谱的解析方法与 HSQC 谱相似，无论是从碳信号还是氢信号出发，都能得到相同的结果，确定与之相耦合的相关信号。例如从高场处 δ_H 0.90 的两个甲基质子信号（12/13-CH_3）出发引一条垂线，可以得到 2 个相关信号：其中一个为与 C-11（δ_C 30.3）的相关峰，代表 $^2J_{CH}$（两根键）的相关信号；另外一个是与 C-10（δ_C 45.2）的相关峰，代表 $^3J_{CH}$（三根键）的相关信号，说明化合物存在（CH_3)$_2$CHCH$_2$—的结构单元。以同样的方法可以从另一个 δ_H 1.50 的甲基质子信号（9-CH_3）出发可以找到其与 C-7（δ_C 45.1）的 $^2J_{CH}$ 耦合相关峰，以及与 C-1（δ_C 137.1）和 C-8（δ_C 181.0）的 $^3J_{CH}$ 耦合相关峰，说明存在一个 CH$_3$CHCOOH 结构单元，并与苯环相连。低场处的 3/5-CH（δ_H 7.11）与 C-1（δ_C 137.1）形成的 $^3J_{CH}$ 耦合相关峰，以及 2/6-CH（δ_H 7.22）与 C-4（δ_C 141.0）形成的 $^3J_{CH}$ 耦合相关峰结合耦合常数（$J=8.0$Hz）说明化合物中存在一个对位二取代的苯环。最后结合 10 位亚甲基质子信号（δ_H 2.45）与 4 位碳信号，以及 7 位次甲基质子信号（δ_H 3.71）与 1 位碳信号显示出的 $^2J_{CH}$ 耦合关系，可以推测出布洛芬的完整结构。

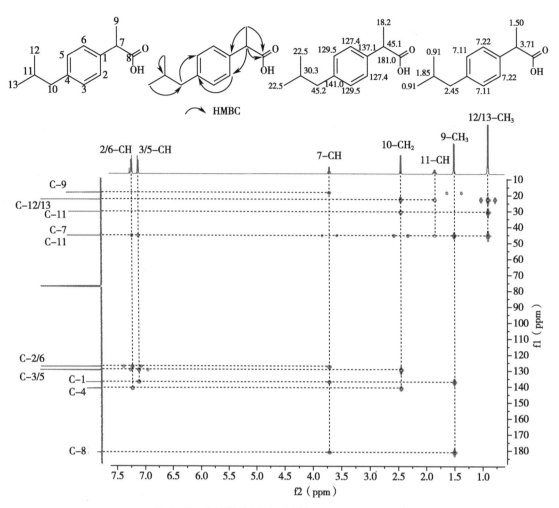

图6-15　布洛芬的 HMBC 谱(500MHz, CDCl₃)

　　图 6-16 中的洛伐他汀结构中由于氧原子的存在, 中断了耦合相关信息, HSQC 或 COSY 谱中就难以判断酰基的连接位置, 但是 HMBC 谱提供的 $^3J_{CH}$ 耦合信息就可以帮助确定酰基的连接位置。C-1 位的次甲基质子信号(δ_H 5.38)与 C-1′(δ_C 177.1)形成 $^3J_{CH}$ 耦合相关峰, 从而确定酰基的连接位置。同样的情况, 也可以根据甲基的相关信号迅速确定甲基的连接位置, 如 δ_H 1.05 的甲基质子信号同时与 C-2(δ_C 32.8)和 C-4(δ_C 129.7)形成 $^3J_{CH}$ 耦合相关峰, 说明甲基连在 C-3 位上。

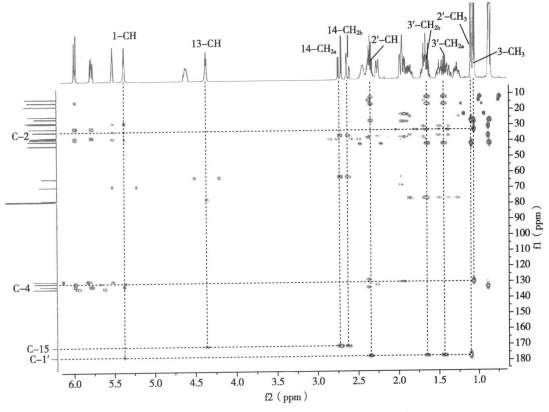

图 6-16　洛伐他汀的 HMBC 谱（500MHz，CDCl₃）

第五节　二维 NOE 谱

NOE（nuclear Overhauser effect）是一种跨越空间的效应，是磁不等价核偶极矩之间的相互作用，它与磁核之间的空间距离有关，以至于它会随着原子核间距离的六次方而衰减。当两个原子核之间相距小于 3.5Å 时就会发生这种效应，这种非常明显的距离依赖性使该效应成为探测原子间距离的非常有用的工具。

相干转移是由交叉弛豫和非各向同性的样品核间的偶极 - 偶极耦合传递的，即借助交叉弛豫完成磁化传递而进行的二维实验称为二维 NOE 谱（two-dimensional nuclear Overhauser effect spectroscopy），即 NOESY。利用 NOESY 可研究分子内部质子之间的空间距离，分析构型和构象。

一、NOESY

与 ¹H-¹H COSY 类似，NOSEY 也属于同核相关的二维技术，使用相同的基本脉冲序列记录，唯一的不同是在演化期两个核都要经历交叉弛豫。因此，交叉峰代表两个自旋体系是相互交叉弛豫，也就是两个核在空间上是相近的。

NOSEY 的脉冲序列如图 6-17 所示。混合期 t_m 选择的合适与否决定 NOSEY 的质量。混合期时间越长，交叉峰越强，但混合期过长会引起自旋扩散，使一些峰的强度降低，有时还会出现因自旋扩散而产生假峰,这些假峰会影响对谱图的解析。NOSEY 与 COSY 类似,F_1 和 F_2 域均为 ^{1}H-NMR 的化学位移,谱图有对角峰和交叉峰。NOSEY 的不同之处在于它是相敏谱,对角峰和交叉峰均为纯吸收峰。

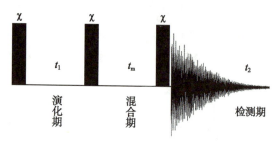

图 6-17　NOSEY 的脉冲序列示意图

二、ROESY

在 NOESY 实验中,中、小分子(分子量为 200～800Da)的交叉峰一般很弱或为 0,不利于中、小分子的 NOE 检测。ROESY(rotating frame Overhauser-enhancement spectroscopy)是旋转坐标系中的 NOESY,能克服 NOESY 的这种缺陷,可以更灵敏地检测到中、小分子的 NOE。ROESY 中的 F_1 和 F_2 域均为 ^{1}H-NMR 谱,外观与 ^{1}H-^{1}H COSY 类似,谱图中也有对角峰和交叉峰,与 ^{1}H-^{1}H COSY 的区别在于交叉峰代表的是 NOE 关系而不是耦合关系。图 6-18 中布洛芬的 3/5-H(δ_H 7.11)与 10-CH$_2$(δ_H 2.45)、2/6-H(δ_H 7.22)与 7-CH(δ_H 3.71)存在 NOE 相关峰,以及图 6-19 中洛伐他汀的 8a-H(δ_H 2.26)与 8-H(δ_H 1.67)、2-CH$_3$(δ_H 0.88)存在 NOE 相关峰,提示这些质子或基团在空间上是接近的。

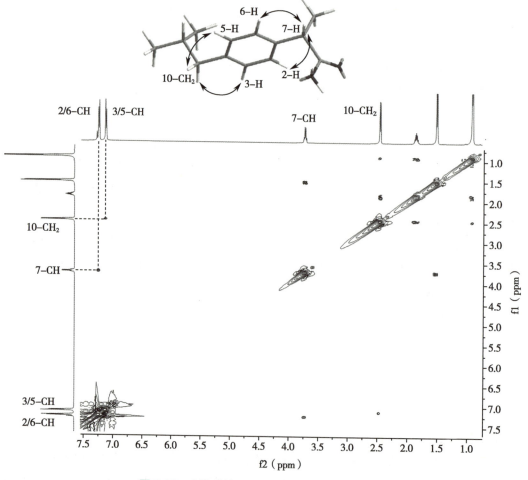

图 6-18　布洛芬的 ROESY(500MHz,CDCl$_3$)

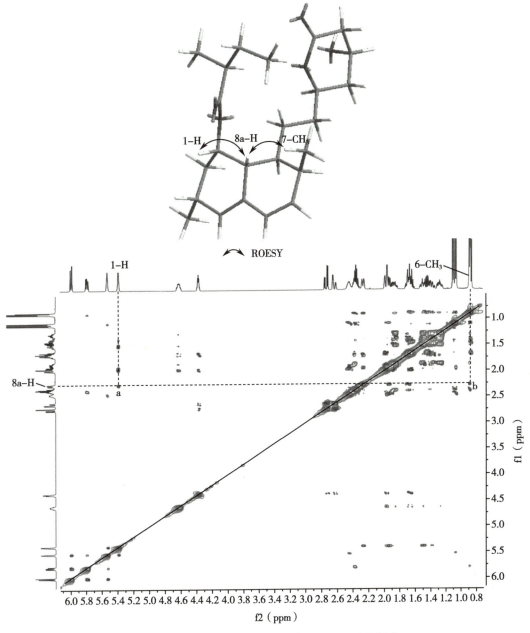

图 6-19　洛伐他汀的 ROESY（500MHz，CDCl₃）

对于蛋白质、核酸等生物大分子或高分子化合物，由于大分子在溶液中翻动较慢，偶极 - 偶极作用能够提供较强的交叉弛豫，NOE 强，更适合做 NOESY，它能有效地解决大分子的空间相关问题。

第六节　氢 - 氢总相关谱

氢 - 氢总相关谱（H-¹H total correlation spectroscopy，¹H-¹H TOCSY）或称为 Hartmann-Hahn 谱（homonuclear Hartmann-Hahn spectroscopy，HOHAHA）都属于接力相干转移实验。

"接力相干转移"是指磁化矢量在磁场中进动时产生的相干作用被转移到直接耦合的核之后,又被进一步转移到下一个相邻核。这种分子内氢耦合链的接力相干信号可以用同核的 Hartmann-Hahn 交叉极化来激发。^1H-^1H COSY 只能得到与 J 有关的一次接力信号(混合期 = 1/2J),而在 HOHAHA 中混合期与 J 值的关系不大。当混合时间短(<20ms)时只能得到直接的和一次接力相关信息;若增加混合期(延长至 50~100ms),一个质子的磁化矢量将重新分布到同一自旋体系的所有氢核谱峰,就可得到多次接力信息,这样从某一氢核的谱峰出发,通过相关峰就能找到与它处于同一自旋体系的所有氢核谱峰。

^1H-^1H TOCSY 与 ^1H-^1H COSY 相似,横坐标(F_2)或纵坐标(F_1)上的投影是 ^1H-NMR 谱。^1H-^1H TOCSY 也有一条对角线,有用的信息来自位于对角线外的相关峰。与 ^1H-^1H COSY 的不同之处在于 ^1H-^1H TOCSY 中有更多的相关峰,利用 ^1H-^1H TOCSY 可以很容易地识别各个自旋系统。

以洛伐他汀为例,可以从 C-8a 位次甲基信号峰出发,可以找到其所在自旋系统中的所有质子信号(图 6-20),在结构解析中再结合 COSY 和 HSQC 谱可将各个质子准确归属。

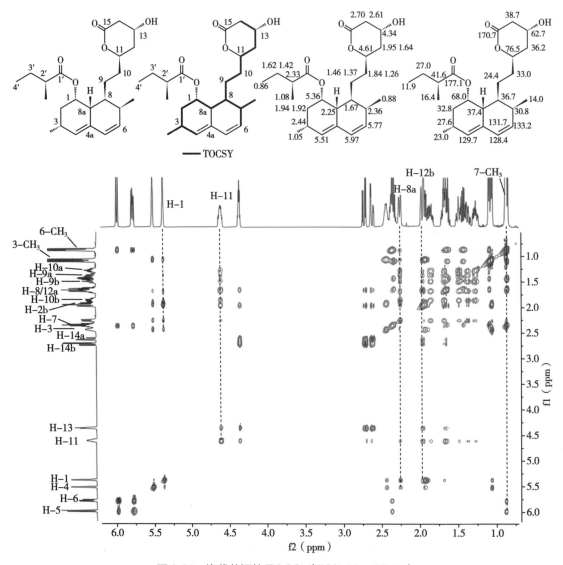

图 6-20　洛伐他汀的 TOCSY(500MHz,CDCl$_3$)

一维核磁共振在有机化合物的结构解析中主要利用化学位移、耦合常数、弛豫时间等信息，能够提供化合物原子周围的化学环境及结构单元信息。二维核磁共振利用相干和相干转移、极化和极化转移等新概念，产生了 ^{1}H-^{1}H COSY、HSQC、HMBC、ROESY 等二维核磁共振谱技术，可以结合一维核磁共振谱高效地进行碳氢化学位移的归属、结构单元的连接以及结构中相对构型的确定，这是学习二维核磁共振谱的目的与意义。例如 ^{1}H-^{1}H COSY 可以根据 ^3J 耦合建立连续自旋体系，在链状或多环体系化合物的解析中十分重要；对于氢信号重叠严重的化合物，可以使用 HSQC 谱进行碳氢化学位移的归属；化合物中的季碳或杂原子会将耦合体系中断，这时可以利用 HMBC 将结构单元连接起来。

此外，除了上述介绍的二维化学位移相关谱和二维 NOE 谱外，还有二维分解谱如同核二维 H-H J 分解谱、异核二维 C-H J 分解谱，以及二维接力相关谱如 HMQC-COSY、HMQC-TOCSY 等，这些二维核磁共振谱不常用，没有在本章进行介绍。随着二维核磁共振技术的发展，其已成为结构鉴定的有力手段，极大地促进了物理、化学、生物等学科的发展。

习题

1. 2D NMR 与 1D NMR 的脉冲序列主要有何区别？
2. 何为同核化学位移相关谱（COSY）？主要提供什么结构信息？
3. HMQC 谱的主要特征和用途有哪些？
4. HMBC 谱的主要特征和用途有哪些？
5. ROESY 能提供什么结构信息？
6. TOCSY 的主要特征和用途有哪些？
7. 根据图 6-21 和图 6-22，根据已知的碳谱信息找出相应耦合的氢化学位移。

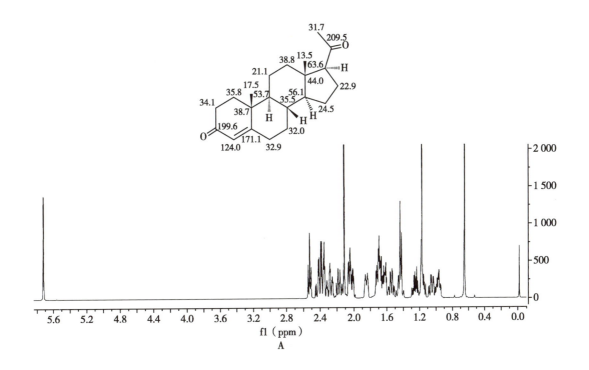

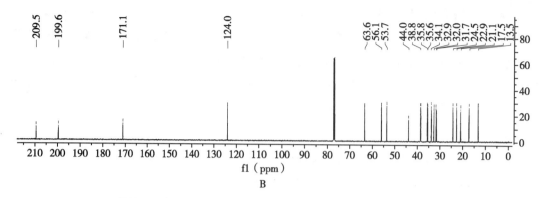

图 6-21　黄体酮的 ¹H-NMR（500MHz，CDCl₃）和 ¹³C-NMR 谱（125MHz，CDCl₃）

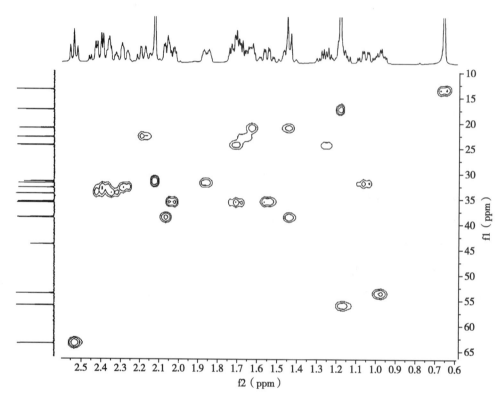

图 6-22　黄体酮的 HSQC 谱（500MHz，CDCl₃）

（张培成）

第七章　质谱

学习要求：

1. **掌握**　质谱的结构解析程序；掌握不同电离方式的特点及适宜的化合物类型；掌握不同类型的质量分析器的特点。

2. **熟悉**　各类化合物的质谱裂解特点，能够利用给出的质谱图分析和推导化合物的结构式；质谱联用技术的特点及应用范围。

3. **了解**　质谱仪的构造及其工作原理。

　　质谱（mass spectrum，MS）是利用一定的电离方法将有机化合物分子进行电离、裂解，并将所产生的各种离子的质量与电荷的比值（m/z）按照由小到大的顺序排列而成的图谱。在质谱测定过程中，没有电磁辐射的吸收或发射产生，质谱不属于光谱，它检测的是由化合物分子经离子化、裂解而产生的各种离子。质谱分析在灵敏度（sensitivity）、速度（speed）、特异性（specificity）和化学计量（stoichiometry）4 个方面表现优异（亦称质谱的 4S 特性），因此成为当今仪器分析的主要方法之一。

　　质谱仪种类较多，可按不同的分类方式进行分类。按照应用范围分类有无机质谱、同位素质谱、有机质谱和生物质谱；按照分辨率大小分类有高分辨质谱、中分辨质谱和低分辨质谱；按照离子源类型分类有电子轰击质谱、电喷雾电离质谱、快速原子轰击质谱和基质辅助激光诱导解吸电离质谱等；按照质量分析器分类有磁质谱、离子阱质谱和飞行时间质谱等。不同类型的质谱其功能、用途都不相同，上述称谓通常表明该质谱具有的主要特色及功能，实际上各质谱仪的功能交叉非常多，上述称谓并不能概括该仪器的所有功能及应用范围，需了解仪器的配置和主要技术指标方可科学合理地使用质谱仪。

　　早期的质谱仪主要是无机质谱和同位素质谱，主要用于无机元素分析和同位素测定。之后出现有机质谱，拓宽了质谱分析的研究范围，尤其是液相色谱 - 质谱联用仪的出现，使质谱仪广泛应用于化学、化工、药物、材料、环境、地质、能源、刑侦、生命科学、运动医学等各个领域，成为 21 世纪的主要分析仪器。近 20 年，随着电喷雾电离和基质辅助激光诱导解吸电离等质谱技术的出现，使得质谱技术可以用于生物大分子的研究，随之出现生物质谱。目前，生物质谱已经成为生命科学领域的主要研究工具之一，在探索生命现象、研究生物调控及演化规律方面发挥重要作用。

第一节　基本原理

一、质谱的基本原理

以双聚焦质谱仪（double-focusing mass spectrometer）为例介绍质谱仪的工作原理。如图 7-1 所示，有机化合物样品首先在离子源中气化成为气态，其分子受到高能电子轰击，失去 1 个电子，形成分子离子（molecular ion）。一般情况下，轰击电子的能量为 10～15eV 时可使样品分子电离成分子离子；当轰击电子的能量达到 70eV 时，多余的能量会使分子离子裂解或重排，形成碎片离子，其中有些碎片离子还可以再裂解，形成质量更小的碎片离子，所有这些离子一般仅带 1 个正电荷。

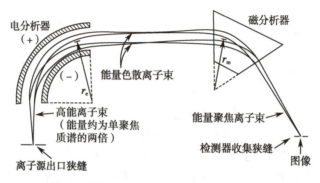

图 7-1　Nier-Johnson 双聚焦质谱仪原理图

在离子源中形成的离子受离子排斥电极的作用，经离子源出口狭缝离开离子化室，形成离子束，进入加速电场，电场的电势能就转化为离子的动能，使之加速。各种离子的动能与电场势能的关系可以表示为：

$$\frac{1}{2}mv^2 = zV \qquad\qquad 式（7-1）$$

式中，m 为离子的质量；v 为离子的运动速度；z 为离子所带的正电荷；V 为加速电场的电压。由于绝大多数离子都带 1 个电荷，在测定过程中加速电场的电压 V 保持不变，所以各种离子在加速电场中的电势能 zV 是一个定值。由式（7-1）可以看出，各种离子因质量不同而在固定的加速电场中获得的运动速度不同，运动速度的平方与其质量成反比，即其质量越大，其运动速度就越小；反之，质量越小，其运动速度就越大。

经加速后的离子进入电分析器，这时带电离子受垂直于运动方向的电场作用而发生偏转，在离子偏转后聚焦的位置设置一个狭缝装置，则通过该狭缝的离子具有非常相近的动能。因此，电分析器的作用是消除由于初始条件有微小差别而导致的动能差别，选择出一束由不同的 m 和 v 组成的、具有几乎完全相同的动能的离子。通过狭缝后，这束动能相同的离子进入扇形磁分析器。在磁分析器中，离子的运动方向与磁场的磁力线方向垂直，离子受到一个洛伦兹力的作用，而使之在磁场中发生偏转，做弧形运动，这种运动的离心力为 mv^2/r_m，向心力为 Bzv，两者相等，则

$$\frac{mv^2}{r_m} = Bzv \qquad\qquad 式（7-2）$$

$$v = \frac{Bzr_m}{m} \qquad\qquad 式（7-3）$$

式中，m、v、z 同式（7-1）；B 为扇形磁场的磁场强度；r_m 为离子在磁场中做弧形运动的轨道半径。

将式（7-3）代入式（7-1）中，消去速度 v，得简化式：

$$m/z = \frac{B^2 r_m^{\ 2}}{2V} \qquad\qquad 式（7-4）$$

式（7-4）表达了质谱的基本原理，其左端为离子的质量与其所带的电荷之比，即 m/z，在质谱图中以横坐标来表示，各种离子的谱线顺序就是按离子的质荷比由小到大的顺序分布的。

根据式（7-4）分析，质谱仪的各种参数之间存在以下关系。

（1）m/z 与 r_m 的关系：当保持加速电压 V 和磁场强度 B 不变时，质荷比（m/z）不同的离子在磁场中偏转的弧度半径 r_m 不一样，离子的质荷比越大，其轨道半径就越大；反之，其质荷比越小，轨道半径就越小。如在离子的聚焦位置上放置一块感光板，则质荷比相同的离子则会聚集在感光板的同一点上，质荷比不同的离子按照其质量的大小在感光板上依次排列起来，这就是质谱仪可以分析各种离子的原理。

（2）m/z 与 B 的关系：保持加速电场的电压 V 和离子在磁场中偏转的轨道半径 r_m 不变，则离子的 m/z 与磁场强度（B）成正比。因此，通过改变磁场强度，可以使不同 m/z 的离子都射向一个固定的收集狭缝，这就是设计质谱仪的原理之一。在质谱仪中，收集狭缝的位置保持不变，由小到大（或由大到小）改变磁场强度，不同质量的离子也由小到大（或由大到小）依次穿过收集狭缝，被检测器记录下来，通过的每种离子都会被记录形成一条谱线（或称为离子峰），谱线的高度与形成该谱线的离子数量成正比。运行轨道半径小于或大于固定轨道半径的离子就不能通过狭缝而被记录。

（3）m/z 与 V 的关系：保持磁场强度和离子在磁场中的轨道半径不变，加速电压越高，仪器测得的离子质量范围就越小，同时由于离子在加速之前动能较小且运动无序，电压加速越高，离子获得的动能就越大，离子束的动能差别和角偏离就越小，离子束的色散和聚焦作用就越强，且到达检测器的时间就越短，其分辨率和灵敏度就越高；反之，加速电压越低，测得的离子质量范围就越大，其分辨率和灵敏度就越低。因此，现代仪器充分利用 B 和 V 的关系，通过提高磁场的强度或改变磁场的参数，可以达到既能满足一定的离子质量测定范围，又可以任意改变加速电压，并获得较高的分辨率。

上述参数在质谱仪的设计工作中具有重要作用。

二、质谱的表示方法及重要参数

1. 质谱的表示方法 质谱图是以质荷比（m/z）为横坐标、离子的相对丰度（也即相对强度）为纵坐标来表示化合物裂解所产生的各种离子的质量和相对数量的谱图，也简称质谱。

在质谱中，横坐标表示质荷比，从左到右质荷比增大。由于绝大多数离子都仅带 1 个电荷，质谱图记录的一般都是单电荷离子，因此质谱中的最大质荷比就是分子的分子量。纵坐标表示离子峰的强度，在测定时将最强的离子峰强度定为 100%，称为基峰（base peak）；将其他离子的信号强度与基峰进行比较，得到离子的相对强度，也称为相对丰度（relative abundance），它反映该离子在总离子流中的相对含量。

例如在丙酮的质谱（图 7-2）中，m/z 43 的碎片离子峰为基峰，其丰度定为 100%；其他离子峰均与基峰比较，以相对强度表示，如 m/z 58 离子的相对强度为 63.7%、m/z 15 离子的相对强度为 23.0%。

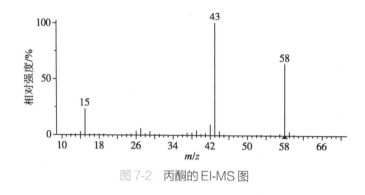

图 7-2　丙酮的 EI-MS 图

2. 分辨率（resolution）　是质谱仪的重要指标，是质谱仪分离两种相邻离子的能力。质谱中，如果相邻两个离子峰间的峰谷高度低于两个离子峰的平均高度的 10% 时，则认为这两个离子被分离。质谱仪的分辨率规定为恰好被分离的两个相邻离子之一的质量数与两者质量数之差的比值，可用下式表示。

$$R = \frac{M}{\Delta M}$$
式（7-5）

式中，R 为分辨率；M 为相邻两种离子中的任意一个离子的质量；ΔM 为被分离的两种离子的质量差。

例如某质谱仪的分辨率为 50 000，当用于分辨质量数为 100 的离子时，根据式（7-5），则

$$50\ 000 = \frac{100}{\Delta M}$$

$$\Delta M = \frac{100}{50\ 000} = 0.002$$

即该质谱仪可以将质量数分别为 100.000 和 100.002 的两种离子分离。双聚焦高分辨质谱仪的分辨率通常在 10^4 以上。以同位素纯的 ^{12}C 作为分子量计算中质量数的相对标准，规定 $^{12}C = 12.000\ 000\ 0$ amu，如果质谱仪的测量精度可以到原子的质量单位 amu 的小数点后第 4 位，这样的质谱称为高分辨质谱（high resolution mass spectrum，HR-MS）。

质谱解析的一个重要目的是根据给出的分子离子或准分子离子确定待测化合物的分子组成。采用低分辨质谱仪，测出的分子量通常精确到整数位，由于同分异构体的存在，可推出很多种不同的分子组合方式，因此很难确定化合物的分子组成。例如一个质荷比为 43 的离子可能是 $C_2H_3O^+$、$C_3H_7^+$、$C_2H_5N^+$、$CH_3N_2^+$、$CHPO^+$ 和 $C_2F_2^+$ 中的任意一种；然而一个质荷比

为 43.018 4 的离子最可能是 $C_2H_3O^+$（m/z 43.017 8），而不可能是 $C_3H_7^+$（m/z 43.054 7）、$C_2H_5N^+$（m/z 43.042 1）、$CH_3N_2^+$（m/z 43.029 7）、$CHPO^+$（m/z 43.005 8）和 $C_2F_2^+$（m/z 42.998 4）中的一种。

根据高分辨质谱的测定结果，结合可能组成的元素的精确原子质量（表 7-1）的计算值分析，可确定待测化合物分子或离子的组成。例如从植物中分离得到的某生物碱 A，其高分辨电子轰击质谱（HR-EI-MS）给出的分子离子峰（m/z）为 209.084 0（100%），而按照表 7-1 中各元素的原子精确质量，化学组成为 $C_{14}H_{11}NO$ 的理论计算值为 209.084 1，与实测值仅相差 0.000 1，因此确定该化合物的分子式组成为 $C_{14}H_{11}NO$。

表 7-1　有机化合物的常见元素及其同位素丰度表

常见元素（A）	同位素（A）	精确质量数	天然丰度/%	同位素（A+1）	精确质量数	天然丰度/%	同位素（A+2）	精确质量数	天然丰度/%
氢	^1H	1.007 825	99.985 5	^2H	2.014 102	0.0145			
碳	^{12}C	12.000 00	98.892 0	^{13}C	13.003 35	1.1080			
氮	^{14}N	14.003 07	99.635	^{15}N	15.000 11	0.365			
氧	^{16}O	15.994 91	99.759	^{17}O	16.999 14	0.037	^{18}O	17.999 16	0.204
氟	^{19}F	18.998 40	100.00						
硅	^{28}Si	27.976 93	92.20	^{29}Si	28.976 49	4.70	^{30}Si	29.973 76	3.10
磷	^{31}P	30.973 76	100						
硫	^{32}S	31.972 07	95.018	^{34}S	32.971 46	0.750	^{34}S	33.967 86	4.215
氯	^{35}Cl	34.968 85	75.557				^{37}Cl	36.965 90	24.463
溴	^{79}Br	78.918 33	50.52				^{81}Br	80.916 30	49.48
碘	^{127}I	126.904 48	100						

3. **灵敏度**　是指仪器记录的信号（或离子峰）强度与所用样品量之间的关系。一般情况下，质谱对测定样品量的要求较少，有时仅需要 1×10^{-12}g（1pg）的样品即可完成样品测定。测定时所用的样品量越少，则越有利于工作的进行。

仪器的分辨率与灵敏度相互影响，在仪器的调试和测试时是相互制约的。当其他测试条件不变时，要提高分辨率，需要调窄离子源的出口狭缝和检测器的收集狭缝，使离子束尽可能集中，离子的角偏离尽可能减小，但通过的离子数量就会减少，灵敏度就会降低；反之，为了提高灵敏度，需要调宽离子源的出口狭缝和检测器的收集狭缝，使通过的离子数量增多，但分辨率就会降低。因此，在实际工作中，既要照顾到分辨率，又要具有较高的灵敏度，不能片面地追求其中的一项指标而影响另一项指标。

三、仪器的结构与原理

质谱仪是测定质谱的装置。不同的质谱仪其设计原理不同，具体构造也有差别，但一般都由进样系统、电离和加速系统、质量分析器、检测器、数据处理系统组成，如图 7-3 所示。

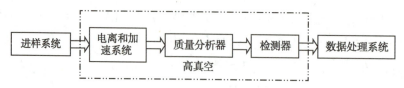

图 7-3　质谱仪的组成单元示意图

1. **进样系统**（sample inlet）　待测样品通过进样系统进入位于高真空区域中的电离室。

2. **电离和加速系统**（ionization and ion accelerating room）　又称离子源，由电离室和加速电场组成。样品分子在电离室中被电离，离子出电离室即被一个加速电场加速，获得高动能，进入质量分析器。不同的质谱仪具有不同的离子源，电子轰击质谱仪的离子源为电子轰击离子源，其他离子源将在第二节中介绍。

3. **质量分析器**（mass analyzer）　是质谱仪的最重要的部分，将不同质荷比的离子分开，以供检测器检测。具有不同质量分析器的质谱仪，其工作原理、特点和适用范围也不一样。

4. **检测器**（detector）　用于检测和记录经质量分析器分离后的各种质荷比的离子及其数量，不同类型的检测器其检测原理不同。

5. **数据处理系统**（data processing system）　用于采集、存储、处理检测器收集到的有关离子的数据，并可进行谱库检索等。

6. **真空系统**（vacuum system）　用于为离子源和质量分析器提供所需要的真空环境。质谱仪的类型不同，对真空度的要求也不同。由于质谱仪检测的是具有一定动能的分子离子或碎片离子的离子流，为获得准确的离子信息，在样品分子成为离子至离子被检测的整个过程中应避免离子与气体分子间发生碰撞而造成能量损失，因此电离和加速系统、质量分析器、检测器都应处于高度真空的环境中。

第二节　质谱的电离过程和离子源

电离过程是质谱获取的关键步骤，离子源的功能就是将进样系统引入的气态样品分子转化为离子。由于离子化所需的能量随分子不同有较大的差异，因此对于不同的分子应该选择不同的离子化方式。

一、电子电离

电子电离（electron ionization, EI），又称电子轰击离子化，是应用最早、发展最成熟的电离方法。

电子轰击离子源由电离室和加速电场组成（图 7-4），是电子轰击质谱仪的重要组成之一。电子电离过程在电离室中进行，样品分子在较高温度和较高真空的电离室内呈气态，热灯丝发射的电子经加速达到 70eV，进入电离室后轰击呈气态的样品分子，使之丢失 1 个电子而形成分子离子。由于化合物的结构不同,且所用的轰击电子的能量也有差异,因此新生成的分子离子的稳定性也不一样,有的比较稳定,不再裂解,而以分子离子的形式存在;有的稳定性较差,易发生化学键断裂,形成碎片离子,或进一步裂解成更小的碎片离子。但这些离子一般都带 1 个正电荷,受到离子排斥电极的排斥,经出口狭缝离开电离室,形成离子束,进入加速电场,经电场加速,获得很大的动能,再进入质量分析器。

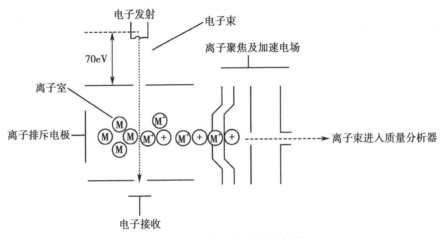

图 7-4　电子轰击离子源示意图

EI 的优点:①采用相同能量的电子轰击时,形成的分子离子和碎片离子的重现性好,便于规律总结、图谱比较以及利用计算机进行谱库检索;②产生较多的与结构密切相关的碎片离子,对推测化合物的结构很有帮助。

EI 的局限性主要体现在如下几个方面:①不能气化的样品分子不能用 EI 质谱检测;②气化后不稳定的分子得不到分子离子峰;③ EI 质谱无法与高效液相色谱联机,限制其应用范围和领域。

多数药物分子和生物大分子均为极性分子和中等极性分子,其理化性质决定了这些化合物很难气化,无法用 EI 质谱分析。此外,很多化工产品及中间体、食品添加剂、农药及中间体等也很难用 EI 质谱分析。因此,相对于 EI 这种硬电离方式,化学电离、电喷雾电离和快速原子轰击电离等软电离方法逐渐成为质谱的主要电离方式。

二、化学电离

化学电离(chemical ionization, CI)的基本原理是离子 - 分子反应。化学电离时有反应气存在,反应气有很多类型,如甲烷、氨气、异丁烷或甲醇等。以甲烷为例,通常在具有一定能量的电子(50eV)的作用下,反应气的分子被电离成 CH_4^+;该离子进一步与甲烷分子碰撞,形成甲烷加氢正离子 CH_5^+;该正离子与样品分子碰撞,将质子转移到样品分子,形成样品的准分子离子 $[M+H]^+$。因此,化学电离生成的与分子量相关的 m/z 的峰不是分子离子峰,而是 $[M+H]^+$ 峰或 $[M-H]^-$ 峰或其他峰,这些峰称为准分子离子峰。正离子或负离子的产生由离子化模式决定,但与待测分子和电子的亲和力大小有关,也可以看成与样品分子结合质子的能力或离去质子的能力有关。

化学电离原理的特点之一是化学电离产生的准分子离子过剩的能量小，因此进一步发生裂解的可能性小，质谱谱图的碎片峰较少，同时准分子离子又是偶电子离子，比 EI 产生的 M^+（奇电子离子）稳定，准分子离子峰较高，非常适合于获得有关分子量的信息，因此受到人们的关注。

三、快速原子轰击电离

1981 年 Barber 等发明了快速原子轰击（fast atom bombardment，FAB）电离技术，拓宽了有机质谱的应用范围，使得一些难挥发和热不稳定的化合物可以用质谱检测，如今快速原子轰击质谱成为特色有机质谱之一。

快速原子轰击电离是一种软电离技术。快原子束的产生过程简述如下：在离子枪中，气压为 100Pa 的惰性气体（Xe、Ar 或 He）经电子轰击后电离，生成的离子再被电子透镜聚焦并加速形成动能可以控制的离子束，离子束在轰击样品前需经过一个中和器，中和掉离子束所携带的电荷，成为高速定向运动的中性原子束（高能原子束），用此高速运动的中性原子轰击在涂有非挥发性底物（也称基质，如甘油、硫代甘油、3- 硝基苄醇、三乙醇胺和聚乙二醇等）和有机化合物样品的靶上，使有机化合物样品分子电离，产生的样品离子在电场作用下进入质量分析器（图 7-5）。

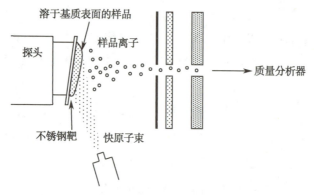

图 7-5　快速原子轰击电离的基本原理图

快速原子轰击质谱中样品溶于基质中呈半流动状态，可以长时间地产生稳定的样品分子离子流，装置简单，易于操作。由于快速原子轰击电离源的电离过程中不必加热气化，因此特别适用于分子量大、难挥发或热不稳定的极性样品分析。

快速原子轰击质谱产生的主要是准分子离子，碎片离子较少。常见的离子有 $[M+H]^+$（正离子方式）或 $[M-H]^-$（负离子方式）。此外，还会生成加合离子，如 $[M+Na]^+$、$[M+K]^+$等。如果样品滴在 Ag 靶上，还能看到 $[M+Ag]^+$。用甘油作为基质时，生成的离子中还会有样品分子和甘油生成的加合离子。由于基质的存在，FAB-MS 中的基质会产生背景峰，而且对离子源也会产生污染。随着 ESI-MS 和 MALDI-MS 技术的成熟与普及，FAB-MS 的应用已大大减少，但在特定的研究领域如有机金属化合物与有机盐类的表征上，FAB-MS

还是非常有效的。

快速原子轰击质谱的优点：①常温电离样品，适合于极性的非挥发性化合物、热不稳定的化合物及分子量大的化合物；②样品制备过程简单；③有正、负离子检测两种模式，负离子检测方式可增加一些化合物的灵敏度；④薄层色谱展开后的样品斑点可直接用 FAB-MS 测定，方便给出结构信息；⑤产生单电荷离子峰，谱图简单，容易识别。

快速原子轰击质谱的缺点是离子源原子束分散，灵敏度偏低。

四、基质辅助激光解吸电离

相对于前述的 CI、FAB 等软电离技术，基质辅助激光解吸电离（matrix-assisted laser desorption ionization，MALDI）的发展较晚，但其作用重大。其基本原理是使试样与基质形成共结晶体，然后采用激光聚焦于试样表面，使试样由凝集相解吸而形成离子。

对于热敏感性化合物，如果对它们进行极快速的加热，可以避免其加热分解。利用这个原理，采用脉冲式激光，在一个微小的区域内，在极短的时间间隔（纳秒数量级），激光可为靶物提供高的能量。

MALDI 法如下：将被分析物质（mol/L 数量级浓度）的溶液和某种基质（mmol/L 数量级浓度）的溶液混合，蒸发去掉溶剂，被分析物质与基质成为晶体或半晶体（semi-crystalline）。用一定波长的脉冲式激光进行照射，基质分子能有效地吸收激光的能量，使基质分子和样品投射到气相并得到电离，通常形成 $[M+H]^+$ 峰、$[M+Na]^+$ 峰、$[M+K]^+$ 峰。

常用的基质有 2,5 二羟基苯甲酸（2,5-dihydroxybenzoic acid）、芥子酸（sinapinic acid）、烟酸（nicotinic acid）、α- 氰基 -4- 羟基肉桂酸（α-cyano-4-hydroxycinnamic acid）等，不同样品使用的基质有差别，选择激光的波长亦有所不同。

MALDI 法的优点主要有下列两点：①使一些难以电离的样品电离，且无明显的碎裂，得到完整的被分析分子的离子化产物，特别是在生物大分子（如肽类化合物、核酸等）的测定上取得很大的成功；②由于应用的是脉冲式激光，特别适合与飞行时间（time of flight，TOF）质谱相配，即通常所用的 MALDI-TOF/MS 这个术语。另外，MALDI 也可以与离子阱类型的质量分析器相配。由 MALDI 所得的质谱图中碎片离子峰少，谱图中有分子离子、准分子离子及试样分子聚集的多电荷离子。MALDI 产生的基质背景离子通常低于 m/z 1 000，且因采用的基质及激光强度的不同而变化。

五、大气压电离

大气压电离（atmospheric pressure ionization，API）是主要应用于高效液相色谱和质谱联用时的电离方法，包括电喷雾电离（electrospray ionization，ESI）和大气压化学电离（atmospheric pressure chemical ionization，APCI）。

1. **电喷雾电离** 电喷雾电离质谱仪是近年来发展起来的一类新的软电离质谱仪。1989 年，John Bennet Fenn 发明电喷雾电离技术，并由此贡献获得 2002 年的诺贝尔化学奖。电喷雾电离质谱是目前应用最广的质谱之一。

雾化过程简述如下：样品溶液的液滴在进入质谱仪之前沿着管道运动，该管是不断被抽真空的，且管壁保持适当的温度，因而液滴不会在管壁凝集。液滴在运动中，溶剂不断快速蒸发，液滴迅速地不断变小，由于液滴带有电荷，表面的电荷密度不断增加，表面电荷的斥力克服液滴的内聚力，导致"库仑爆炸"，液滴分散为很小的微滴。去溶剂的过程继续重复进行，在这种情况下，溶液中的样品分子就以离子的形式逸出（图7-6）。

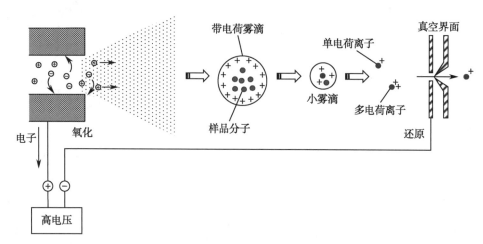

图 7-6　ESI 的雾化示意图

电喷雾电离的样品制备方法简单，通常将样品溶解在甲醇、水等溶剂中，可直接进样，也可与液相色谱联机进样。

产生的离子可能具有单电荷或多电荷，这与样品分子中的碱性或酸性基团的数量有关。通常小分子得到单电荷的准分子离子，生物大分子得到多电荷的离子，在质谱图上得到多电荷离子簇。由于可检测多电荷离子，这使质量分析器检测的质量可提高几十倍，甚至更高。

在正离子模式下，分子结合 H^+、Na^+ 或 K^+ 等阳离子而得到 $[M+H]^+$、$[M+Na]^+$ 或 $[M+K]^+$ 等准分子离子；在负离子模式下，分子的活泼氢电离得到 $[M-H]^-$ 准分子离子。

电喷雾电离的优点：①分子量检测范围宽，既可检测分子量 <1 000Da 的化合物，也可检测分子量高达 20 000Da 的生物大分子；②可进行正离子模式和负离子模式检测；③准分子离子检测可增加灵敏度；④电离过程在大气压力下进行，仪器维护方便简单；⑤样品溶剂选择多，制备简单；⑥可与液相色谱联机，化合物的分离和鉴定同时进行，简化和缩短分析过程，可用于定性和定量分析；⑦利用质谱的4S特性，在生物分析等方面应用广泛。

核酸、多肽和蛋白质都是高度亲水性分子，在高温下容易分解，因而电喷雾这种电离方式非常适用于这类分子的研究。

2. 大气压化学电离　是指样品离子化在处于大气压下的离子化室中进行。大气压化学电离也是一种软电离技术，与电喷雾电离均属于大气压电离的范畴。

与电喷雾电离过程相似，大气压化学电离过程是样品溶液由具有雾化气套管的毛细管（喷雾针）端流出，通过加热管（300℃以上）时被气化。在加热管端进行电晕（corona）尖端放电，溶剂分子被电离，形成等离子体，与前述的化学电离过程相似，等离子体与样品分子反应,生成[$M+H$]$^+$或[$M-H$]$^-$准分子离子,进入检测器分析(图7-7)。

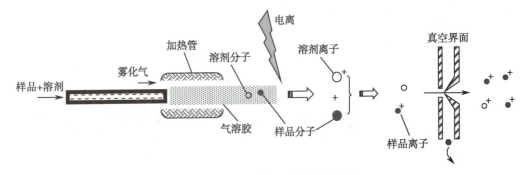

图7-7 大气压化学电离过程示意图

大气压化学电离的样品制备方法与电喷雾电离相似,样品可溶解在甲醇、水等溶剂中,可直接进样,也可与液相色谱联机进样。产生的离子主要是单电荷离子,分析的化合物分子量一般小于1 000Da。

与电喷雾电离相同,在正离子模式下,分子结合H$^+$、Na$^+$或K$^+$等阳离子而得到[$M+H$]$^+$、[$M+Na$]$^+$或[$M+K$]$^+$离子;在负离子模式下,分子的活泼氢电离得到[$M-H$]$^-$离子。大气压化学电离的优点:①电离过程在大气压力下进行,仪器维护方便简单;②可进行正离子模式和负离子模式检测;③准分子离子检测可增加灵敏度;④样品溶剂选择多,制备简单;⑤可与液相色谱联机,化合物的分离鉴定同时进行,简化和缩短分析过程,可用于定性和定量分析;⑥可以检测极性较弱的化合物。

大气压化学电离与电喷雾电离的相同点:两者均为软电离技术,均在大气压环境条件下离子化。两者的不同点:①大气压化学电离时,形成的气态溶剂分子或样品分子不带电荷,经电晕放电后溶剂分子被离子化,进而形成准分子离子;而电喷雾电离时,气化分子已经带有电荷,不需要电晕放电。②大气压化学电离时,需要加热气化样品溶液;电喷雾电离时,通过真空气化样品溶液进行。因此,电喷雾电离适合于极性化合物的检测,大气压化学电离可以检测弱极性的小分子化合物。

六、不同电离方式的比较与选择原则

对于分子量<1 000Da、挥发性高、热稳定性好的化合物,常用CI-MS或者EI-MS方法进行测定,CI电离易于测定分子量;而EI则碎片峰多,提供的结构信息丰富。FAB-MS则适合于分子量在5 000Da左右、挥发性低、极性大、热不稳定的化合物,如糖、苷、肽、小分子蛋白质等。MALDI质谱适宜的化合物类型与FAB-MS相似,但MALDI的灵敏度更高(高100～1 000倍),对于分子量范围无明确限制,对分子量>500 000Da的蛋白质分子亦能够成功测定。而ESI与MALDI适用的化合物类别相同,灵敏度和质量范围略低。与MALDI易产生单电荷离子不同,ESI则易产生多电荷离子,因此,在仪器质量观测范围可以观测到质量数更高的离子。ESI通常与色谱技术如HPLC、CEC(毛细管电泳)等联用。不同的电离方式适用的化合物类型见表7-2。

表 7-2　不同电离方式的特点及适宜的化合物类型

电离方式	适应的化合物类型	试样进样形式	阳离子	阴离子	HR-MS	GC-MS	质量范围	主要特点
EI	小分子、低质量、易挥发	GC 或液体 / 固体吸附于探针	√	×	×	√	1～1 000Da	硬电离，重现性高、结构信息多
CI	小分子、中低极性、易挥发	GC 或液体 / 固体吸附于探针	√	√	√	√	60～1 200Da	软电离，提供 $[M+H]^+$
ESI	蛋白质、多肽、非挥发性	液相色谱或直接注射进样	√	√	√	×	100～50 000Da	软电离，多电荷离子
FAB 电离	碳水化合物、有机金属化合物、蛋白质、非挥发性化合物	试样溶解在黏稠的基质中	√	√	×	×	300～6 000Da	软电离，比 ESI 和 MALDI-MS 硬
MALDI	多肽、蛋白质、核酸	试样与固体基质混合	√	√	√	×	达 500 000Da	软电离，适用于高分子化合物

第三节　质量分析器

质量分析器是质谱仪器的核心，它的功能是利用不同的方式将样品离子按质量大小分开。一个理想的质量分析器应具备分辨率高、分析速度快、传输效率高、质量范围宽、质量歧视效应强等特点，不同类型的质量分析器具有各自的优缺点。除了在第一节介绍的双聚焦质量分析器外，这里简单介绍其他类型的各种质量分析器。

一、磁质量分析器

磁质量分析器（magnetic mass analyzer）分为单聚焦（single-focusing）和双聚焦（double-focusing）质量分析器，是利用外加的扇形磁场使得离子在飞行过程中发生偏转。它是最早商业化的仪器，迄今仍发挥重要作用。离子在扇形场中飞行时，由于自身的质荷比不同，发生的偏转也不同，质荷比小的离子偏转角度大，质荷比大的离子偏转角度小，借此不同的离子被分离开。

单聚焦质量分析器是仅使用扇形磁场，结构简单，操作方便，但是分辨率低。双聚焦质量分析器是在扇形磁场之外又加上一个扇形电场，即静电分析器（electrostatic analyser，ESA），消除离子在运动方向扩散的影响，进一步提高分辨率。关于双聚焦质量分析器的原理已经在第一节进行介绍，这里不再赘述。

二、四极质量分析器

1. 基本原理　四极质量分析器(quadrupole mass analyzer)亦称四极滤质器(quadrupole mass filter),是 Paul 于 1953 年发明的,它由四根平行的棒状电极构成,相对的电极是等电位的,相邻的电极之间的电位是相反的,电极上加直流(direct current, DC)电压和射频(radio frequency, RF)交变电压。

工作时,离子源比四极质量分析器的电位略高(几伏),保证离子源出来的离子具有一定的动能,到达四极质量分析器时,沿 4 个棒状电极的中心飞行,若不加载 4 个电极的电压,离子将直线通过棒状电极到达检测器。若在离子进入质量分析器时交替改变四极电压,离子将按螺旋方式通过 4 个棒状电极,根据离子质量的不同,其到达检测器的时间不同,得以分别检测(图 7-8)。

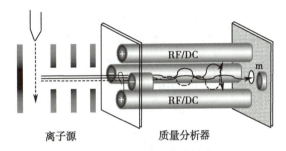

图 7-8　四极质量分析器的基本原理

四极质量分析器和扇形磁场质量分析器在原理上是不同的,扇形磁场质量分析器检测的离子到达检测器时,离子不能继续飞行进入下一个检测器;而四极质量分析器则是靠质荷比把不同的离子分开,不同质量的离子依次到达检测器进行分别检测,经过检测器的离子仍具有动能,可进入下一个检测器进行检测,因此可将多个四极质量分析器串联起来,联合使用开展串联质谱分析。

2. 特点　优点:①结构简单,可调节棒状电极的长度大小,增加仪器的选择性功能;②仅用电场而不用磁场,无磁滞现象,扫描速度快,可与毛细管气相色谱联机,适合于跟踪快速化学反应;③工作时的真空度要求相对较低,适合与液相色谱联机,增加应用范围;④可将多个四极杆串联使用,如三重四极质量分析器可提高定量分析的准确度等。

四极质量分析器的缺点是分辨率不够高,对较高质量的离子有质量歧视效应。

三、离子阱

离子阱(ion trap)起步于 20 世纪 50 年代,在 80 年代中期之后作为有机质谱的质量分析器得到应用。由于发展离子阱并将其应用于原子物理,保罗(Paul)和德梅尔特(Dehmelt)荣获 1989 年的诺贝尔物理学奖。

1. 基本原理　离子阱亦称四极离子阱(quadrupole ion trap),由上、下端盖电极和一个环电极组成。上、下两个端盖电极具有双曲面结构,立面环电极内表面呈双曲面形状,三个电极对称装配,电极之间以绝缘体隔开。上、下端盖电极一个在其中心有一个小孔,可让电子束或离子进入离子阱;另一个在其中央有若干个小孔,离子通过这些小孔达到检测器(图 7-9)。

工作时需要在环电极上加以一射频电场,

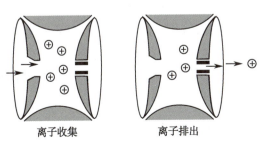

图 7-9　离子阱的结构及工作原理

两个端盖电极处于低电位,这样将产生一四极场,可产生一抛物线状的电位阱。在离子阱内充氦气,离子被收集在该阱中做回旋振荡,氦气使离子在阱中的运动受到阻力,较集中于中心,通过电位控制使其依次通过下方小孔达到检测器。

2. 特点 通过加大离子阱的容积,增加阱内离子的数量,提高仪器的灵敏度和分辨率。因此,离子阱较好地应用于有机质谱,并且降低离子的动能,这种状态下要比纯离子更易得到分离和检测。

离子阱的优点:①单一的离子阱可实现多级串联质谱 MS";②离子阱的检出限低、灵敏度高,比四极质量分析器高达 10~1 000 倍;③质量范围大,商品仪器已达 70 000Da;④通常离子阱质谱仪理论上可做到 10 级左右,实际操作中以做到 3~5 级为多,多级串联质谱可给出结构单元信息,并帮助推测裂解规律。

离子阱的缺点:离子在离子阱中有较长的停留时间,可能发生离子 - 分子反应。为了克服这个缺点,可采用外加的离子源,便于离子阱作为质量分析器而与色谱仪器联机。

四、飞行时间质量分析器

飞行时间(time of flight,TOF)质量分析器的核心部分是离子漂移管(drift tube)。其进行质量分析的原理是用一个脉冲将离子源中的离子瞬间引出,经加速电压加速,使它们具有相同的动能而进入漂移管,其中质荷比最小的离子具有最快的速度而首先到达检测器,而质荷比最大的离子则最后到达检测器。

飞行时间质量分析器有下列优点:①检测离子的质荷比是没有上限的,特别适合于生物大分子的质谱测定;②要求离子尽可能地"同时"开始飞行,特别适合与脉冲产生离子的电离过程相搭配,如现在常用的 MALDI-TOF;③不同质荷比的离子同时检测,因而灵敏度高,适合作串联质谱的第二级;④扫描速度快,适合研究极快的过程;⑤结构简单,便于维护。

飞行时间质量分析器的主要缺点是分辨率随质荷比的增加而降低,质量越大时,飞行时间的差值越小,分辨率越低。

五、轨道阱

轨道阱(orbitrap)的工作原理类似于电子围绕原子核旋转,在静电力的作用下,离子受到来自中心纺锤形电极的吸引力。由于离子进入离子阱之前的初速度以及角度,离子会围绕中心电极做圆周运动。离子的运动可以分为两部分:围绕中心电极的运动(径向)和沿中心电极的运动(轴向)。因为离子质量不同,在达到谐振时,不同离子的轴向往复速度是不同的。设定在离子阱中部的检测器通过检测离子通过时产生的感应电流,继而通过放大器得到一个时序信号。因为多种离子同时存在,这个时序信号实际是多种离子同时共振在不同频率的混频信号。通过快速傅里叶变换(fast Fourier transform,FFT),得到频谱图。因为共振频率和离子质量的直接对应关系,可以由此得到质谱图。轨道阱的剖面图如图 7-10 所示。

轨道阱是性能优良的质量分析器,它具有下列优点:①高分辨率与高质量精度,轨道阱的分辨率已经达到(甚至超过)450 000、测量的质量精度可达 1ppm 以下;②非常高的动态范围,可大于 1 000;③高灵敏度;④其他,如质荷比可大于 6 000,高稳定性,结构紧凑,几乎无须维护。

轨道阱的缺点是费用不菲,高于离子阱,所需的真空度也高(2×10^{-10}mbar)。

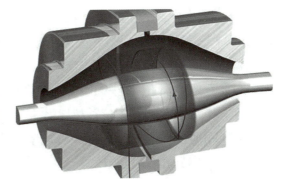

图 7-10　轨道阱的剖面图

六、傅里叶变换离子回旋共振质谱分析器

傅里叶变换质谱法(Fourier transform mass spectrometry,FTMS)亦称傅里叶变换离子回旋共振质谱法(FT-ICR-MS),是基于计算机技术将检测到的信号经傅里叶变换为质谱图。

离子回旋共振质谱法(ion cyclotron resonance spectrometry,ICR)的基本原理是基于离子在均匀磁场中的回旋运动,离子的回旋频率、半径、速度和能量是离子质量和离子电荷及磁场强度的函数,通过一个空间均匀的射频场(激发电场)的作用,当离子的回旋频率与激发射频场的频率相同时,离子将被加速到较大的半径回旋,从而产生可以检测到的电流信号。傅里叶变换离子回旋共振质谱分析器采用的射频范围覆盖测定样品的质量范围,这样所有离子同时被激发,所有检测到的信号经计算机傅里叶变换转换为质谱图。

傅里叶变换离子回旋共振质谱分析器的优点:①分辨率非常高,甚至可以达到 200 万,远高于其他质谱质量分析器,商品仪器的分辨率可超过 1×10^6。与扇形磁场质量分析器不同,傅里叶变换离子回旋共振质谱分析器的分辨率提高没有降低灵敏度,在一定的频率范围内,如果采集时间足够的话,都可得到很高的分辨率。②可得到精确的质量数,由此可计算化合物的组成。尤其在用电喷雾电离质谱测定生物大分子的分子量时,具有与其他质谱无可比拟的优点。③可实现多级(时间上)串联质谱的操作。④可以与多种离子化方式连接,如 FAB 电离、ESI 和 MALDI 等,对样品的要求较低,很方便与液相色谱联机。

第四节　质谱中的主要离子

在质谱图中,观察到的离子峰主要有分子离子峰和碎片离子峰,有时也能见到亚稳离子峰。

一、分子离子

分子离子(molecular ion)是试样分子受高速电子轰击后丢失电子在尚未碎裂的情况下形成的离子,是质谱中最具价值的结构信息,用于确定化合物的分子量和分子式。在电子轰击质谱中,一般小分子化合物都能得到它的分子离子峰,但当化合物的热稳定性差或极性大不易气化或醇羟基较多时,其分子离子峰较弱或不出现。

1. 分子离子峰 在电子轰击质谱中,双电荷、多电荷的离子峰很少,一般为单电荷离子,因此通常情况下质谱中离子的质荷比在数值上就等于该离子的质量。在书写有机化合物的分子离子时,应注意电荷的位置与其化学结构有密切的关系。当样品分子发生电离时,失去电子的难易顺序为 σ 电子 <π 电子 <n 电子。对于某些有机化合物,可以直接把电荷标在分子离子结构中的某个位置上,如:

n 电子:

$$R_1-\overset{..}{N}H-R_2 \xrightarrow{-e} R_1-\overset{+.}{N}H-R_2$$

π 电子:

$$R_1HC::CHR_2 \xrightarrow{-e} R_1HC\overset{+.}{:}CHR_2$$

σ 电子:

$$R_1H_2C:CH_2R_2 \xrightarrow{-e} R_1H_2C\overset{+}{\cdot}CH_2R_2$$

当一些化合物难以确定哪一个键丢失电子时,可采用下列表示方法。

2. 判断分子离子峰的原则 在 EI-MS 谱中,分子离子峰一般为质荷比最大的离子峰,但是质荷比最大的离子峰不一定是分子离子峰,主要有以下几个方面的原因:①样品难以气化、热稳定性差或在电离时易脱去水等中性小分子的质谱中没有分子离子峰;②比样品分子量更大的杂质分子离子峰的存在;③元素同位素离子峰的干扰;④样品以[$M+1$]峰或[$M-1$]峰的形式存在。

可以从以下几点进行判断分子离子峰:

(1)质谱中质荷比最大的离子峰(同位素峰及准分子离子峰除外)。

(2)符合氮规则,即化合物不含氮或含偶数个氮时,该化合物的分子量为偶数;当化合物含有奇数个氮时,该化合物的分子量为奇数。

(3)与其左侧的离子峰之间应有合理的中性碎片(自由基或小分子)丢失,这是判断该离子峰是否是分子离子峰的最重要的依据。

在离子裂解过程中,失去的中性碎片在质量上有一定的规律性,如失去 H($M-1$)、CH_3($M-15$)、H_2O($M-18$)碎片等。但质量数在 $M-3 \sim M-13$ 和 $M-20 \sim M-25$ 应没有相关碎片,因为有机分子中不含这些质量数的基团。当发现质谱中最大质量数的离子峰与其左侧的离子峰之间存在上述不合理的质量差时,说明该最大质量数的离子不是分子离子。常见的容易脱去的中性小分子或自由基如表 7-3 所示。

(4)分子离子峰与[$M+1$]$^+$ 峰或[$M-1$]$^+$ 峰的判别。有些化合物在质谱中的分子离子峰较弱或不出现,而是以[$M+1$]$^+$ 峰或[$M-1$]$^+$ 峰的形式出现,如醚、酯、胺、酰胺、氨基酸酯、胺醇、腈化物等可能具有较强的[$M+1$]$^+$ 峰;芳醛、某些醇、甲酸与醇或胺形成的酯或酰胺等可能有较强的[$M-1$]$^+$ 峰。

表 7-3　常见的容易脱去的中性小分子或自由基

质量差	中性分子或自由基	质量差	中性分子或自由基
$M-1$	$\cdot H$	$M-32$	CH_3OH
$M-2$	H_2	$M-35$	$\cdot Cl$
$M-15$	$\cdot CH_3$	$M-36$	HCl
$M-17$	$\cdot OH$、NH_3	$M-43$	$\cdot C_3H_7$、$CH_3CO\cdot$
$M-18$	H_2O	$M-45$	$\cdot OCH_2CH_3$
$M-28$	$CH_2=CH_2$、CO	$M-57$	$\cdot C_4H_9$
$M-29$	$\cdot CH_2CH_3$、CHO	$M-71$	$\cdot C_5H_{11}$
$M-30$	$HCHO$、$\cdot CH_2NH_2$	$M-91$	$\cdot C_7H_7$
$M-31$	$\cdot CH_2OH$、$\cdot OCH_3$		

当质谱中化合物的分子离子峰很弱或未出现分子离子峰时,可以通过降低轰击电子的能量(如从常规的 70eV 调低到 15eV),增加分子离子峰的相对丰度;或者先将待测化合物甲醚化或乙酰化,再进行电子电离;或者采取软电离技术(如电喷雾电离),以直接或间接获得化合物的分子量。

3. 分子离子峰的相对丰度　在质谱中,分子离子峰的相对丰度与化合物的结构密切相关,它们之间的关系可简单总结如下:①芳香化合物 > 共轭多烯 > 脂环化合物 > 短直链化合物 > 某些含硫化合物,这些化合物均能给出较显著的分子离子峰;②直链的酮、醛、酸、酯、酰胺、醚、卤化物等通常显示分子离子峰;③脂肪族且分子量较大的醇、胺、亚硝酸酯、硝酸酯等化合物及高分支链的化合物没有分子离子峰。

二、同位素离子

1. 同位素离子峰　自然界中,大多数元素都存在同位素,因此在质谱中常常出现不同质量的同位素形成的分子离子及其碎片峰,称为同位素离子峰。组成化合物的一些主要元素的轻、重同位素的天然丰度见表 7-1。

通常,化合物分子都是由其元素中丰度最大的轻同位素组成的,以 M 表示。除分子离子峰外,还会出现比分子离子大 1～2 个质量单位的同位素分子离子峰,一般用($M+1$)或($M+2$)来表示。同理,各碎片离子也存在同位素离子峰。

自然界中同位素的天然丰度是恒定不变的,如 ^{12}C 是 98.9%、^{13}C 是 1.1%,所以在质谱中各离子的同位素离子峰的相对丰度也是一定的。如一氯甲烷(CH_3Cl),质谱中其分子的同位素离子峰有 M、$M+1$、$M+2$、$M+3$ 等,其丰度比为:

$$M(^{12}CH_3^{35}Cl):(M+1)(^{13}CH_3^{35}Cl)=1.00:0.011$$

$$M(^{12}CH_3^{35}Cl):(M+2)(^{12}CH_3^{37}Cl)=1.00:0.324$$

$$M(^{12}CH_3^{35}Cl):(M+3)(^{13}CH_3^{37}Cl)=1.00:(0.011\times0.324)=1.00:0.003\ 564$$

如果将 CH_3Cl 的 M 离子丰度看作 100,则该化合物分子的各同位素离子峰的丰度比为 $M:(M+1):(M+2):(M+3)=100:1.1:32.4:0.356\ 4$。

根据组成化合物的元素分析,不仅其同位素分子离子峰之间存在一定的比例关系,而且其同位素碎片离子峰之间也存在一定的比例关系。反过来，根据质谱中化合物同位素分子离子峰簇的比例关系也可以推导出化合物的分子式。

2. 同位素离子与分子式的确定　元素 F、P、I 没有同位素，对化合物的同位素分子离子峰没有贡献。对于只含有 C、H、N、O 且分子量不大的化合物，组成化合物的 H 主要以 ^1H 为主，这是由于 ^2H 的天然丰度仅为 0.014 5%，在一般分辨率的质谱中 ^2H 可以忽略不计。因此，仅含 C、H、N、O 元素的化合物其同位素分子离子峰簇可以看成主要由 C、N、O 的同位素所贡献。根据大量的经验，人们归纳出其 M、$M+1$ 和 $M+2$ 同位素离子峰之间的关系如下。

$$\frac{M+1}{M} \times 100 = 1.1n_C + 0.37n_N \qquad\qquad 式（7\text{-}6）$$

$$\frac{M+2}{M} \times 100 = \frac{(1.1n_C)^2}{200} + 0.2n_O \qquad\qquad 式（7\text{-}7）$$

根据上述公式可以推断出化合物所含的碳原子数、氮原子数和氧原子数，至于氢原子数则可根据分子量减去所推断出的碳、氮、氧的质量来确定，从而确定化合物的分子式。

对于含有 S、Cl、Br 等元素的化合物，其 $[M+2]$ 峰的丰度将明显增大，当分子中含有 2 个或 2 个以上的重同位素时，在质谱中除 $[M+2]$ 峰外，还会出现 $[M+4]$ 峰、$[M+6]$ 峰。这是因为这些元素都有高 2 个质量单位的重同位素，而且它们的天然丰度也比较大。

由于 Cl 和 Br 都只有 1 个重同位素且其重同位素的丰度也比较大，因此对于只含有 1 个 Cl 或 Br 原子的化合物，其同位素分子离子峰的丰度比较有规律，容易识别。例如 CH_3Cl 的分子量为 50，其同位素离子峰的丰度比 $M:(M+2)$ 为 3:1。因为 ^{35}Cl 和 ^{37}Cl 的天然丰度比约为 3:1，故知该化合物中含有 1 个氯原子。对于化合物 CH_3Br，其分子量为 94，其同位素分子离子峰的丰度比 $M:(M+2)$ 为 1:1。因为 ^{79}Br 和 ^{81}Br 的天然丰度比约为 1:1，因此该化合物中含有 1 个溴原子。

当氯代烃或溴代烃中含有 2 个或 2 个以上的氯原子或溴原子时，其同位素离子峰的丰度比大致可以用 $(a+b)^n$ 二项式的展开项来表示。其中 a 表示轻同位素在同位素丰度比中的比例，b 表示重同位素在同位素丰度比中的比例，n 表示分子中该同位素原子的个数。例如化合物 CH_2Cl_2，^{35}Cl 的天然丰度 75.557%、^{37}Cl 的天然丰度 24.463%，其天然丰度比大约为 3:1，可知 a 为 3、b 为 1，n 则为 2（CH_2Cl_2 中有 2 个 Cl）。

$$(a+b)^n = (3+1)^2 = 3^2 + 2 \times 3 \times 1 + 1^2 = 9 + 6 + 1$$

因此，在 CH_2Cl_2 的分子离子峰簇中，各同位素离子峰（$CH_2{}^{35}Cl_2$、$CH_2{}^{35}Cl{}^{37}Cl$、$CH_2{}^{37}Cl_2$）的丰度比为：

$$M:(M+2):(M+4) = 9:6:1$$

当分子中同时含有 Cl 和 Br 两种元素时，可用 $(a+b)^m(c+d)^n$ 的展开项来表示。其中 a 和 b 为其中一种元素的丰度比值，c 和 d 为另一种元素的丰度比值，m、n 分别为分子中两种元素的原子个数。

1963 年，贝农（Beynon）等将质量在 500 以内的含有 C、H、O、N、S 原子的各种可能的分子式组合进行排列，并以 M 为 100% 计算同位素分子离子峰的丰度比 $[(M+1)/M] \times 100$ 和 $[(M+2)/M] \times 100$ 的数值，编制成表，称为贝农表（Beynon 表）。根据所测得的各同位素分子离子峰的强度,再结合 Beynon 表中的数据分析,可以确定化合物的分子式。

三、碎片离子

碎片离子(fragment ion)是指由分子离子经过一次或多次裂解所生成的离子,在质谱中均位于分子离子峰的左侧。碎片离子的形成与化合物的结构密切相关,分析碎片离子的形成有助于推测化合物的结构。

1. EI-MS 主要涉及单分子反应　在电子轰击质谱仪中,电离室的真空度很高,在进样量很少的情况下,样品分子之间的接触可以忽略,生成的分子离子有些会立即裂解成碎片离子,表现为单分子反应。

2. 初级裂解与次级裂解　由分子离子裂解产生碎片离子的过程称为初级裂解;由初级裂解产生的离子再进一步裂解生成质量更小的碎片离子的过程称为次级裂解。

裂解的过程可以按简单裂解的方式进行,也可以按重排的方式进行。简单裂解的规律性比较强,得到的碎片离子大多能够提供化合物的结构信息。重排比较复杂,有些离子的重排是无规律的,重排的结果难以预测;但是大多数离子的重排是有规律的,尤其是当化合物中含有杂原子、双键等官能团时,分子内氢原子迁移和化学键断裂具有一定的规律性,如 McLafferty 重排等,所产生的离子能够提供较多的结构信息,对分析化合物的结构很有帮助。

每个化合物都经历初级和次级裂解过程,生成的离子多种多样,如:

$$
\begin{aligned}
ABCD \xrightarrow{-e} ABCD^{+\cdot} &\longrightarrow A^{+} + BCD\cdot \\
&\longrightarrow A\cdot + BCD^{+} \\
&\qquad\qquad \longrightarrow BC^{+} + D \\
&\longrightarrow D\cdot + ABC^{+} \\
&\qquad\qquad \longrightarrow A + BC^{+} \\
&\longrightarrow AD^{+\cdot} + B{=}C
\end{aligned}
$$

四、亚稳离子

质谱中的离子峰绝大多数都是尖锐的,但也存在少量峰较宽(跨越 2~5 个质量单位),强度较弱,而且 m/z 不是整数,形成这类离子峰的离子称为亚稳离子(metastable ion),以 m^{*} 表示。

$$m^{*} = \frac{m_2^2}{m_1} \qquad\qquad 式(7\text{-}8)$$

式中,m_1 为母离子;m_2 为子离子。若 m_1 裂解成 m_2 时产生一个中性碎片,则质谱中通常会观

察到 m_2 峰；若 m_1 裂解不是在离子源而是在飞行过程中，则形成小于 m_1 的亚稳离子 m^* 峰；三者的关系如上。在图谱解析时 m^* 峰是很有意义的，根据 m^* 峰可以寻找出若干母离子 - 子离子对，进而研究离子的裂解机制和推导化合物的结构等。

五、多电荷离子

在离子化过程中，有些化合物分子可以失去两个或两个以上的电子，形成多电荷离子。这种离子的质荷比降低，在 m/nz 处出现（m 为该离子的质量，n 为所带电荷的数目，z 为一个电荷）。当化合物为具有 π 电子的芳烃、杂环或高度共轭的不饱和化合物时，经常出现双电荷离子，是这类化合物的质谱特征。现在常常利用多电荷离子来测定大分子的质量。

第五节　常见的裂解类型

有机化合物分子在离子源中受高能电子轰击而电离成分子离子。分子离子的稳定性不同，有的进一步裂解或发生重排，生成碎片离子；有些新生成的碎片离子也不稳定，再发生裂解，形成质量更小的碎片离子。掌握离子的裂解规律，有助于分析质谱给出的分子离子和碎片离子的裂解过程，以推测化合物的结构。

一、开裂的表示方法

1. 均裂　σ 键开裂时，每一个原子带走一个电子，用单箭头"$\curvearrowright$"表示一个电子的转移过程，有时也可以省去一个单箭头。例如：

$$X \!-\! \overset{+\cdot}{Y} \longrightarrow \dot{X} + \overset{+}{Y} \quad \text{或} \quad X \!-\! \overset{+\cdot}{Y} \longrightarrow \dot{X} + \overset{+}{Y}$$

$$R_1 \!-\! CH_2 \cdots CH_2 \!-\! \overset{+\cdot}{O} \!-\! R_2 \longrightarrow R_1 \!-\! \dot{C}H_2 + CH_2 \!=\! \overset{+}{O} \!-\! R_2$$

2. 异裂　σ 键开裂时，两个电子均被其中的一个原子带走，用双箭头"$\curvearrowright$"表示两个电子的转移过程。例如：

$$X \!-\! \overset{+\cdot}{Y} \longrightarrow \overset{+}{X} + \dot{Y}$$

$$R_1 \!-\! CH_2 \!-\! \overset{+\cdot}{O} \!-\! CH_2 \!-\! R_2 \longrightarrow R_1 \!-\! \overset{+}{C}H_2 + \dot{O} \!-\! CH_2 \!-\! R_2$$

3. 半异裂　已电离的 σ 键中仅剩一个电子，裂解时唯一的一个电子被其中的一个原子带走，用单箭头"$\curvearrowright$"表示。例如：

$$X \overset{+}{\cdot} Y \longrightarrow \overset{+}{X} + \dot{Y}$$

$$R_1 \!-\! \overset{+}{C}H_2 \cdot CH_2 \!-\! R_2 \longrightarrow R_1 \!-\! \overset{+}{C}H_2 + \dot{C}H_2 \!-\! R_2$$

二、离子的裂解类型

在 EI-MS 中，一般检测的是带正电荷的离子。化合物的裂解与分子中是否存在杂原子、是否含有双键或苯环等不饱和体系有着密切的关系。下面介绍质谱中最基本、最常见的裂解方式，有些离子的形成过程比较复杂，但也是由这些最基本的裂解组成的。

（一）简单裂解

1. σ 键裂解（σ-band cleavage，σ） 是饱和烷烃类化合物唯一的裂解方式。烷烃类化合物中不含有 O、N、卤素等杂原子，也不含有 π 键时，只能发生 σ 键裂解。如：

$$RCH_2-CH_2 \overset{c}{\cdot} CH_2 \overset{b}{\cdot} CH_2 \overset{a}{-} CH_3$$

$$\xrightarrow{a} RCH_2-CH_2-CH_2-\overset{+}{C}H_2 + \dot{C}H_3 \quad m/z\ M-15$$

$$\xrightarrow{b} RCH_2-CH_2-\overset{+}{C}H_2 + \dot{C}H_2CH_3 \quad m/z\ M-29$$

$$\xrightarrow{c} RCH_2-\overset{+}{C}H_2 + \dot{C}H_2CH_2CH_3 \quad m/z\ M-43$$

在烷烃的质谱中常见到由分子离子峰失去如 •CH₃、•CH₂CH₃、•CH₂CH₂CH₃ 等不同质量的自由基所形成的一系列带有偶数个电子的碎片离子峰，这些离子均是由分子中的 σ 键裂解而成的。反过来，分析这些碎片离子或者形成这些碎片离子所丢失的自由基，可以确定分子中所存在的烷基结构。

2. α-裂解（α-cleavage，α） 是由自由基中心引发（radical-site initiation）的一种裂解，是质谱中碎片离子形成的一种最重要的机制。化合物分子在电离室中受高能电子的轰击，生成带有自由基的分子离子或碎片离子，其自由基中心具有强烈的成对倾向，可提供一个电子，与邻接原子（即 α-原子）提供的一个电子形成新键，与此同时，这个 α-原子的另一个键断裂，因此这个裂解过程通常称为 α-裂解。

含杂原子的饱和化合物：

$$R-CR_2 \overset{+\cdot}{\underset{}{-}}YR \xrightarrow{\alpha} \dot{R} + CR_2=\overset{+}{Y}R$$

如：

$$CH_3-CH_2-\overset{+\cdot}{O}CH_3 \xrightarrow{\alpha} \dot{C}H_3 + CH_2=\overset{+}{O}CH_3$$
$$\quad m/z\ 60 \qquad\qquad\qquad\qquad m/z\ 45$$

$$CH_3-CH_2-\overset{+\cdot}{N}HCH_2CH_3 \xrightarrow{\alpha} \dot{C}H_3 + CH_2=\overset{+}{N}CH_3CH_3$$
$$\quad m/z\ 73 \qquad\qquad\qquad\qquad m/z\ 58$$

含杂原子的不饱和化合物：

$$R-CR=\overset{+\cdot}{Y} \xrightarrow{\alpha} \dot{R} + CR\equiv\overset{+}{Y}$$

如：

$$CH_3-\overset{\overset{+\cdot}{O}}{\underset{}{\underset{\|}{C}}}-CH_3 \xrightarrow{\alpha} \dot{C}H_3 + \overset{\overset{+}{O}}{\underset{}{\underset{\|}{C}}}-CH_3$$
$$\quad m/z\ 58 \qquad\qquad\qquad\qquad m/z\ 43$$

含苯环的化合物：

$$m/z\ 77$$

杂环化合物：

$$m/z\ 100 \qquad m/z\ 71$$

一个烯烃双键或一个苯基π系统受电子轰击失去一个π键电子，剩余的一个π键电子形成一个自由基中心，此时该自由基中心（单电子）可以在双键的任何一个碳原子上，由其引发 α- 裂解反应，产生一个稳定的烯丙基离子或者苄基离子。这种裂解通常发生于含有双键的链烃或者带有烷基侧链的芳香化合物中，而且是最主要的裂解方式，所产生的离子峰常为基峰。

烯丙型裂解（allylic cleavage）：

$$R-CHR-CR\overset{+\cdot}{-}CHR \xrightarrow{\alpha} R\cdot + CHR\!=\!CR-\overset{+}{C}HR$$

如：

$$CH_3-CH_2-CH\overset{+\cdot}{-}CH_2 \xrightarrow{\alpha} \cdot CH_3 + CH_2\!=\!CH-\overset{+}{C}H_2$$
$$m/z\ 56,38.3\% \qquad\qquad m/z\ 41,100\%$$

苄基裂解（benzylic cleavage）：

$$m/z\ 91,100\%$$

3. i 裂解（inductive cleavage, i） 也称诱导裂解，是由电荷引发（charge-site initiation）的一种裂解，也是质谱中碎片离子形成的一种最重要的机制。对于某些含有杂原子的离子，其所带的电荷也可以引发化学键的断裂，且以异裂的方式进行，两个电子同时转移到同一个带正电荷的碎片上，导致正电荷的位置发生迁移，该裂解过程称为 i 裂解。i 裂解过程的电子转移以双箭头"⌒"表示。一般来说，发生 i 裂解的顺序为卤素 >O，S≫N，C，即含卤素的化合物易进行 i 裂解。

i 裂解和 α- 裂解在同一个母体离子的裂解时可以同时发生，具体以哪一种裂解为主，主要由裂解所产生的离子碎片结构的稳定性来决定。根据上述两种裂解发生的难易顺序可知，一般含氮原子的结构进行 α- 裂解，含卤素的结构则易进行 i 裂解。

含 O、S、N 的化合物：

$$RCH_2 \overset{+\cdot}{-} Y - R \xrightarrow{i} R\overset{+}{C}H_2 + \overset{\cdot}{Y} - R$$

如：

$$CH_3CH_2 \overset{+\cdot}{-} O - CH_3 \xrightarrow{i} CH_3\overset{+}{C}H_2 + \overset{\cdot}{O}CH_3$$
$$m/z\ 60,\ 25.8\% \qquad\qquad m/z\ 29,\ 49.2\%$$

含卤素的化合物：

$$RCH_2 \overset{+\cdot}{-} Y \xrightarrow{i} R\overset{+}{C}H_2 + \overset{\cdot}{Y}$$

如：

$$CH_3CH_2 \overset{+\cdot}{-} I \xrightarrow{i} CH_3\overset{+}{C}H_2 + \overset{\cdot}{I}$$
$$m/z\ 156,\ 100\% \qquad m/z\ 29,\ 90\%$$

含羰基的化合物：

$$\begin{matrix} R_1 \\ R_2 \end{matrix} C \overset{+\cdot}{=} Y \left(\longrightarrow \begin{matrix} R_1 \\ R_2 \end{matrix} \overset{+}{C} - \overset{\cdot}{Y} \right) \xrightarrow{i} R_1^+ + R_2 - \overset{\cdot}{C} = Y$$

如：

$$CH_3CH_2 \overset{\overset{+\cdot}{O}}{\underset{\|}{-C}} - CH_3 \xrightarrow{i} CH_3\overset{+}{C}H_2 + \overset{\overset{\cdot}{O}}{\underset{\|}{C}} - CH_3$$
$$m/z\ 72,\ 25\% \qquad m/z\ 29,\ 17.5\%$$

$$CH_3CH_2 \overset{\overset{+}{O}}{\underset{\|}{-C}} \xrightarrow{i} CH_3\overset{+}{C}H_2 + CO$$

（二）重排

在离子裂解过程中，对于结构较为复杂或烃链比较长的化合物，除发生上述简单裂解外，还发生重排。在重排中，一般情况下涉及至少两根键的断裂，既有原化学键的断裂，也有新化学键的生成，裂解产物中还常常有原化合物中不存在的结构单元。

1. 麦氏重排（McLafferty rearrangement，*McL*） 是一种最常见的由自由基引发的氢原子重排，又称 γ-H 重排。麦氏重排可用通式表示为：

通式中，γ-H 表示氢原子的重排，氢原子由 5 位碳上重排到 1 位 X 原子上，即双键或羰基的 γ 位碳原子上的氢重排到双键或羰基的 X 原子上；X 为有机化合物中常见的几种元素，如

C、N、O、S 等。麦氏重排的发生需要具备以下几个条件：①分子中有不饱和的 π 键（如羰基、双键、三键、苯环等）；②相对于 π 键的 γ 位碳上有氢原子（γ-H）；③可以形成六元环的过渡态。如上述通式所示，重排过程可能发生 α- 裂解或 i 裂解，产生不同的碎片离子，但原来含 π 键的一侧带正电荷的可能性较大，同时还生成一个中性碎片。醛、酮、酯、酸、烯烃、炔、腈、芳香化合物等均可以发生麦氏重排，所产生的碎片离子可提供确定化合物的结构信息。常见的麦氏重排有：

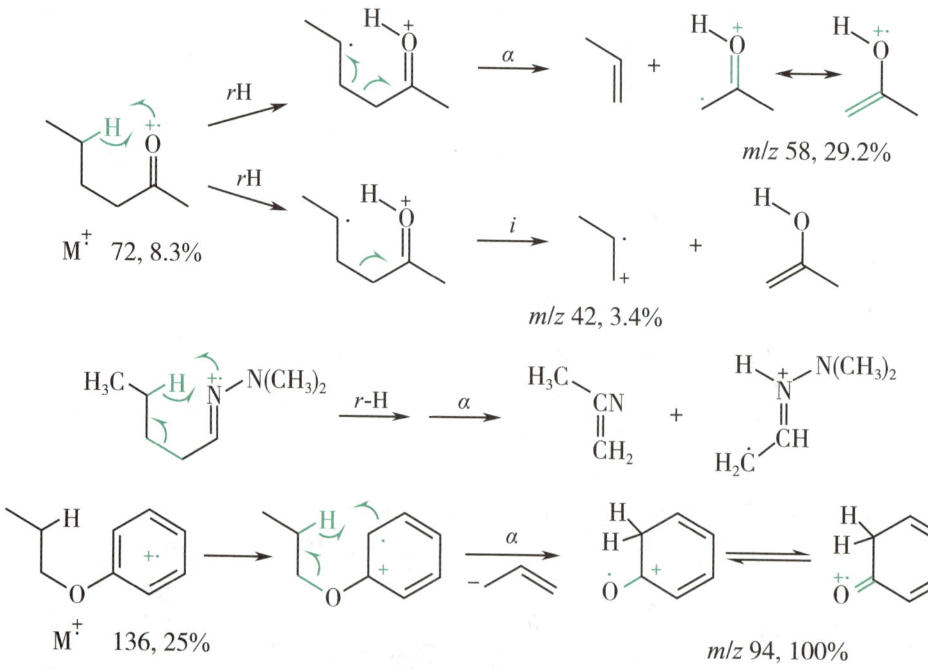
rH
α
m/z 58, 29.2%
M+· 72, 8.3%
rH
i
m/z 42, 3.4%
r-H
α
M+· 136, 25%
α
m/z 94, 100%

麦氏重排不但在分子离子的裂解过程中发生，而且经简单裂解或者重排后生成的碎片离子若符合麦氏重排的条件，还可以再发生麦氏重排。

2. 逆第尔斯 - 阿尔德反应（retro-Diels-Alder reaction，RDA 反应） 是不饱和环状结构裂解的一种最重要的机制。当分子结构中存在一个环己烯结构单元时，π 电子容易失去一个电子而产生自由基和电荷，引发逆第尔斯 - 阿尔德反应。如：

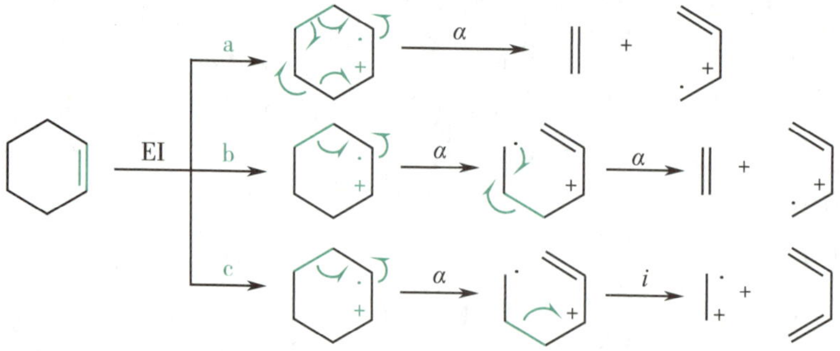
EI
a
b
c
α
i

在环己烯的质谱中，丁二烯离子为次强峰。丁二烯离子的产生有两个途径：a 途径和 b 途径，其中 a 途径是主要的。在 a 途径中，两个键同时发生 α- 裂解。在 b 途径中，先由自由基引发形成烯丙离子的 α- 裂解，再由新生成的自由基引发第二次 α- 裂解。若环己烯先发生由自由基引发的 α- 裂解，再发生由正电荷引发的 i 裂解，即发生正电荷迁移，则产生乙烯离子。

从上述裂解过程可以看出,该重排反应正好是有机合成反应中第尔斯 - 阿尔德(Diels-Alder)反应的逆反应,故称为逆第尔斯 - 阿尔德反应。RDA 裂解可以产生两种正离子:丁二烯离子和乙烯离子,其中以丁二烯离子为主。在含有环己烯结构的化合物的 RDA 反应产物中,正电荷一般保留在丁二烯结构碎片上,但是在质谱中也会经常出现乙烯离子,有时甚至是基峰。

3. 含有杂原子的重排　含有杂原子的饱和化合物也可以发生由自由基引发的氢原子重排,受到电子轰击后,杂原子失去一个电子,形成分子离子,其未成对电子可以与分子内空间距离较近的氢形成一个新键,并引起这个氢原有的键断裂。

第一步发生重排的氢原子可以是任意位置上的,只要该氢原子在空间距离上与自由基中心最近,即中间过渡态不一定是六元环,也可以是五元环、四元环或三元环等;第二步反应可以是 α- 裂解,也可以是 i 裂解,脱去的杂原子碎片是中性小分子,因为该杂原子的电负性较强,接受电子的倾向强,对电荷的争夺力弱,这使得电荷的转移容易发生。一般情况下,脱去的杂原子碎片有 H_2O、C_2H_4、CH_3OH、H_2S、HCl 和 HBr 等。

按照杂原子的不同,该类重排可分为以下几种。

(1)醇类化合物:在含有氧原子的醇类化合物的质谱中,经常见到因脱水重排而生成的碎片离子峰($M-18$ 等)。有时,生成的碎片离子还可以进一步发生 i 裂解,产生次级碎片离子。

(2)含氮原子的化合物:对于含有氮原子的胺类化合物,经重排后常发生 α- 裂解,电荷保留在含氮的结构碎片中。

(3)含氯原子的化合物:与醇类化合物类似,链状卤代烃易发生脱去卤化氢的重排。

4. 置换反应　与上述由自由基引发的氢原子重排不同,有时自由基也可以引发置换反应(displacement reaction, rd),在分子内部两个原子或基团(一般为带自由基的)能够相互作用,形成一个新键,同时伴有另一个键的断裂,失去一个自由基。这种重排在卤代烃中最常见,如 1- 氯己烷。

因此, 在 1-氯代(或溴代)长链烷烃的质谱中, 含卤素的五元环碎片离子常作为基峰或次强峰出现, 是这一类化合物的特征离子峰。

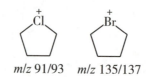

m/z 91/93   *m/z* 135/137

5. 其他重排

(1) 双氢重排(rearrangement of two hydrogen atoms, *r*2H): 是指多个键发生断裂, 同时有两个氢发生迁移, 并脱去一个烷自由基的重排。

(2) 脱羰基重排: 酚类和不饱和环酮类化合物易发生重排开裂, 脱去羰基, 生成质量数为偶数的碎片离子。

第六节 各类化合物的质谱裂解

质谱解析是波谱分析课程教学的重点和难点, 有机化合物裂解规则是质谱解析的关键。通过对大量有机化合物质谱的研究, 各类有机化合物结构上的特点, 以及其在质谱中各自生成分子离子、碎片离子的特有的裂解方式和规律已经为人们认识和了解, 为人们依据质谱中的离子信息来分析和推断化合物的结构奠定了基础。

一、烃类化合物

1. 饱和烷烃 在直链烷烃的质谱中, 分子离子峰较弱, 且随着分子量增加而降低。其裂解主要是 σ 键的简单裂解, 碎片离子峰成群排列, 各离子峰之间相差 14amu, 每簇峰中最强的峰为 C_nH_{2n+1}, 同时伴有 C_nH_{2n} 和 C_nH_{2n-1} 的峰; 其中以含 C_3、C_4、C_5 的低质量离子峰最强, 其他离子峰的强度则按离子质量数由低到高逐渐减小, 直至分子离子峰, 但一般不出现 $[M\text{-}CH_3]$ 峰。生成的离子易发生 *i* 裂解, 再脱去一分子乙烯。如正十六烷烃的质谱裂解过程(图 7-11)。

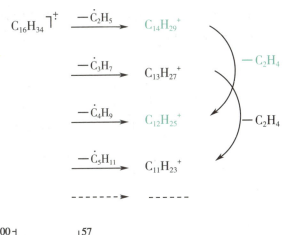

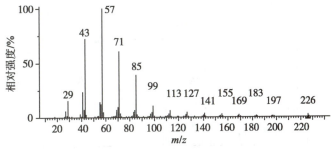

图 7-11 正十六烷烃的 EI-MS 图

对于支链烷烃，分子离子峰往往很弱，其裂解与直链烷烃类似，但在支链处易于断裂，生成较稳定的叔碳或仲碳离子。烷基离子的稳定性为 $R_3C^+ > R_2CH^+ > RCH_2^+ > CH_3^+$。质谱的图形与直链烷烃有所不同，呈平滑下降的曲线因支链处的开裂而被打乱，据此可以判断支链烷烃中支链所在的位置。

2. 烯烃　烯烃的分子离子峰较明显，易识别。由于双键的位置在裂解过程中易发生迁移等，使得质谱图比较复杂。其主要裂解特征如下。

（1）分子离子的自由基和电荷主要定域在 π 键上，其相对丰度随着分子量增加而降低。

（2）生成的烯丙离子常为基峰或次强峰，如 1- 庚烯质谱（图 7-12）中的离子 m/z 41；易生成一系列带偶数个电子的离子 C_nH_{2n-1}，且丰度较大，如 1- 庚烯质谱中的离子 m/z 41、55、69 和 83。

（3）当烯烃的链较长（含有 γ-H）时，易发生麦氏重排，生成质量数为偶数的离子。如 1-庚烯质谱中的离子 m/z 42、56 和 70 的生成过程。

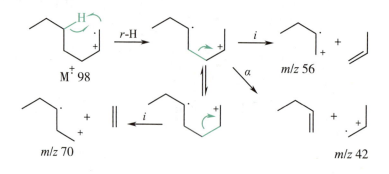

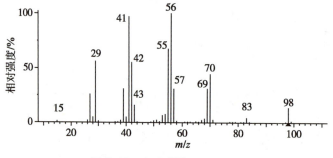

图 7-12　1-庚烯的 EI-MS 图

（4）环己烯易发生 RDA 反应，所产生的离子与其双键所在的位置有关。如 α-紫罗兰酮和 β-紫罗兰酮，利用质谱可以区别它们。

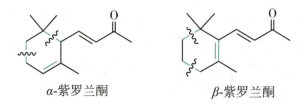

α-紫罗兰酮　　　　　　　　β-紫罗兰酮

3. 芳烃　芳烃类化合物的分子离子峰很强，这是由于其苯环结构能够使分子离子稳定的缘故。芳烃类化合物的裂解主要有以下几种。

（1）侧链易断裂生成苄基离子 m/z 91，重排成䓬鎓离子，峰较强；再进一步失去乙炔，则生成 m/z 65 和 39 的特征离子。

M⁺ 106　　　　　m/z 91　　　　　　　　　　m/z 65　　　　　m/z 39

（2）芳烃也可以直接失去侧链，生成苯基离子，再进一步失去乙炔，形成 m/z 51 的特征离子；芳烃也可以在侧链上断裂，类似于链状烷烃类的裂解，正电荷转移到侧链上，生成质量不同的烷基离子。如乙苯的裂解（图 7-13）。

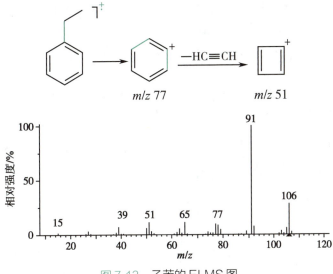

图 7-13　乙苯的 EI-MS 图

（3）如果苯环的侧链含有 γ-H 时，可以发生麦氏重排。

（4）当苯环与饱和环并合六元环时，也可发生 RDA 反应。

二、醇、酚、醚类化合物

1. 醇和醚类化合物　醇的分子离子峰一般很弱或不出现，热脱水或者电子轰击导致的脱水都很容易发生，质谱中常有失去一分子或多分子水所形成的离子峰，失水后的离子可进一步裂解。醚与醇类似，其分子离子峰较弱或不出现。其主要裂解特征如下。

（1）醇类易发生热脱水，失去一分子水，形成烯烃，再进一步发生与烯烃一样的裂解。如 1-己醇质谱（图 7-14）中的碎片离子 *m/z* 41、55 和 69 均是由离子 *m/z* 84 按照烯烃的裂解方式生成的。

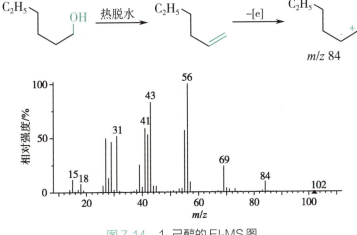

图 7-14　1- 己醇的 EI-MS 图

（2）当醇或醚的烷基链较长时，均易发生分子内氢重排，然后发生诱导裂解（inductive cleavage，i），脱去一分子水或醇；生成的离子可再脱去一分子乙烯。如1-己醇质谱中的离子 m/z 84 和 56 的生成；乙戊醚质谱（图 7-15）中的离子 m/z 70 的生成。

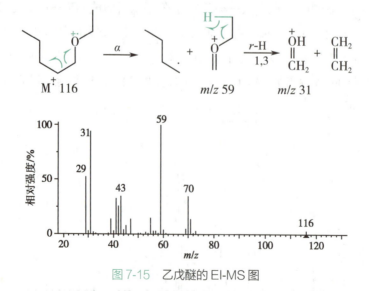

而醚类还可以脱去一个含羟基的自由基，生成烷基离子，其中以脱去较大分子醇的 i 裂解占优势。如乙戊醚质谱中的离子 m/z 29 的生成。

（3）醇和醚均易发生 α- 裂解，形成氧离子。如 m/z 31 为伯醇的特征离子。

若为2-羟基链状仲醇，则 α- 裂解形成的 m/z 45 氧离子常为基峰。

而醚类容易发生 α- 裂解，电荷保留在氧上；进一步重排裂解，生成 m/z 31 的特征离子。如乙戊醚质谱（图 7-15）中的离子 m/z 59 和 31 的形成。

图 7-15　乙戊醚的 EI-MS 图

（4）环醇的裂解较复杂，首先发生环的开裂，形成氧离子；再进一步发生氢重排、α- 裂解等，生成一系列的碎片离子。如环己醇的裂解（图 7-16）。

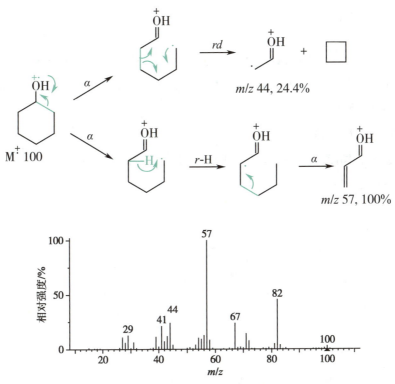

图 7-16 环己醇的 EI-MS 图

2. 酚类化合物 苯酚的分子离子峰较强（图 7-17），易发生脱羰基反应，然后再脱氢、脱乙炔等，生成一系列的碎片离子。其裂解过程如下：

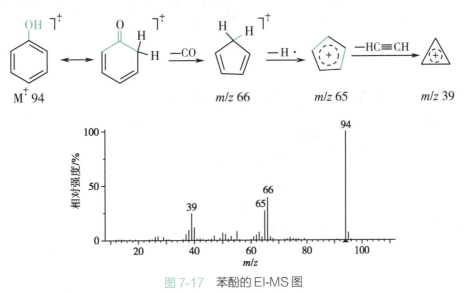

图 7-17 苯酚的 EI-MS 图

当苯环上还有其他取代基时，易发生重排。如邻羟基苄醇的裂解。

三、含羰基的化合物

醛、酮、酰胺类化合物均具有较强的分子离子峰；直链一元羧酸的分子离子峰较弱，而芳香酸类有较强的分子离子峰；酯类化合物的分子量稍大时，分子离子峰较弱，有时不出现；酰胺类化合物具有明显的分子离子峰。由于醛、酮、酸、酯、酰胺类化合物均含有羰基，其裂解规律也具有相似性，具体如下。

1. 均易发生 α- 裂解。对于醛类化合物，一般在羰基的烷基侧易发生 α- 裂解，生成特征性的酰基离子 m/z 29（图7-18）。

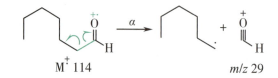

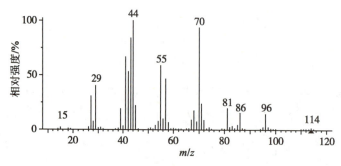

图 7-18　正庚醛的 EI-MS 图

羰基可脱去羟基形成酰基离子，如正辛酸质谱中的离子 m/z 127 的生成。

芳香酸易脱去羟基，生成苯甲酰基离子，其峰强度一般较大，有时甚至为基峰。

酮、酯和酰胺类化合物的两侧均可发生 α- 裂解。酮类化合物中较大的烷基易失去，生成酰基离子，部分酰基离子再脱一分子 CO，生成烷基离子；也可以发生 i 裂解，直接生成烷基离子。如 3- 己酮的裂解（图7-19）。

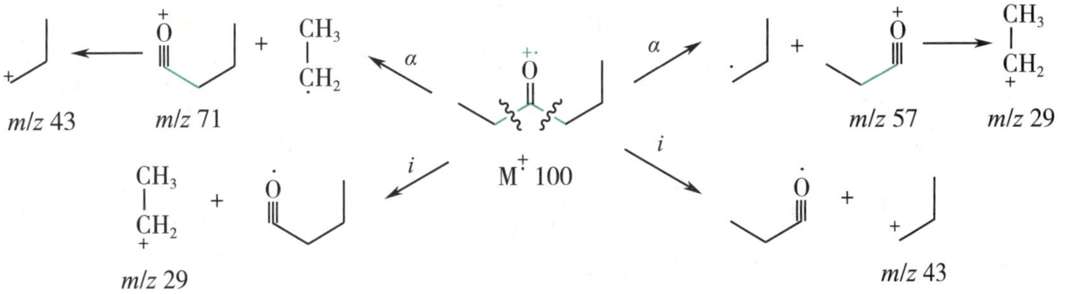

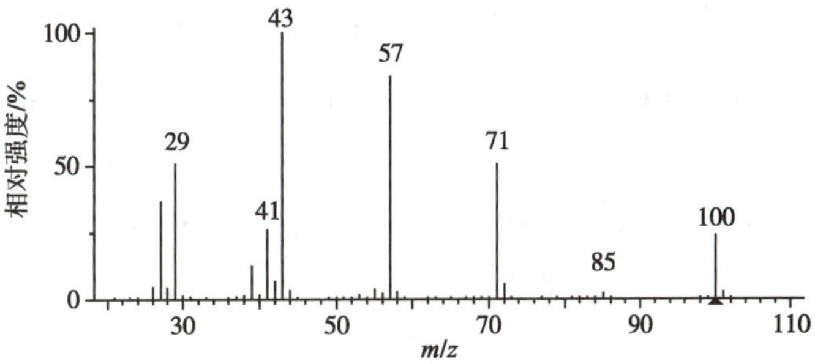

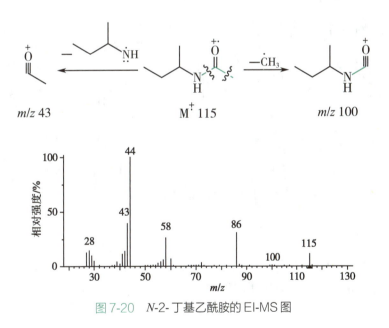

图 7-19　3-己酮的 EI-MS 图

N-2-丁基乙酰胺质谱(图 7-20)中的离子 m/z 43 和 m/z 100 的生成如下。

图 7-20　N-2-丁基乙酰胺的 EI-MS 图

2. 当烷基链有 γ-H 时，发生麦氏重排，生成偶质量数的离子，电荷保留在原位置；若羰基两侧都有 γ-H 时，可发生两次麦氏重排。如 3-己酮质谱中的离子 m/z 72 的生成。

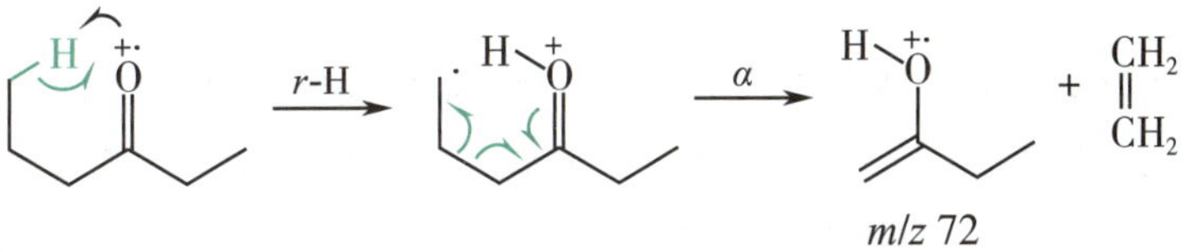

醛则生成特征离子 m/z 44，如正庚醛质谱(图 7-18)中的离子 m/z 44 的生成。

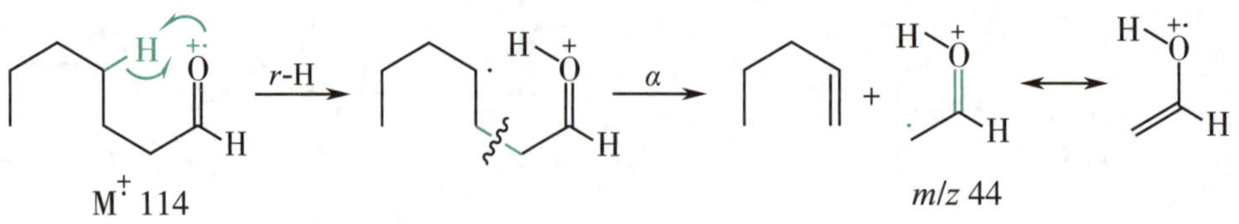

酸类化合物则生成很强的 m/z 60 的特征离子峰,烃链长度为 4~10 个碳时, m/z 60 离子常表现为基峰。如正辛酸的质谱图(图 7-21)。

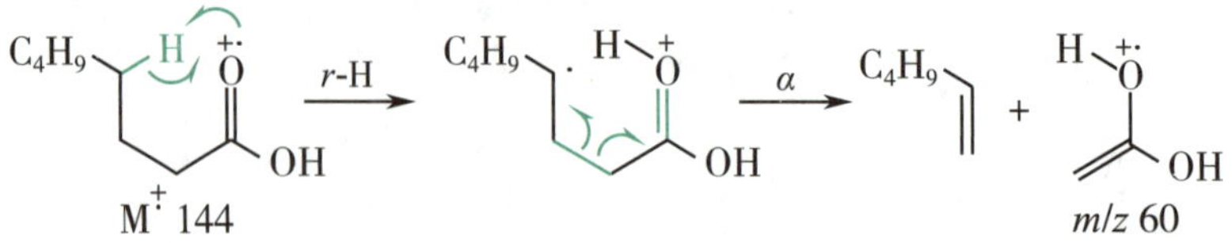

甲酸酯发生麦氏重排,生成离子 m/z 74,且这个离子在含有 6~26 个碳原子的羧酸甲酯中常为基峰。如庚酸甲酯质谱中的离子 m/z 74 的生成。

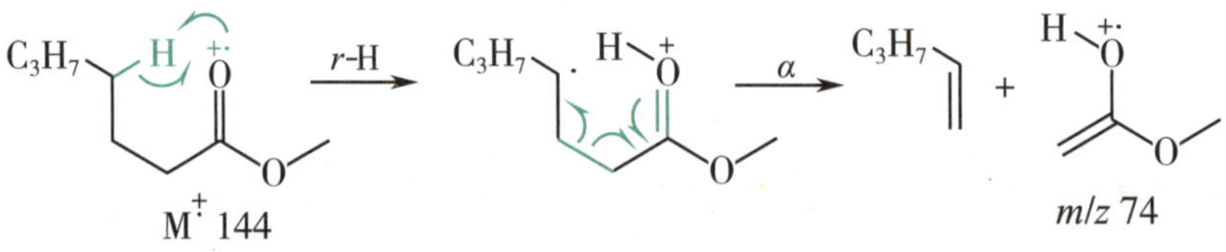

酰胺类化合物也可发生麦氏重排,如:

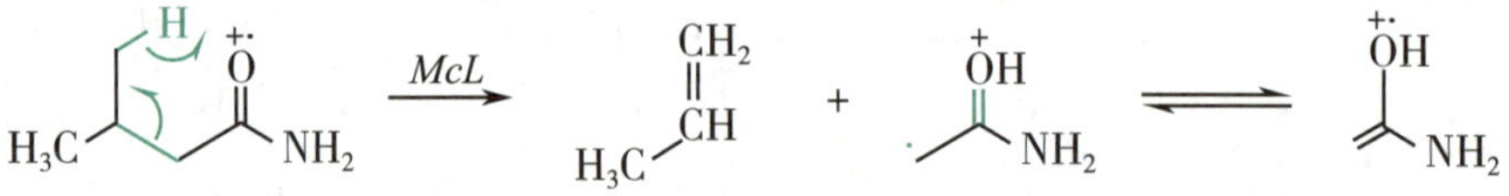

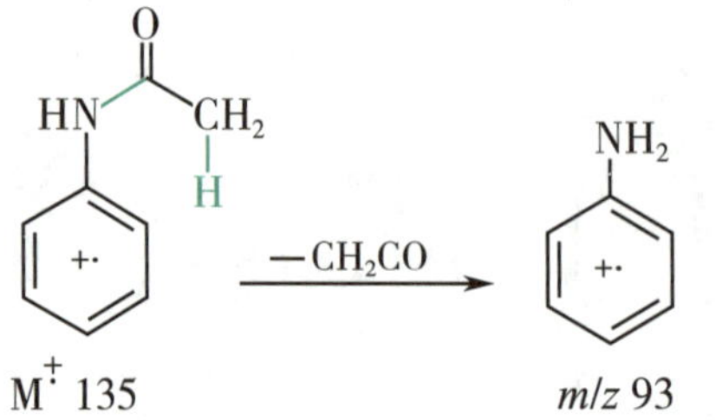

如果烷基链较长,易发生麦氏重排,γ-H 重排后,还可以发生 i 裂解,则电荷转移,生成质量数为偶数的烷基离子。如正庚醛质谱(图 7-18)中的离子 m/z 70 的生成。

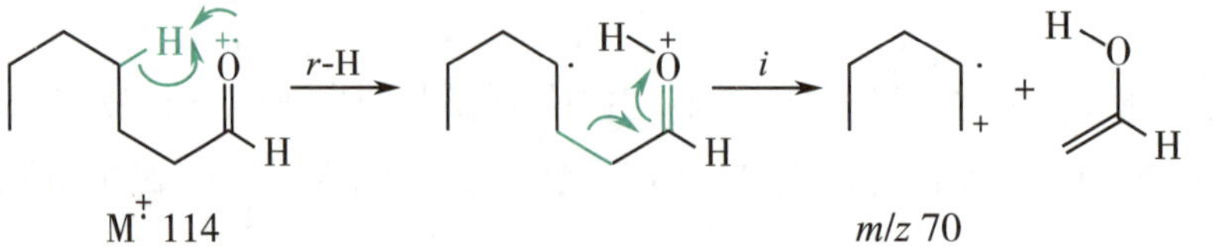

3.羧酸、酯的烷基链具有与饱和烷烃类似的裂解规律,正电荷可以保留在含羧基部分,也可以保留在烷基上,形成 C_nH_{2n+1} 的一系列碎片离子(如 m/z 15、29、43、57、71、85)和 $C_nH_{2n}COOH$ 或 $C_nH_{2n}COOMe$(如 m/z 45、59、73、87、101、115)的一系列碎片离子。如正辛酸质谱(图 7-21)中的各离子的生成。

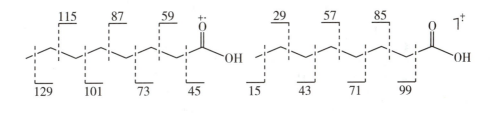

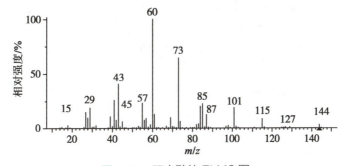

图 7-21　正辛酸的 EI-MS 图

庚酸甲酯质谱（图 7-22）中的各离子的生成如下。

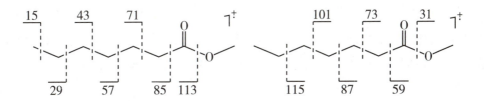

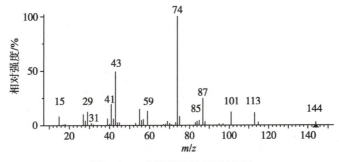

图 7-22　庚酸甲酯的 EI-MS 图

4. 当奇电子离子的电荷中心与游离基中心不定域于同一元素时，也可发生电荷中心诱导的重排反应。如戊酸丙酯的分子离子先通过六元环发生氢重排，游离基中心发生转移，电荷中心和游离基中心分开；然后，电荷中心发生共振从羰基氧转移至酯基氧上，由电荷中心引发 1,3- 位氢重排，同时发生 i 裂解，生成离子 m/z 103（图 7-23）。

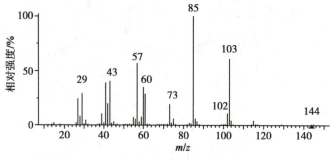

图 7-23　戊酸丙酯的 EI-MS 图

5. 苯甲酸酯类的裂解主要是 α- 裂解，生成酰基离子；或再失去 CO，形成苯基离子。当苯环上含有烷基取代时，除发生 α- 裂解外，还发生烷基侧链的裂解、重排等。如：

m/z 91　　　m/z 119　　　M^+ 150　　　m/z 118

6. 酰胺类化合物的结构中含有 NR_2（NHR）基，与胺类化合物的裂解类似，易发生胺基的 α- 裂解和 β-H 重排反应。如 N-2- 丁基乙酰胺发生 α- 裂解，生成离子 m/z 58、86 和 100。

m/z 58

$-\dot{C}_2H_5$　　$-\dot{C}H_3$

m/z 86　　　　　　　m/z 100

N-2- 丁基乙酰胺发生 β-H 重排反应，生成离子 m/z 44。

m/z 100　　　　　　　m/z 44

四、其他类化合物

1. 胺类化合物　链状胺类化合物有较弱的分子离子峰。以丙己胺为例，胺类化合物质谱（图 7-24）的主要裂解特征如下。

（1）发生 α- 裂解，生成铵离子。

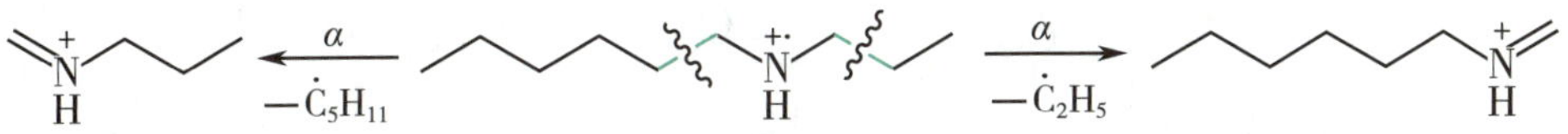

$$\underset{\substack{m/z\ 72}}{\overset{+}{\underset{H}{N}}=CH-CH_2-CH_3} \xleftarrow[{-\dot{C}_5H_{11}}]{\alpha} \quad \underset{\substack{M^{+}\ 143}}{\overset{+\cdot}{\underset{H}{N}}} \quad \xrightarrow[{-\dot{C}_2H_5}]{\alpha} \quad \underset{\substack{m/z\ 114}}{\overset{+}{\underset{H}{N}}=CH_2}$$

（2）再进一步发生 β-H 或 γ-H 重排反应，脱去小分子烯烃，生成 m/z 30 和 44 的铵离子。

β-H 重排：

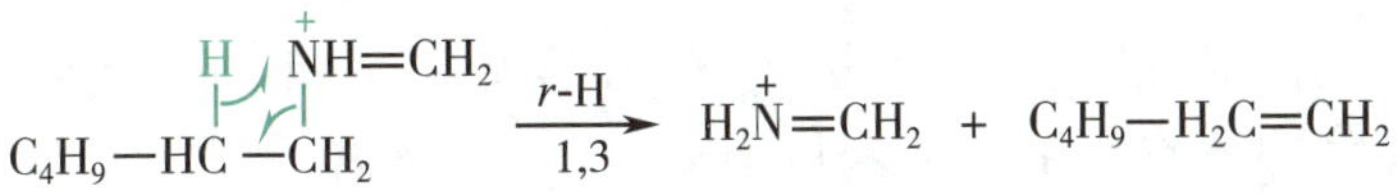

$$\underset{\substack{m/z\ 114}}{C_4H_9-\overset{\overset{\displaystyle H}{|}}{\underset{\displaystyle |}{C}H}-CH_2-\overset{+}{N}H=CH_2} \xrightarrow[{1,3}]{r\text{-}H} H_2\overset{+}{N}=CH_2 + C_4H_9-H_2C=CH_2$$
$$\underset{m/z\ 30}{\ }$$

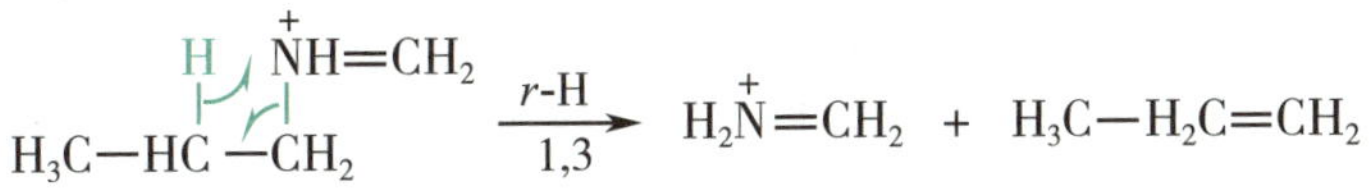

$$\underset{\substack{m/z\ 72}}{H_3C-\overset{\overset{\displaystyle H}{|}}{\underset{\displaystyle |}{C}H}-CH_2-\overset{+}{N}H=CH_2} \xrightarrow[{1,3}]{r\text{-}H} H_2\overset{+}{N}=CH_2 + H_3C-H_2C=CH_2$$
$$\underset{m/z\ 30}{\ }$$

γ-H 重排（麦氏重排）：

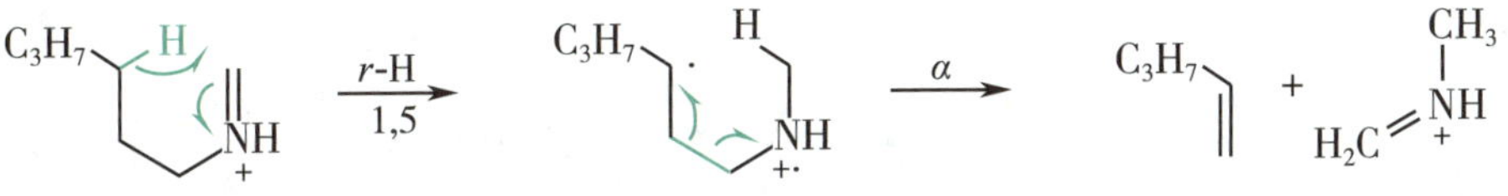

$$\underset{m/z\ 114}{\ } \xrightarrow[{1,5}]{r\text{-}H} \quad \xrightarrow{\alpha} \quad C_3H_7 + \underset{m/z\ 44}{H_2C=\overset{+}{N}H-CH_3}$$

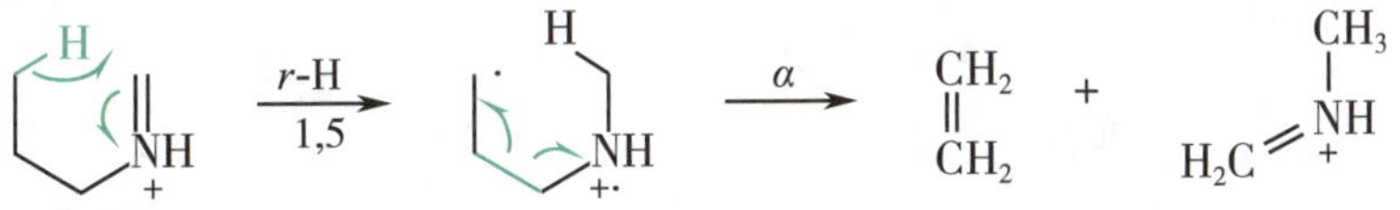

$$\underset{m/z\ 72}{\ } \xrightarrow[{1,5}]{r\text{-}H} \quad \xrightarrow{\alpha} \quad \underset{\ }{\overset{CH_2}{\underset{CH_2}{||}}} + \underset{m/z\ 44}{H_2C=\overset{+}{N}H-CH_3}$$

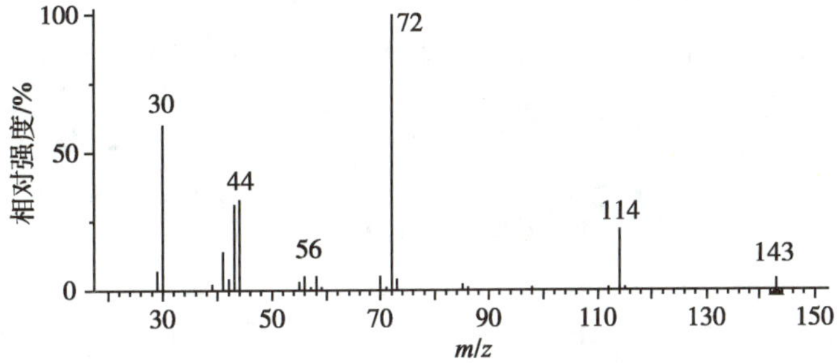

图 7-24　丙己胺的 EI-MS 图

（3）苯胺的分子离子峰为基峰，易脱去 HCN 分子，生成离子 m/z 66；再脱去 $H^{\cdot}$，生成离子 m/z 65。

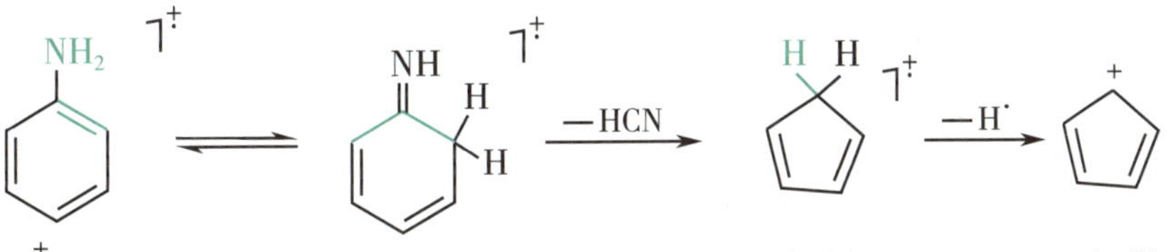

$$\underset{M^{+}\ 93}{\ } \rightleftharpoons \quad \xrightarrow{-HCN} \underset{m/z\ 66}{\ } \xrightarrow{-H^{\cdot}} \underset{m/z\ 65}{\ }$$

（4）其他芳胺类化合物一般具有较强的分子离子峰。芳胺类化合物易脱去氨基侧链，生成苯基离子 m/z 77。芳胺类仲胺易失去一个 H，形成的 [$M-1$] 峰常为基峰。

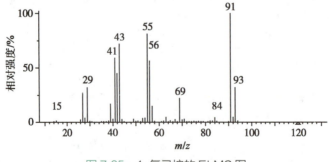

上部化学结构式：

m/z 77 ← —·NHCH₃ — M⁺ 107 — —H· → m/z 106

2. 卤代烃 卤代烷烃类化合物的分子离子峰一般不出现。由于氯原子和溴原子存在大 2 个质量单位的重同位素，且丰度较大，因此质谱中含有氯原子和溴原子离子的 $[M+2]$ 峰都很强。如 1- 氯己烷质谱中的离子峰 m/z 91 和 93，其主要裂解如下。

（1）α- 裂解。

$$R_1 \overset{+\cdot}{\underset{R_2}{X}} \xrightarrow{\alpha} R_1 \overset{+}{\underset{CH}{X}} + R_2^\cdot$$

$$R \overset{+\cdot}{-} X \xrightarrow{\alpha} R^\cdot + \overset{+}{X}$$

（2）i 裂解。

$$R \overset{+\cdot}{-} X \xrightarrow{i} R^+ + \overset{\cdot}{X}$$

（3）脱 HX（类似于脱水），发生氢重排。

$$\xrightarrow{r\text{-H}} H_2\overset{\cdot}{C}(CH_2)_n\overset{+}{C}H_2 + HX$$

（4）烃基重排：当烃链长度合适时，容易通过五元环的过渡态发生烃基重排，形成含有卤素原子的五元环特征离子，常为基峰或次强峰。如 1- 氯己烷质谱（图 7-25）中的离子 m/z 91/93。

$$\xrightarrow{rd} CH_3CH_2^\cdot + \overset{+}{X}$$

以 1- 氯己烷为例，裂解形成的主要碎片为 $C_nH_{2n}Cl^+$ 系列，即 m/z 91；$C_nH_{2n+1}{}^+$ 系列，即 m/z 29、43 和 57；$C_nH_{2n}{}^+$ 系列，即 m/z 56；$C_nH_{2n-1}{}^+$ 系列，即 m/z 27、41、55 和 69。

图 7-25 1- 氯己烷的 EI-MS 图

3. 含硫化合物 由于 ³⁴S 的丰度较大，因此含硫化合物的 $[M+2]$ 峰较强，易辨认。硫醇与硫醚的分子离子峰一般都较强。含硫化合物的主要裂解如下。

（1）发生 α- 裂解。

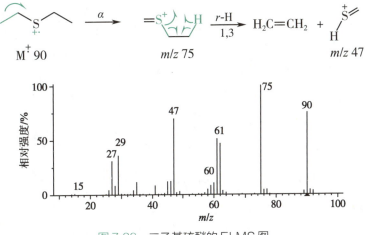

（2）发生 i 裂解。

（3）发生氢重排：如二乙基硫醚质谱（图7-26）中的离子 m/z 47 的生成。

图 7-26　二乙基硫醚的 EI-MS 图

硫醇通过氢重排脱去 H_2S（类似于醇脱水）。

4. 硝基化合物　硝基取代的芳氮杂环化合物具有较强的分子离子峰。

（1）硝基吡啶衍生物易发生重排而脱去自由基 NO，生成的离子还可以再脱去一分子 CO，生成五元芳氮杂环离子。如 2- 硝基 -3- 甲基吡啶（图7-27）。

（2）硝基也可以直接脱去，生成的离子若有甲基取代，则易转化成含氮离子，再发生类似于离子的裂解反应，脱去一分子HCN。

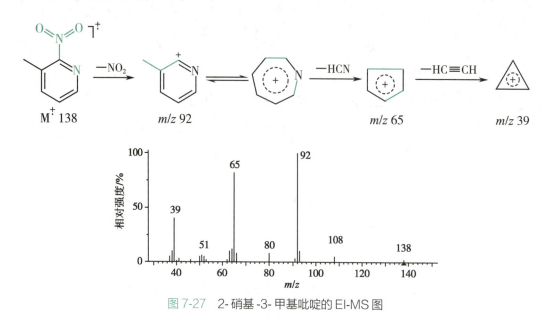

图7-27　2-硝基-3-甲基吡啶的EI-MS图

（3）对于硝基苯胺，氨基的取代位置不同，裂解方式也不同。

1）间硝基苯胺

2）对硝基苯胺

第七节　质谱技术在结构解析中的应用

　　质谱中有机化合物的分子离子峰（或准分子离子峰）、碎片离子峰以及亚稳离子峰均能提供很多的结构信息，与其他波谱技术所提供的结构信息可以形成互补，在化合物的结构鉴定中具有很重要的作用。

一、质谱解析程序

解析有机化合物的电子轰击质谱（EI-MS）时，大致可以遵循以下程序。

1. 分子离子峰区域离子峰的解析

（1）确认分子离子峰（M）或准分子离子峰（$M+1$ 或 $M-1$），定出分子量。分子离子峰区域是指质谱图中质荷比最大的离子区域，依据判断分子离子峰的原则确认分子离子峰。一般芳烃类化合物、共轭多烯类化合物、环状化合物的分子离子峰较强，有时是基峰；分支多的脂肪族化合物、多元醇类化合物的分子离子峰较弱或不出现，可测定 CI-MS、FAB-MS 或 ESI-MS，获得准分子离子峰进行判断。

（2）确认是否含有氮原子。根据氮规则进行分析，如样品的分子离子峰为奇数，则含奇数个氮原子；如为偶数，需要根据其他信息判断是否含有氮原子。

（3）确认是否含有氯、溴、硫元素。根据同位素分子离子峰即 M 峰、$[M+1]$ 峰、$[M+2]$ 峰的相对丰度加以分析。

（4）确定分子式，计算样品的不饱和度。

（5）可能的话，使用高分辨质谱仪测出样品分子离子的精确质量，直接确定样品的分子式。

2. 碎片离子区域离子峰的解析

（1）确定主要碎片离子的组成。碎片离子区域是指由化合物分子离子经一次或多次裂解所产生的碎片离子所在的区域。找出该区域的主要离子峰，根据其质荷比分析其可能的化学组成。注意该区域一些弱的离子峰也可能提供重要的结构信息。

（2）离去碎片的判断。分析分子离子峰与其左侧低质量数离子峰之间的质量差，判断离去的自由基或小分子的可能结构，有助于分子结构的确定。

（3）若存在亚稳离子峰，确定具有这种裂解关系的离子 m_1、m_2，有助于确定分子离子或开裂类型。

（4）对于一些非整数的离子峰或同位素离子峰，分析其是否是由多电荷离子所形成的，有助于分子离子峰或分子量的确定。

（5）可能的话，使用高分辨质谱仪测出重要的碎片离子的精确质量，直接确定碎片离子的元素组成。

3. 列出部分结构单元

（1）根据上述分子离子、主要碎片离子以及离去碎片的结构分析，列出样品结构中可能存在的结构单元。

（2）将列出的结构单元与化合物的分子式进行比较，计算剩余碎片的组成和不饱和度，推测剩余碎片的可能结构。

4. 确定样品的结构式

（1）连接上述推出的结构单元以及剩余碎片，组成可能的结构式。

（2）根据质谱或其他信息排除不合理的结构式，确定样品的结构。

二、应用实例

例 7-1　某未知化合物经元素分析只含有 C、H、O 三种元素，红外光谱在 3 700～3 200cm^{-1} 有一个强而宽的振动吸收峰，其质谱如图 7-28 所示，其中 m/z 136[50.1%(M)]、137[4.43%($M+1$)]，试推测其结构。

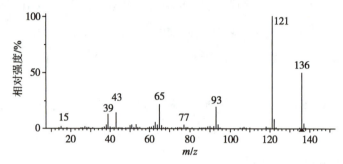

图 7-28　例 7-1 化合物的 EI-MS 图

解析：

1. 分子离子峰区域离子峰的解析

（1）分子离子峰 m/z 136 为次强峰，说明该化合物的分子量为 136，分子离子比较稳定，可能含有苯环或共轭体系。

（2）先将其同位素分子离子峰换算成以 M 为 100% 时的相对丰度，则为 m/z 136[100%(M)]、137[8.84%($M+1$)]。根据 M 和 $M+1$ 同位素离子峰之间的关系公式可知 $[(M+1)÷M]÷1.1×100=(8.84÷100)÷1.1×100≈8$，说明该化合物中含有的碳原子数大约为 8，查 Beynon 表 136 项下含 C、H、O 的化合物有 $C_5H_{12}O_4$（$\Omega=0$）、$C_7H_4O_3$（$\Omega=6$）、$C_8H_8O_2$（$\Omega=5$）和 $C_9H_{12}O$（$\Omega=4$）。

2. 碎片离子峰区域离子峰的解析

（1）m/z 77 是苯环的特征离子峰，表明该化合物中含有苯环。m/z 93 提示该离子为 C_6H_4OH；该离子重排，脱去一个 CO，则形成 m/z 65；再脱去一分子乙炔，生成离子 m/z 39，证明化合物含有羟基取代的苯环结构。

（2）分子离子峰（m/z 136）与基峰（m/z 121）的质量差为 15，说明分子离子失去一个 CH_3，其裂解类型为简单裂解。基峰 m/z 121 与离子峰 m/z 93 之间的质量差为 28，说明脱去一个 CO 或者 $CH_2{=}CH_2$。若脱去的为 $CH_2{=}CH_2$，则裂解过程应为重排，但从生成的离子为 C_6H_4OH 来看，不应该发生重排，因此脱去的应为 CO，提示 m/z 121 为酚羟基取代的苯甲酰基离子。

3. 列出部分结构单元

（1）根据上述分析，样品中含有如下结构单元。

$$—CH_3$$

（2）确定分子式。上述结构单元的不饱和度为 5，将其与从 Beynon 表中查出的可能分子式比较，排除分子式 $C_5H_{12}O_4$（$\Omega=0$，不含苯环）、$C_7H_4O_3$（$\Omega=6$，氢数偏少）和 $C_9H_{12}O$（$\Omega=4$，不饱和度偏少），剩下唯一的分子式 $C_8H_8O_2$（$\Omega=5$）符合上述条件，因此该化合物的分子式为 $C_8H_8O_2$。

4. 确定样品的结构式

（1）样品应为下列结构式（A）、（B）和（C）的一种，但根据质谱难以确定羟基的取代位置。

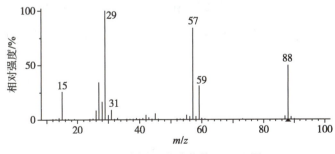

（A）　　　　　　　（B）　　　　　　　（C）

（2）IR 中在 3 700～3 200cm⁻¹ 有一个强而宽的振动吸收峰，说明有羟基，上述 3 个结构式均符合，但 IR 也不能确定羟基的取代位置，需要结合其他波谱数据才能确定羟基的取代位置。

该化合物的质谱裂解过程为：

例 7-2　某化合物的质谱如图 7-29 所示，高分辨质谱给出其分子量为 88.052 3，红外光谱中在 1 736cm⁻¹ 处有一个很强的振动吸收峰，试推测其结构。

图 7-29　例 7-2 化合物的 EI-MS 图

解析：质谱图中分子离子峰区域的分子离子峰为 m/z 88，根据高分辨质谱给出的精确分子量 88.052 3，化学式 $C_4H_8O_2$ 的计算值为 88.052 2，因此确定该化合物的分子式为 $C_4H_8O_2$，其不饱和度计算值为 1。

红外光谱中在 1 736cm^{-1} 处有一个很强的振动吸收峰,说明该样品为酯类,则其结构可表示为 R-CO-OR′。

酯类化合物易发生 α- 裂解。在离子碎片区域,m/z 57 的离子峰为丙酰基离子,示有 CH$_3$CH$_2$CO—;该离子容易再脱去一分子 CO,生成的乙基正离子 m/z 29 为基峰。m/z 59 峰则为—COOCH$_3$ 的离子碎片峰。因此,该化合物的结构式为:

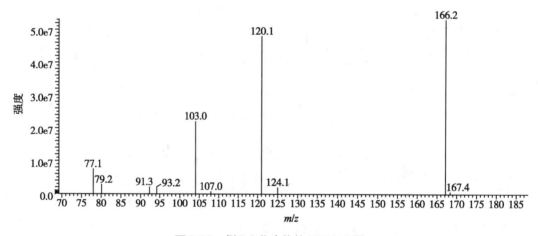

该化合物的质谱裂解过程为:

例 7-3 某氨基酸类的分子量为 165Da,其质谱如图 7-30 所示,试推测其结构。

图 7-30 例 7-3 化合物的 ESI-MS 图

解析:分子量为 165Da,为奇数,说明该化合物中含有奇数个氮原子。在离子碎片区域,m/z 77 为苯环的特征碎片离子峰,说明含有苯环。结合其碎片特征,推导该化合物的结构为苯丙氨酸,结构式如下。

该化合物的质谱裂解过程为:

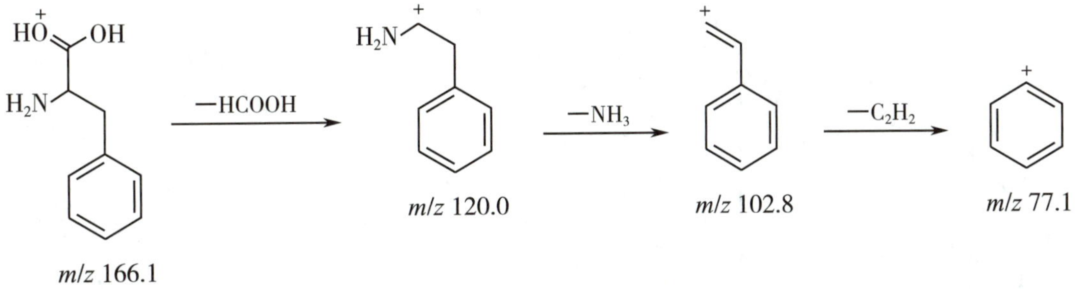

$$HO^+ \xrightarrow{-HCOOH} \quad m/z\ 120.0 \xrightarrow{-NH_3} \quad m/z\ 102.8 \xrightarrow{-C_2H_2} \quad m/z\ 77.1$$

m/z 166.1

例 7-4 从某植物中分离得到的香豆素类化合物东莨菪内酯的结构式如下,其在正离子模式下的电喷雾电离质谱如图 7-31 所示,试写出该化合物的主要离子碎片的质谱裂解过程。

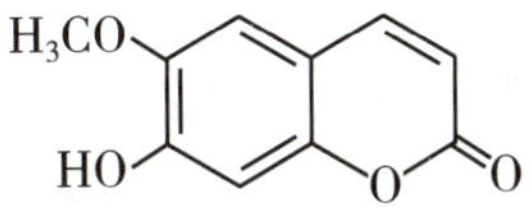

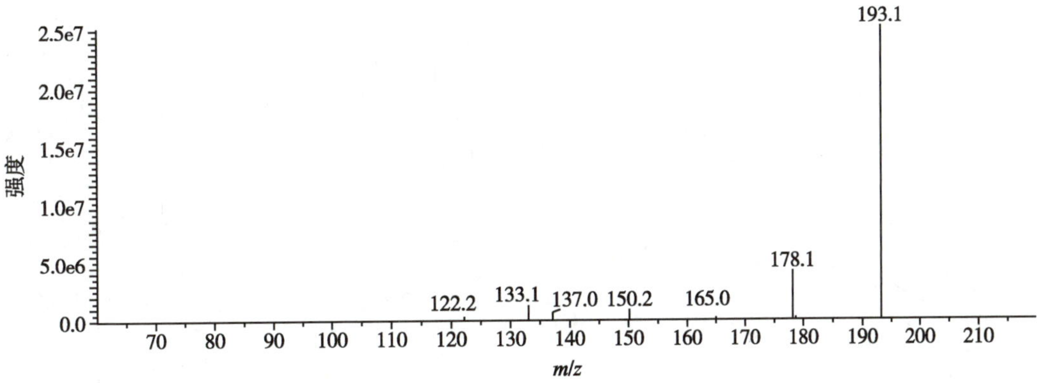

图 7-31 例 7-4 中东莨菪内酯的 ESI-MS 图

解析:该化合物的裂解过程如下。

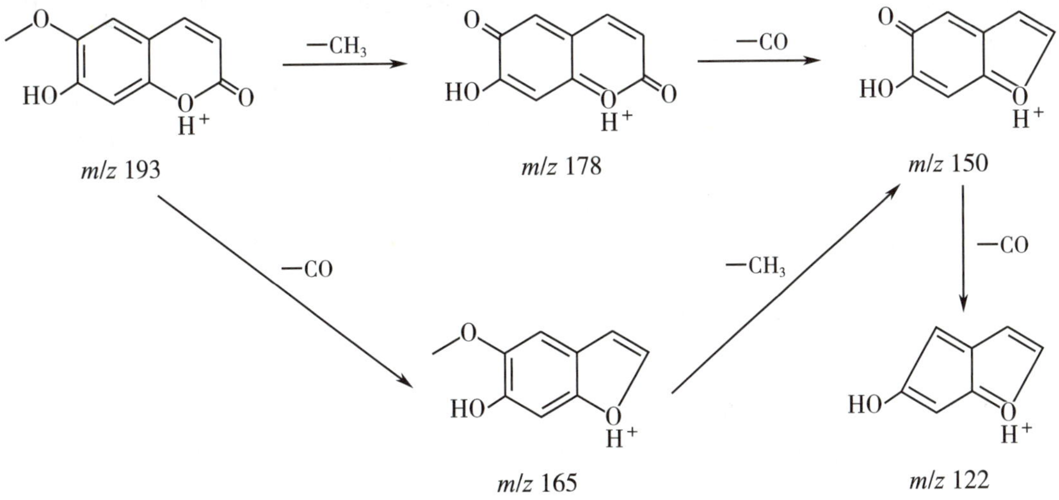

例 7-5 利用超高效液相色谱 - 高分辨质谱联用鉴定九里香丙素,其在正离子模式下的电喷雾电离质谱如图 7-32 所示,其主要质谱裂解过程解析及碎片归属如下。

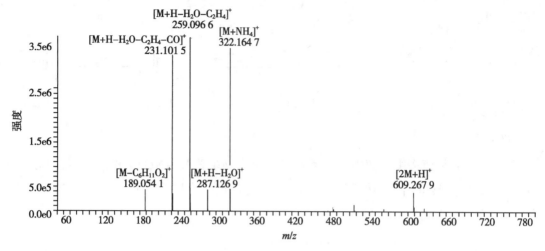

图 7-32　例 7-5 中九里香丙素的 HRESI-MS 图

解析：

m/z 322.164 7

m/z 287.126 9

m/z 259.096 6

m/z 189.054 1

m/z 231.101 5

第八节　质谱联用技术

　　质谱联用技术是指色谱与质谱串联的技术，包括液相色谱 - 质谱联用技术、气相色谱 - 质谱联用技术等。质谱是很好的定性及鉴定仪器，可以提供较多的结构信息，且具有很高的检测灵敏度和特异性，是理想的色谱检测器；色谱是很好的分离仪器，尤其是高效液相色谱（HPLC），被称为分离复杂体系最为有效的分析工具。因此，两者的结合构建了很好的分离鉴定仪器。色谱 - 质谱联用仪已经广泛应用在各领域中，目前多数质谱仪配备 HPLC 或

GC 系统，色谱 - 质谱联用仪已经成为结构分析和定量分析的主要工具之一，在各行业中发挥重要作用。

色谱质谱联用仪由色谱、质谱和接口技术三部分组成，接口技术的提高和成熟极大地拓宽了液相色谱和质谱的应用范围，是目前色谱质谱联用仪的关键技术。

一、液相色谱 - 质谱联用仪

液相色谱 - 质谱联用仪（liquid chromatograph-mass spectrometer，LC-MS）也指液相色谱 - 质谱联用技术，是以液相色谱作为分离系统、以质谱为检测器的分离鉴定仪器。目前，液相色谱的主要代表仪器是 HPLC 和超高效液相色谱（UPLC），相应的液相色谱 - 质谱联用仪有高效液相色谱 - 质谱联用仪（HPLC-MS）和超高效液相色谱 - 质谱联用仪（UPLC-MS）。下面简单介绍该仪器的特点及在结构解析方面的应用。

1. **液相色谱 - 质谱联用的接口技术**　20 世纪 70 年代，Horning 等发明了 HPLC-MS 联用技术，但由于接口问题，一直限制其发展及应用。随着液相色谱 - 质谱联用的各种接口技术的不断出现，液相色谱 - 质谱联用得到快速发展。目前，接口技术已趋向成熟，主要的接口技术有热喷雾（TSP）、热等离子体喷雾（PSP）、粒子束（LINC）、大气压电离（API）和动态快速原子轰击（FAB）接口技术等。其中，API 包括电喷雾电离（ESI）和大气压化学电离（APCI）。本章第二节已经介绍过这两种电离方式，优点之一是常压电离技术、不需要真空，因此减少了许多设备，使用方便，成为科研工作的有力工具。

2. **液相色谱 - 质谱联用的特点**　液相色谱 - 质谱联用技术的特点为该仪器集高灵敏度、极强的定性专属性及通用性于一体，既具备质谱的优点，又具备液相色谱的优点，因此受到广泛重视。HPLC-MS 具有如下特点：①质谱的检测灵敏度高、检测范围广，具有多反应监测功能，既能检测单一成分，又能检测混合物，既能定性，又能定量，明显优于紫外等检测器；②可获得复杂混合物中单一成分的质谱图，有利于化合物的分离与结构鉴定；③对生物样品，HPLC-MS 的样品前处理简单，一般不需要水解或者衍生化处理，可以直接分析。

液相色谱 - 质谱联用的另外一个优点是串联质谱（tandem MS）技术。1983 年 McLafferty 等发明了串联质谱技术，现在已成功应用在结构解析和定量分析方面。串联质谱法是指质量分离的质谱检测技术，在单极质谱给出化合物的分子量的信息后，对准分子离子进行多级裂解，进而获得丰富的化合物碎片信息，对目标化合物进行确认及定量等。该技术有分离与结构解析同步完成的特点，能直接分析混合物，其检测水平可以达到皮克（pg）级。因此，用串联质谱可解决结构解析中的许多问题，尤其是在药物代谢等复杂体系的研究方面。例如串联质谱技术可以进行多次的离子选择作用，即通过 MS^1 选择一定质量的母离子，与气体碰撞断裂后，再经 MS^2 选择一定质量的子离子，通常称为多反应监测（multiple reaction monitoring，MRM），这样大大提高了分析的专一性，同时也改善了信噪比。若样品经过色谱柱再进入质谱仪可进一步分离杂质，减小背景干扰，从而改善信噪比。

3. **液相色谱 - 质谱联用的应用**　随着各种离子化技术的出现，液相色谱 - 质谱联用成为生物、医学等领域的主要研究工具。生物样品的样品量少,分离、分析难度大,要求检测方法灵敏度高、精确,液相色谱-质谱联用具备这些特点。例如中药复杂体系化学成分的分析、药动学研究中的血药浓度测定、代谢途径分析、代谢物鉴定等工作都属于分析含量少、干扰多的对象,要求分析方法的灵敏度高、选择性好、快速准确,液相色谱-质谱联用可满足上述要求。药动学研究面临的主要问题是测试的样品量大、分离难度大、基质干扰成分多、样品含量低,液相色谱-质谱联用技术由于其选择性强、灵敏度高,不仅可以避免复杂、烦琐、耗时的样品前处理工作,而且能分离鉴定难以辨识的痕量药物代谢产物,尤其是串联质谱的应用,通过多反应监测(MRM),可以提高分析的专一性,改善信噪比,提高灵敏度,从而快速方便地解决上述问题。

将液相色谱-质谱联用技术应用于药物及其代谢产物研究是该技术在医药领域中应用最广泛、研究论文报道最多的领域。液相质谱与串联质谱联用显示出独特的优势,将进一步在生物和医学领域中发挥重要作用。

例 7-6　超高效液相色谱-质谱联用分析九里香中的化学成分(图 7-33)

色谱条件:ACQUITY UPLC,色谱柱为 ACQUITY UPLC BEH C_{18} 柱(2.1mm×100mm,1.7μm),流动相为以纯水(A)与乙腈(B)为流动相进行梯度洗脱。梯度洗脱的条件为 0～8min,15%→30% B;8～16.5min,30% B;16.5～18min,30%→40% B;18～24min,40%→55% B;24～27.5min,55%→100% B;27.5～29min,100% B;29～29.01min,100%→15% B;29.01～32min,15% B。流速为 0.40ml/min,柱温为 30℃,供试品进样量为 1μl。

质谱条件:AB QTRAP-MS,电喷雾离子源(ESI),正离子扫描模式,EMS 全扫分析。参数设置:雾化气(GS1)、辅助加热气(GS2)和气帘气气压(CUR)分别为 55、55 和 35psi,离子化电压(IS)为 5 500V,加热气温度(TEM)为 550℃,CAD(collision gas)为 high,气帘气、雾化气、辅助气均为氮气。扫描范围:m/z 50～800,采集 0～32min。去簇电压(DP):50V。碰撞能(CE):(30±20)eV。

供试品溶液制备:精密称取九里香乙醇提取物冻干粉末 0.1g,加 80% 甲醇 100ml 超声处理 30 分钟,放冷至室温,摇匀后取上清 1ml,经 0.22μm 微孔滤膜滤过,即得。

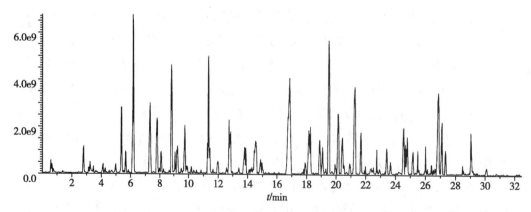

图 7-33　九里香 *Murraya paniculata* 的 UPLC-MS 指纹图谱(+ESI)

例 7-7 高效液相色谱 - 质谱联用分析水中的农药残留物（图 7-34）

色谱条件：Nexera LC-30AD，色谱柱为 Ascentis Express C_{18} 柱（100mm×3mm，2.7μm）；流动相为 5mmol/L 甲酸铵水溶液（A）-5mmol/L 甲酸铵甲醇溶液（B）。洗脱梯度为 0～1min，10% B；1～5.5min，10% → 62% B；5.5～14min，62% → 100% B；14～17min，100% B；17～17.1min，100% → 10% B；17.1～22min，10% B。流速为 0.5ml/min；柱温为 30℃；供试品进样量为 5μl。

质谱条件：AB QTRAP-MS，电喷雾离子源（ESI），正离子扫描模式，多反应监测（MRM）分析。参数设置：雾化气（GS1）、辅助加热气（GS2）和气帘气气压（CUR）分别为 50、65 和 40psi，离子化电压（IS）为 4 500V，加热气温度（TEM）为 300℃，CAD（碰撞气）为 high，气帘气、雾化气、辅助气均为氮气。

样品制备：水样经过 Macherey-Nagel（MN 615 ¼，240mm）滤纸滤过，100ml 滤液中加入 QuEChERS 萃取盐（1.3g）、10μl 10%（*M/M*）Na_2-EDTA（pH 7）和内标（100ng/ml），对样品进行 SPE 预处理，即得。

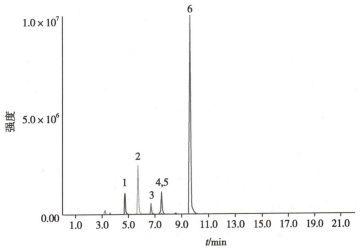

1. 氟氯氢菊酯；2. 二丁基阿特拉津；3. 西玛津；4. 吡草胺；5. 莠去津；6. 异丙甲草胺。

图 7-34　水样中农药残留物的 MRM 图谱（+ESI）

二、气相色谱 - 质谱联用仪

气相色谱技术十分成熟，是一种高效的分离和分析方法，毛细管柱的应用使得混合物得到很好的分离。由于气相色谱和质谱均分析气相状态的样品，不同的是气相色谱分析在常压状态、质谱在真空状态，因此两者联机比 LC-MS 容易。气相色谱 - 质谱联用仪（gas chromatograph-mass spectrometer，GC-MS）主要由色谱、质谱和数据处理系统构成。气相色谱为分离系统，质谱作为检测器，两者的组合提高分离鉴定和检测的能力。

GC-MS 的质谱质量分析器可以选择磁质量分析器、四极质量分析器、TOF 质量分析器和离子阱，离子源主要是 EI 源和 CI 源。一个混合物样品进入 GC-MS 后，在合适的色谱条件下被分离成单一成分并依次进入质谱仪，经离子源电离后，再经分析器、检测器即得每个化合物的质谱。这些信息由计算机储存，谱库较全，可根据需要进行化合物的质谱图、总离子流图的检索，快速给出化合物的结构信息。

GC-MS 有如下优点：①计算机系统可控制仪器，同时进行数据处理，因此可将质谱数据进行校正，如扣除本底等操作，消除干扰，提高灵敏度；可以给出总离子流色谱图，体现色谱功能；可以给出质量色谱图，将混合物中具有共同碎片离子的各成分进行比较，提供更多的结构信息。②可以进行未知物质谱库检索。可对测试样品的质谱与计算机库存谱库的已知样品的质谱进行比较，找出相对相似度较高的质谱，有助于判断测试样品是否是已知物还是未知物，也可根据给出的质谱信息进行结构解析。

GC-MS 的数据系统可以有几套数据库，主要有 NIST 库、Willey 库、农药库、毒品库等。

例 7-8 短链脂肪酸的 GC-MS 分析（图 7-35）

气相色谱 - 质谱联用的分析条件：仪器设备为 7 890B 气相色谱仪 /7 000D 质谱检测器。色谱条件：色谱柱为 Agilent J&W DB-FFAP 色谱柱（15m×0.25mm×0.25μm）；载气为氦气，流速为 1.5ml/min；初始温度为 80℃，以 20℃/min 上升至 140℃，以 10℃/min 上升至 150℃并保持 1 分钟，以 15℃/min 上升至 180℃，以 20℃/min 上升至 200℃，最后在 230℃并保持 2 分钟。

质谱条件：增强全扫描（EMS）分析模式确定单标准品的保留时间。单离子检测（SIM）分析模式，设 target ion（m/z）/confirmative ion（m/z）为 60/45（乙酸）、46/46（甲酸）、74/73（丙酸）、73/55（异丁酸）、60/42（丁酸）、60/42（异戊酸）、60/42（戊酸）、74/73（2- 甲基戊酸）、73/55（4- 甲基戊酸）、60/42（己酸）、60/42（庚酸）。进样器温度为 230℃；离子源温度为 230℃；四极杆温度为 150℃；界面温度为 250℃；IE 离子源 70eV。

供试品溶液制备：取 11 种短链脂肪酸标准品溶于水溶液中，浓度分别为乙酸（1.049mg/ml）、甲酸（1.220mg/ml）、丙酸（0.993mg/ml）、异丁酸（0.950mg/ml）、丁酸（0.959mg/ml）、异戊酸（0.931mg/ml）、戊酸（0.939mg/ml）、2- 甲基戊酸（0.937mg/ml）、4- 甲基戊酸（0.923mg/ml）、己酸（0.927mg/ml）和庚酸（0.918mg/ml），混匀，进样 1μl。

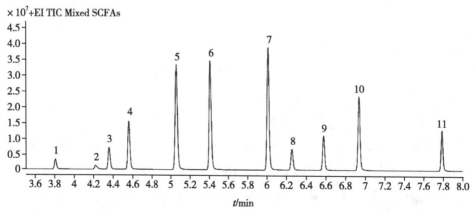

1. 乙酸；2. 甲酸；3. 丙酸；4. 异丁酸；5. 丁酸；6. 异戊酸；7. 戊酸；8. 2-甲基戊酸；9. 4-甲基戊酸；10. 己酸；11. 庚酸。

图 7-35　11 种短链脂肪酸的气相色谱 - 质谱联用分析

1. 质谱按照离子源类型和按照质量分析器类型进行分类,分别都有哪些类型? 各类型质谱的特点有哪些?

2. 如何利用质谱判断化合物的分子离子峰,并进一步判断分子式?

3. 质谱联用技术主要包括哪几种? 请简述其特点及应用范围。

4. 2-丁酮的质谱如图 7-36 所示,试写出其主要离子的裂解过程。

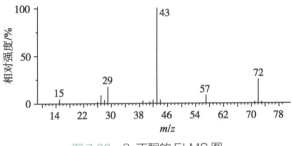

图 7-36　2-丁酮的 EI-MS 图

5. 某一化合物的分子式为 $C_{19}H_{22}O_6$,请判断图谱(图 7-37)中其准分子离子峰有哪些,并进行归属。

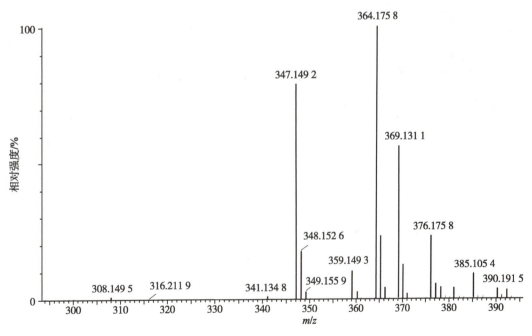

图 7-37　习题 7-5 化合物的 HRESI-MS 图

6. 某化合物由 C、H、O 三种元素组成,其质谱图如图 7-38 所示,测得 $M:(M+1):$ $(M+2) = 100:8.9:0.79$,试确定其结构式。

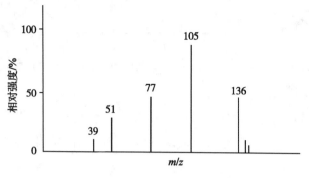

图 7-38　习题 7-6 化合物的 EI-MS 图

（姜　勇　逯颖媛）

第八章 圆二色谱和旋光光谱及其他立体构型确定技术

学习要求：

1. **掌握** 测定化合物立体构型的基本方法（电子圆二色谱、旋光光谱）；电子圆二色谱、旋光光谱与 UV 之间的关系。
2. **熟悉** 电子圆二色谱计算确定手性化合物的绝对构型；X 射线单晶衍射法及 Mosher 法；圆二色谱和旋光光谱的八区律及其在化合物绝对构型测定中的应用。
3. **了解** 圆二色谱激子手性法和电子圆二色谱计算辅助立体化学结构确定。

第一节 基础知识

　　立体构型的测定是手性有机化合物结构测定的重要内容。目前测定化合物立体结构的方法包括化学转化法、X 射线单晶衍射法或冷冻电镜微晶电子衍射法（MicroED）、旋光比较法、圆二色谱（circular dichroism spectrum，CD）和旋光光谱（optical rotatory dispersion，ORD）、拉曼光谱（ROA）、核磁共振法［手性位移试剂、衍生化的 NMR（如 Mosher 法）］、动力学拆分法，以及利用非对映异构体性质变化规律的推断法等。其中化学转化法消耗测试样品；旋光比较法需要与已知化合物或类似物进行比较；X 射线单晶衍射法要求化合物可得到合适的单晶，需要专业人员测试和处理数据；核磁共振法需要用昂贵的手性试剂或手性溶剂。相比之下，ORD 和 CD 法的样品用量少且可回收，操作简单，数据处理较为容易，能测定非结晶性化合物的立体结构。CD 和 ORD 法更适合于有机化合物，特别是天然产物立体结构的测定，尤其是计算 CD 的发展，扩大了这种方法的应用范围。

　　（一）旋光光谱

　　平面偏振光通过手性物质时，能使其偏振平面发生旋转，这种现象称为旋光。产生旋光的原因是组成平面偏振光的左旋圆偏振光和右旋圆偏振光在具有手性的有机化合物介质中传播时，它们的折射率不同、传播速度不同，从而导致偏振面的旋转。其关系可以表示为：

$$\alpha = \pi(n_L - n_R)/\lambda \qquad\qquad 式（8-1）$$

式中，α 为旋转角；λ 为波长；$n_L - n_R$ 是连续波长的平面偏振光通过手性分子介质时左旋圆偏振光与右旋圆偏振光的折射率之差。从这个关系可以看出，手性有机分子的旋光度和光的波长有关，即波长越短与 n_L 和 n_R 的差越大，旋转角 α 的绝对值越大。

用不同波长（200~760nm）的偏振光照射旋光物质，并用波长 λ 对比旋光[α]或摩尔旋光度[φ]，即以旋光率[α]或摩尔旋光度[φ]为纵坐标、以波长 λ 为横坐标作图所得的曲线称为旋光曲线或旋光光谱。

$$[\alpha]_D = \alpha/(l \times c)$$ 式（8-2）

$$[\varphi] = [\alpha]M/100$$ 式（8-3）

式中，D 为 589nm 的钠光；l 为测量池池长（dm）；c 为溶液浓度（g/ml）；M 为样品的分子量。

旋光光谱的谱线可以分为三大类：平坦谱线、单纯 Cotton 效应谱线和复合 Cotton 效应谱线。

（1）平坦谱线：化合物的手性中心附近无发色团时，其 ORD 谱线为平坦谱线，无峰、谷之分。其中谱线在短波处升起者为正性谱线，如图 8-1 中的谱线 1；降低者为负性谱线，如图 8-1 中的谱线 2 和 3。

（2）单纯 Cotton 效应谱线：谱线只含有 1 个峰和 1 个谷。其中峰在长波部分，谷在短波部分者称为正 Cotton 效应曲线，如图 8-1 中的谱线 4；反之，谷在长波部分，峰在短波部分者称为负 Cotton 效应曲线，如图 8-1 中的谱线 5。

（3）复合 Cotton 效应谱线：当化合物含有多个发色团时，ORD 谱线将出现多个峰与谷，如图 8-1 中的谱线 6 和 7。

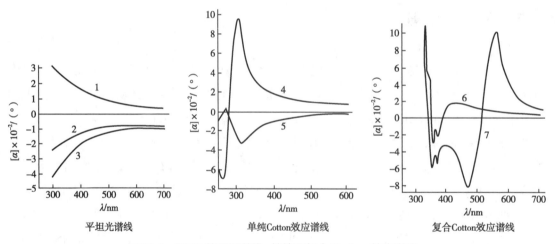

图 8-1　ORD 的平坦谱线、单纯和复合 Cotton 效应谱线

尽管 ORD 可以用于未知分子绝对构型的确定，但随着化合物手性因素的增加，ORD 会变得极其复杂而不利于解析。因而，相比于 ORD，CD 在绝对构型的确定方面应用得更为广泛。

（二）圆二色谱

当偏振光通过手性分子时，手性分子对组成平面偏振光的左旋圆偏振光和右旋圆偏振光的吸收系数是不相等的，即 $\varepsilon_L \neq \varepsilon_R$，这种性质称为圆二色性。它们之间的差称为吸收系数差，表示为：

$$\Delta\varepsilon = \varepsilon_L - \varepsilon_R$$ 式（8-4）

式中，ε_L 与 ε_R 分别为左旋圆偏振光与右旋圆偏振光的吸收系数。由于吸收系数 $\varepsilon_L \neq \varepsilon_R$，所以

透射出的光不再是平面偏振光，而是椭圆偏振光。

手性物质以摩尔吸光系数之差 $\Delta\varepsilon$ 或摩尔椭圆度 $[\theta]$ 为纵坐标、以波长 λ 为横坐标作图，获得的谱线称为圆二色谱。传统平面偏振光的波长范围为 200～400nm，属于紫外区，由于其吸收光谱是由分子内的电子能级跃迁引起的，因此称为电子圆二色谱（electronic circular dichroism spectrum, ECD）；当平面偏振光的波长范围在红外区时，由于其吸收光谱是由分子的振动转动能级跃迁引起的，因此称为振动圆二色谱（vibrational circular dichroism spectrum, VCD）。但 ECD 由于干扰少、容易测定等长期被广泛应用，本章也主要介绍 ECD 及其在立体构型测定方面的应用。

电子圆二色谱可分为正性曲线和负性曲线，即呈现正峰的为正性曲线、呈现负峰的为负性曲线（图 8-2）。摩尔吸光系数之差 $\Delta\varepsilon$ 与摩尔椭圆度 $[\theta]$ 的换算关系为：

$$[\theta] = 3\,300\Delta\varepsilon \qquad\qquad 式（8-5）$$

圆二色谱仪记录的是椭圆度 θ，通常使用摩尔椭圆度 $[\theta]$：

$$[\theta] = \theta(\lambda)M/100 \times l \times c \qquad\qquad 式（8-6）$$

式中，M 为手性物质的分子量；c 为溶液浓度（g/ml）；l 为测量池池长（dm）。

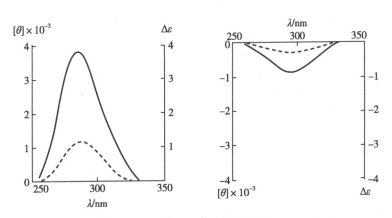

图 8-2　电子圆二色谱示意图

（三）ECD、ORD 以及与 UV 的关系

ORD 和 ECD 是分子不对称性对光的作用的两种表现，它们都是光与物质作用产生的。UV 反映光和分子的能量交换。

旋光光谱是非吸收光谱，不具有紫外吸收的手性化合物也可测定旋光光谱。其谱线特征为不具有发色团的手性化合物产生平滑谱线，具有发色团的手性化合物在接近于所测化合物的最大吸收波长处出现异常 S 形曲线式 Cotton 效应谱线。ORD 较复杂，但比较容易显示出小的差别，能够提供更多有关立体结构的信息。

圆二色谱是吸收光谱，具有紫外吸收的手性化合物可测定电子圆二色谱。其谱线特征为当手性中心附近有发色团时，在所测化合物的最大吸收波长处出现异常的峰状或谷状 Cotton 效应谱线。ECD 简单明了，易于解析，能很明确地表现出吸收带的圆二色性。即当分子的 UV 呈现有较多的吸收带时，ECD 能很好地分辨相应于每个吸收带的 Cotton 效应的正、负性。

在化合物的紫外最大吸收处是 ORD 产生 Cotton 效应谱线跨越基线的位置，也是 ECD 产生 Cotton 效应谱线的位置,且 ORD 与 ECD 具有一致性,当 ORD 呈正 Cotton 效应时,ECD 也呈正 Cotton 效应;反之亦然。如图 8-3 所示。

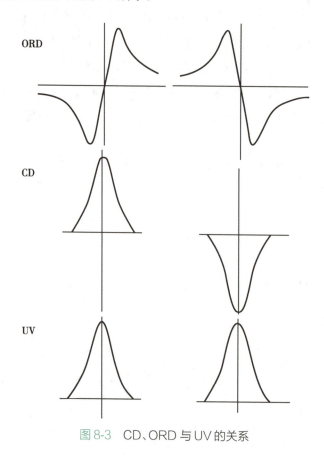

图 8-3　CD、ORD 与 UV 的关系

第二节　圆二色谱在确定绝对构型中的应用

一、经验规律

随着 CD 和 ORD 法在确定有机化合物立体构型方面的不断发展,科学家们对发色团在手性中心周围的化合物的 CD 和 ORD 进行了大量的数据收集和理论探索,获得一些经验规律,包括环酮的八区律、内酯的扇形规则、共轭双烯和共轭不饱和酮的螺旋规则等。利用这些规律可以测定含有酮基、共轭双键、不饱和酮、内酯、硝基,以及通过简单的化学沟通能够转化成含有上述基团的化合物的立体结构。然而,随着技术的不断发展和方法的不断更新,很多经验规律因适用范围窄、影响因素多、结果不可靠等局限性已经逐步退出历史舞台。现只对应用最广泛也是最古老的八区律的相关知识加以介绍。

羰基本身不具有旋光性,但当其存在于非对称分子中时,其对称的电子分布受到分子内不对称因素的干扰,诱发成为一个新的不对称中心,即呈现旋光性,导致羰基在(290±20)nm 的波长范围内出现 Cotton 效应。Cotton 效应曲线的符号及谱型取决于羰基所处的不对称环境,故在非对称分子内,不对称中心离羰基越近,Cotton 效应越显著。当这些不对称中心的构型、构象发生变化时,Cotton 效应曲线的符号也随之发生比较明显的变化,八区律(octant rule)就是概括了这种变化的经验规律。由于链酮的构象不固定,八区律法则现主要应用在环酮类化合物上。此外,八区律早先是基于 ORD 总结的规律,但 ORD 和 CD 是同一现象的两个方面,它们都是光与手性物质作用产生的。一般情况下,CD 的 $\Delta\varepsilon$ 绝对值最大处对应的波长(峰或谷处)与 ORD 的 $\lambda\kappa$ 很接近。当 ORD 呈正 Cotton 效应时,相应的 CD 也呈正 Cotton 效应;反之亦然。所以也可以根据电子圆二色谱(ECD)谱图,应用八区律经验规则判断化合物的绝对构型。

(一)平面分隔法

利用八区律解决含羰基化合物的立体化学时,一个很重要的问题是将羰基化合物如何置于八区中。用 3 个相互垂直的平面 A、B 和 C 将空间分割成 8 个区域,以 C 平面为界,平面前称"前区",平面后称"后区"。每个区又可分为上、下、左、右 4 个分区,各区的旋光分担如图 8-4 所示。

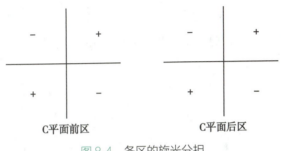

C平面前区　　　　　　C平面后区

图 8-4　各区的旋光分担

将呈椅式构象的饱和环酮化合物的羰基置于 A、B 平面的相交线上,使平面 C 位于分割 C=O 的位置上。羰基的 α 和 α' 位上的两个碳原子(C-2 和 C-6)落在 B 平面上,β 和 β' 位上的两个碳原子(C-3 和 C-5)及其上的取代基必须在 B 平面的上方;而 γ 位上的碳原子(C-4)及其上的取代基在 A 平面上(图 8-5)。

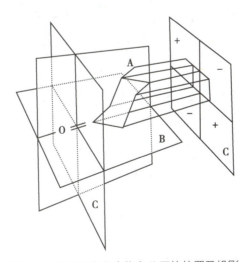

图 8-5　环己酮类化合物在八区的位置及投影

(二)八区投影

环己酮的各原子主要落在 C 平面"后区",为方便判断旋光分担,采用投影法将饱和环酮的结构投影到 C 平面"后区",如图 8-6 所示。

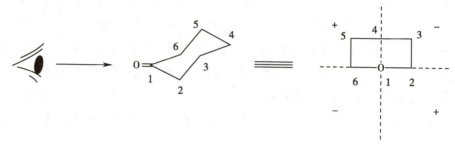

图 8-6　环己酮在后四区中的投影

（三）旋光分担规则

①在 3 个平面上的原子对旋光无贡献,则 C-4 的 a 键(直立键,axial bond)和 e 键(平伏键,equatorial bond)及 C-2 和 C-6 的 e 键取代基均无贡献;②C-5 的 a 和 e 键、C-2 的 a 键取代基均为正贡献;③C-3 的 a 和 e 键、C-6 的 a 键取代基均为负贡献;④旋光贡献具有加和性;⑤距离羰基越远,贡献越小;⑥基团越大,贡献越大。如图 8-7 所示。

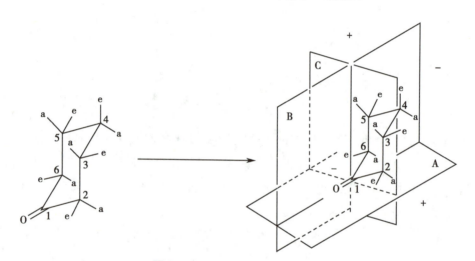

图 8-7　环己酮八区律分布示意图

（四）应用

利用八区律解析立体结构的程序为首先给出已确定平面结构的环己酮衍生物的椅式构象,然后转换成八区律要求的椅式构象,并投影到八区中,获得八区分布图;根据八区律判断该化合物的 Cotton 效应,进而推导绝对构型或优势构象。

1. 当平面结构和相对构型已知时,确定化合物的绝对构型 3- 羟基 -3- 十九烷基环己酮的平面结构如图 8-8 所示,仅存在一个手性中心。经测定该化合物的 ORD 为正 Cotton 效应曲线,应用八区律可以准确确定该化合物的绝对构型。

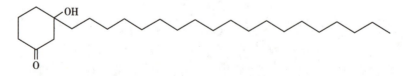

图 8-8　3- 羟基 -3- 十九烷基环己酮的平面结构

首先,画出该化合物的 R 构型和 S 构型的结构式。由于十九烷基为大基团,应在 e 键上,所以它们的优势构象如图 8-9 所示。随后,将椅式构象式转换成八区律要求的构象式和投影式。最后,根据八区律确定该化合物的绝对构型为 S 构型。

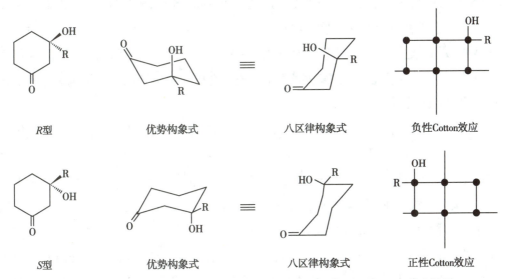

图 8-9　3- 羟基 -3- 十九烷基环己酮的结构、八区律分布图和 Cotton 效应性质

2. 当绝对构型已知时,确定化合物的优势构象(＋)- 异薄荷酮的绝对构型如图 8-10 所示,经测定其 ORD 为正 Cotton 效应曲线,应用八区律可以确定该化合物的优势构象。

在绝对构型已知的前提下,画出右旋异薄荷酮的可能的两种构象,将椅式构象式转换成八区律要求的椅式(图 8-11)。在八区中,1a 和 1b 分别呈负 Cotton 效应和正 Cotton 效应。根据化合物的 ORD 曲线,可以确定该化合物的优势构象为 1b。

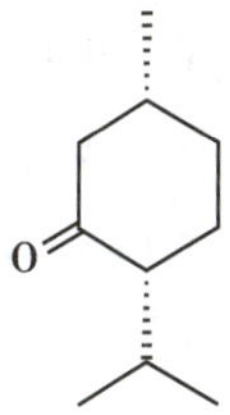

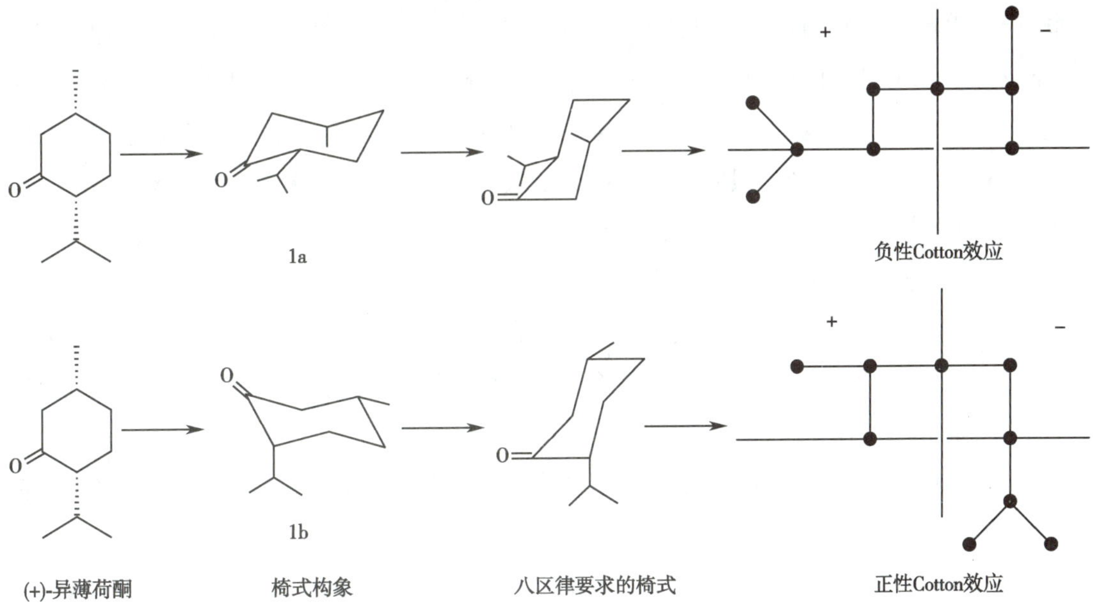

图 8-10　（＋）- 异薄荷酮的结构

1a

负性Cotton效应

(+)-异薄荷酮　　　椅式构象　　　八区律要求的椅式　　　正性Cotton效应

1b

图 8-11　（＋）- 异薄荷酮的结构、八区律分布图和 Cotton 效应性质

二、圆二色谱激子手性法

在光谱分析方法中，早期确定手性分子构型的方法主要有三种。第一种是上述介绍过的一些经验规律，如八区律、螺旋规则、扇形规则等。第二种是旋光比较法，即通过比较相关化合物的旋光性得到手性化合物的构型信息（比较药物和绝对构型已知且结构与待测药物相同或相似的化合物在相同实验条件下测定的旋光光谱）。第三种则是对比相关化合物的 Cotton 效应推导出手性分子的绝对构型（比较药物和绝对构型已知且结构与待测药物相似的化合物的 CD 谱图）。这些方法对样品要求不高（如纯度、官能团、结晶等）、测量过程无损失，因而得到广泛应用。但它们都是经验性的方法，故有很多例外，无法保证判定结果的可靠性。为了解决这一问题，一种非经验性的确定手性化合物绝对构型的方法——CD 激子手性法（CD exciton chirality method）逐步形成。该方法的实用性在于其不仅在理论上以量子力学为基础，结果准确，可以与 X 射线衍射法相媲美；而且其在溶液状态下即可进行测定，样品用量少、可以回收且不需要标准对照品，简单方便。当然，CD 激子手性法也同样存在一定的局限性，并不适用于所有手性分子的立体化学研究。本节将从基本原理出发介绍如何判定手性分子是否适用于 CD 激子手性法及如何应用 CD 激子手性法进行绝对构型的鉴定工作。

（一）CD 激子手性法的基本原理

当分子中的两个（或多个）具有 $\pi \to \pi^*$ 强吸收的发色团都处于相互有关的手性环境中，经光照射激发后，两个（或多个）发色团的激发态[又称激子（exciton）]之间相互作用，称为激子耦合（exciton coupling）。此时激发态分裂成两个能级[这两个能级的能量之差称为 Davydov 裂分（Davydov split）]，而形成两个符号相反的 Cotton 效应。CD 谱线表现为在发色团 UV 的最大吸收波长（λ_{max}）处裂分为符号相反的两个吸收，即裂分的圆二色谱。处于波长较长处的吸收称为第一 Cotton 效应，波长较短处的吸收为第二 Cotton 效应。如果两个发色团的电子跃迁矩矢量构成顺时针螺旋（即右旋），为正激子手性，其第一 Cotton 效应为正、第二 Cotton 效应为负（图 8-12A）；反之，当两个跃迁矩矢量构成逆时针螺旋（即左旋）时，为负激子手性，其第一 Cotton 效应为负、第二 Cotton 效应为正（图 8-12B）。如果确定了发色团中跃迁矩的方向，即跃迁的偏光性，根据这两个 Cotton 效应的符号便可决定两个发色团在空间的绝对构型，这种判断构型的方法称为 CD 激子手性法。

（二）CD 激子手性法的适用条件

在相对构型确定的前提下，手性分子中相互有关的手性环境中若具有合适的发色团或能够引入合适的发色团，即可通过分析手性分子的优势构象并结合裂分的圆二色谱曲线确定发色团在空间的绝对构型，进而确定手性分子整体的绝对构型。

1. 常用作激子手性法的发色团的电子性质　可用于 CD 激子手性法的发色团必须具有强的吸收，以便相距较远的发色团之间产生强的激子耦合。

（1）对位有取代的苯甲酸酯和酰胺类：如表 8-1 所示都是适用于激子手性法的有各种对位取代的苯甲酸酯和苯甲酰胺类化合物的 UV 数据。

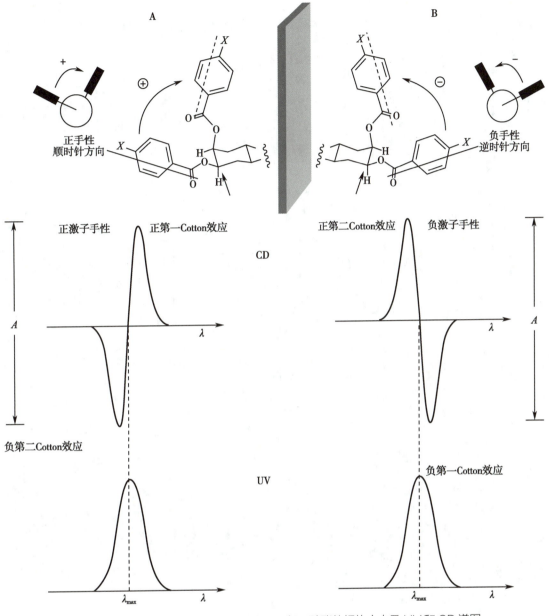

图 8-12 以对取代苯甲酰为发色团的环己邻二醇酯的螺旋方向及 UV 和 CD 谱图

表 8-1 对位有取代的苯甲酸与胆固醇形成的酯和苯甲酰胺的 UV 数据

发色团*		溶剂	发色团*	溶剂
^1L_b ←→ CT ^1L_a	273.6nm ε 900 229.5nm ε 15 300	EtOH	NH$_2$ 283.8nm ε 21 900	MeOH：dioxane （9：1）

发色团*		溶剂	发色团*		溶剂
(对甲基苯甲酸甲酯)	280.6nm ε 600 238.4nm ε 17 600	EtOH	(对二甲氨基苯甲酸甲酯)	311.0nm ε 30 400 229.0nm ε 7 200	EtOH
(对氯苯甲酸甲酯)	282.5nm ε 600 240.0nm ε 21 400	EtOH	(对氰基苯甲酸甲酯)	283.4nm ε 1 700 240.0nm ε 24 600	EtOH
(对溴苯甲酸甲酯)	283.0nm ε 500 244.5nm ε 19 500	EtOH : dioxane （280 : 1）	(对硝基苯甲酸甲酯)	260.5nm ε 15 100	EtOH : dioxane （24 : 1）
(对甲氧基苯甲酸甲酯)	257.0nm ε 20 400	EtOH	(N-甲基苯甲酰胺)	224.6nm ε 11 200	EtOH

注:* 表中的箭头表示 π→π* 跃迁矩的方向。

间位、邻位上有取代的苯甲酸酯的对称性低,UV 吸收带的方向不与醇性的 C—O 键轴平行,不适合 CD 激子手性法。

（2）多稠合苯发色团: 表 8-2 中列出适合于 CD 激子手性法的多稠合苯类化合物的 UV 数据。表 8-2 中列出的多稠合苯类化合物与苯不同,它们有发色团的长轴、短轴,因而跃迁的偏光性能被确定,可适用于 CD 激子手性法。

（3）共轭烯烃、α,β- 不饱和酮、α,β- 不饱和酯、α,β- 不饱和内酯: 这些基团的 π→π* 跃迁也可作为激子手性法的发色团使用。共轭双烯烃的电子跃迁性质(λ_{max}、ε、跃迁矩的方向)受 S-trans、S-cis 构象的影响。S-cis 构象的最大吸收波长较 S-trans 构象的最大吸收波长长,可是吸收系数小。共轭酮、酯、内酯的 UV 数据列在表 8-2 中供参考。

除上述发色团外,苯炔、苯腈也可适用于 CD 激子手性法,它们的电子跃迁性质如表 8-2 所示。

表 8-2　稠苯、共轭二烯、α,β- 不饱和酮、酯、内酯等化合物的 UV 数据

类型	发色团		溶剂
稠苯		312.0nm；ε 200 275.5nm；ε 5 800 220.2nm；ε 107 300	EtOH
		356.5nm；ε 7 600 251.9nm；ε 2 040 000	EtOH
		471.0nm；ε 10 000 274.0nm；ε 316 000	EtOH
共轭二烯		265nm；ε 6 400	isooctane
		234nm；ε 20 000	EtOH
α,β- 不饱和酮		241nm；ε 16 600	EtOH
酯		215nm；ε 11 200	EtOH
		259nm；ε 24 700	EtOH
内酯		217nm；ε 15 100	EtOH

类型	发色团		溶剂
苯炔	^1L_a ^1L_b C≡CH	269.5nm; ε 350 234.2nm; ε 15 000	EtOH
苯甲腈	CN	284.0nm; ε 1 900 227.6nm; ε 14 200	EtOH

2. 新开发的发色团 当化合物因自身缺乏合适的发色团而无法应用 CD 激子手性法时,可以考虑通过衍生化引入合适的发色团。新开发的发色团主要体现在:①引入具有较大红移作用的发色团,避免与原分子中已存在的发色团在图谱中相互影响;②引入具有强吸收作用的发色团,在发色团间相距较大的距离时,能够产生较强的相互作用;③引入荧光发色团,可以利用灵敏度的提高降低样品的用量到纳克(ng)级水平。

(三)影响激发态 Cotton 效应曲线的因素

Cotton 效应的波长取决于发色团的性质。分裂型 Cotton 效应曲线的符号、振幅与发色团之间的距离和角度有关,但 Cotton 效应曲线的吸收波长与发色团之间的距离、角度无关,固定在某一特定的波长范围内。例如对二甲氨基苯甲酸酯的第一 Cotton 效应出现在 319~321nm,第二 Cotton 效应出现在 291~295nm;而对氯苯甲酸酯的第一 Cotton 效应出现在 246~248nm,第二 Cotton 效应出现在 228~231nm。

Cotton 效应的强度取决于两个发色团之间的距离和发色团的对位上助色团的性质。当发色团一定时,两个发色团之间的距离越远,分裂型 Cotton 效应的振幅就越小。根据理论计算,振幅与两个发色团之间的距离的平方成反比。

当两个发色团不同时,激子 Cotton 效应的符号与两个发色团相同时的激子 Cotton 效应的符号相一致,但强度随两个发色团的 UV 最大吸收波长的差值增大而渐弱。

邻二苯甲酸酯发色团系列的分裂型 Cotton 效应曲线的符号与强度是发色团间的二面角的函数。二面角在 0°～180° 时,分裂型 Cotton 效应曲线的符号不变;二面角为 70° 时,Cotton 效应的强度最大。

(四)CD 激子手性法在绝对构型确定中的应用

例 8-1 二氢沉香呋喃是一类高度氧化的三环倍半萜类化合物,其因丰富的化学多样性和广泛的生物活性备受关注。这类化合物立体中心处的取代基常具有强的紫外吸收,因此 CD 激子手性法在这类化合物的绝对构型确定方面应用颇多。

Tripterester A(图 8-13)是一个二氢沉香呋喃型倍半萜类化合物,其 8 位和 9 位分别被烟酰基基团和苯甲酰基基团所取代。在 tripterester A 的 CD 谱图上可明显观察到分裂型 Cotton 效应(λ_{max} 235nm,$\Delta\varepsilon = -4.09$;$\lambda_{max}$ 214nm,$\Delta\varepsilon = +9.24$)。根据 CD 激子手性规则,第一 Cotton 效应为负、第二 Cotton 效应为正,给出电子跃迁矩为逆时针的负激子手性,因此可以确定 tripterester A 的 8 位为 *R* 型、9 位为 *S* 型。

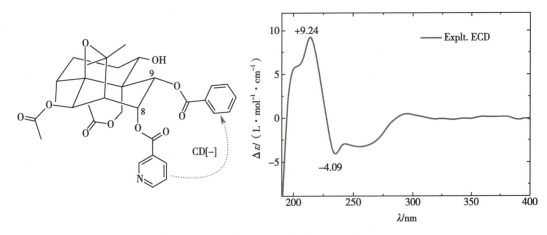

图 8-13　Tripterester A 的结构及 CD 谱图

例 8-2　Taxinine（图 8-14）是日本红豆杉的主要成分，属于 Taxiod 二萜类化合物。其烯酮部分的张力很大，在 262nm 处有一强的 Cotton 效应（π → π* 跃迁），在 354nm 处有一弱的 Cotton 效应（n → π* 跃迁）。262nm 处的 Cotton 效应与常见的发色团重叠，要确定紫杉烷骨架的绝对构型必须采用红移的发色团，使 CD 曲线不与分子中原有发色团的吸收重叠。先将 taxinine 水解成 9,10- 二羟基 taxinine，然后分别用红移的芳香化多烯发色团 chrom-Ⅰ、Ⅵ、Ⅷ 酯化得到酰化物（a、b、c），从长波长处的未重叠的负 CD 耦合曲线可明确确定 C-9 和 C-10 的立体化学为 R 型（图 8-15）。

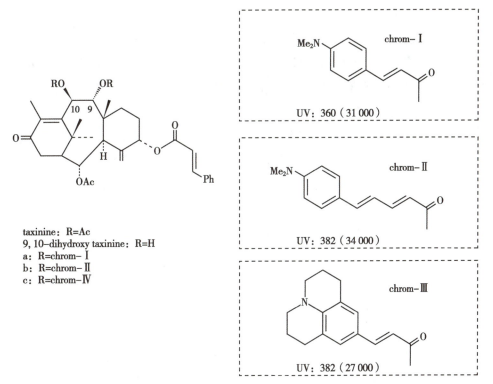

taxinine: R=Ac
9, 10-dihydroxy taxinine: R=H
a: R=chrom-Ⅰ
b: R=chrom-Ⅱ
c: R=chrom-Ⅳ

chrom-Ⅰ
UV：360（31 000）

chrom-Ⅱ
UV：382（34 000）

chrom-Ⅲ
UV：382（27 000）

图 8-14　Taxinine 及其衍生物的结构

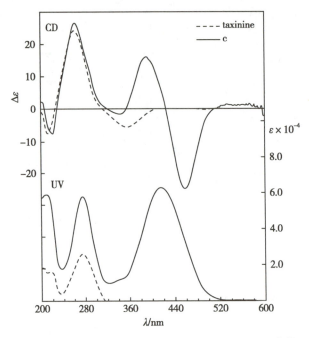

图 8-15　Taxinine 及其衍生物 c 的 UV/vis 和 CD 曲线

三、电子圆二色谱计算确定手性化合物的绝对构型

本章的前述内容介绍了利用经验性或半经验性的方法对实测电子圆二色谱谱图进行分析，从而确定化合物的绝对构型的方法。本节将初步介绍利用量子化学的方法确定手性化合物的绝对构型。

（一）量子化学简介

量子化学是应用量子力学的基本原理和方法研究化学问题的一门基础学科。利用量子化学的原理，可以预测分子性质、通过计算结果与实验结果的比较阐释不明确的实验数据，并可以模拟那些无法通过实验直接观测的、短暂存在的、不稳定的中间体和过渡态。

使用量子化学的方法进行有机化合物的结构确定在早些时候是十分困难的，其主要困难来源于三个方面。首先，量子化学领域的知识壁垒很高，很多实验化学家无法独立完成相关计算。其次，早期模型化学方法的时间成本与精确度是正相关的，随着体系增大，研究者不得不牺牲精确度以使时间成本处于可接受的范围内。此外，计算机计算能力的固有限制也在很大程度上限制了量子化学在有机化合物结构确定方面的应用。随着计算化学与计算机技术的发展，这些困难被逐渐解决。一方面，以 Gauss 为代表的计算软件的出现使得研究者可以在完全没有任何计算化学基础的情况下完成相关理论计算；另一方面，密度泛函理论（density functional theory，DFT）的出现与计算机计算能力的发展使得一台几千元的主机即可满足常规的计算需求。目前，研究者通过短时间学习，即可在一台性能较好的主机上开展理论计算研究。

（二）利用 ECD 计算确定有机化合物的绝对构型

在利用实测 ECD 谱图确定有机化合物的绝对构型的工作中，很多分子结构不含有可用经验规律、激子手性或过渡金属试剂等方法进行绝对构型确定的基团，这些分子的绝对构型确定常常是通过和结构相似的已知化合物进行 ECD 谱图比对实现的。然而，一些情况下结构相似的已知化合物很难找到,同时有研究表明,对于一些柔性结构,取代基的改变就有可能导致优势构象的变化并导致 ECD 曲线的翻转,从而造成绝对构型的误判。因此,ECD 谱图比对在适用性和可靠性上都存在很大的局限性。进入 21 世纪,随着计算机能力的提高与计算理论的发展,利用计算化学对 ECD 谱图进行模拟,将计算结果与实验结果进行比对的方法开始应用于未知手性分子绝对构型的确定。最近 10 年,特别是在天然有机分子的绝对构型确定方面,利用 ECD 计算法确定化合物的绝对构型已应用得十分广泛。

(三)ECD 计算的一般步骤

下面以构象搜索软件 Spartan'14、计算软件 Gauss 09 及谱图分析软件 SpecDis 09 为例,介绍 ECD 计算的一般步骤(图 8-16)。

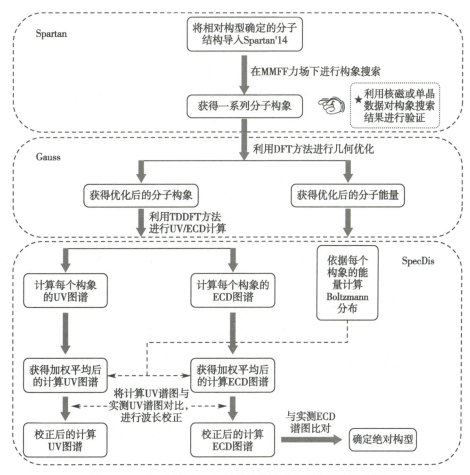

图 8-16 ECD 计算的一般流程(紫外校正部分可选择进行)

由于对映异构体的 ECD 谱图理论上以 x 轴为对称轴镜像对称,故计算时通常只计算未知分子的一种可能的绝对构型即可。最后将计算 ECD 谱图与实测 ECD 谱图进行比对,若两者的趋势相似,即可认为计算时所假定的绝对构型即为未知分子的绝对构型。需要说明的是,在一些情况下,计算 ECD 谱图并不能很好地拟合实测 ECD 谱图。此时可考虑是否因计算所用的构象与分子真实的存在形式存在较大的差距,并尝试使用不同的模型化学以获得较满意的计算结果。此外,虽然 ECD 计算法可用于绝大多数分子的绝对构型的确定,但受到 ECD 吸收产生条件的限制(发色团需靠近手性中心),部分化合物因无 ECD 吸收而无法利用 ECD

计算法确定绝对构型。针对这种情况,除了利用诱导 ECD 外,还可利用 VCD 计算法来确定未知分子的绝对构型。后面将简要介绍 VCD 计算的相关知识。

(四)ECD 计算确定化合物绝对构型的实例

Kumunorquassin A 为从苦木 *Picrasma quassioides* 的叶中分离得到的甘遂烷型三萜类化合物,其绝对构型已通过 X 射线单晶衍射实验得到确定。下面介绍运用 ECD 计算法进一步验证该化合物的绝对构型的过程。首先利用 ChemDraw 结构软件构建相对构型确定的化合物 Kumunorquassin A 的结构,并将其导入 Conflex 构象搜索软件,利用分子力场 MMFF 进行构象搜索,选取能量占比>1% 的构象进行计算。以 DFT 及 TDDFT 方法,在 B3LYP/6-31G(d)/ B3LYP/6-311++G(2d,p)理论水平、PCM 溶剂模型下进行几何优化、振动分析及激发态计算,获得每个构象的计算 ECD 谱图。同时,利用几何优化计算时获得的能量计算构象的玻尔兹曼分布。结果如图 8-17 所示。

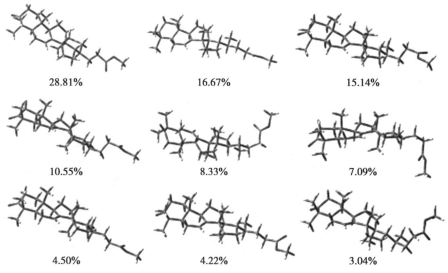

图 8-17　化合物 Kumunorquassin A 的构象分布

将每个构象的计算 ECD 谱图根据图 8-17 的构象分布进行加权,获得最终的计算 ECD 谱图,并将计算 ECD 谱图与实测 ECD 谱图进行比较,从而确定 Kumunorquassin A 的绝对构型(图 8-18)。

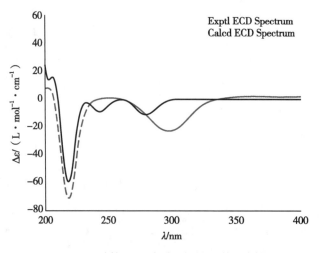

图 8-18　计算 ECD 与实测 ECD 谱图比较

四、振动圆二色谱计算辅助确定手性化合物的绝对构型

振动圆二色谱(VCD)是因手性物质对通过的左旋、右旋圆偏振红外光的吸收能力不同而形成的。它可以提供丰富的分子立体结构的信息,从而有助于研究和推测手性分子的分子结构。VCD计算法的发展几乎与ECD计算法是同步的,但由于VCD光谱仪并不像ECD光谱仪那样普及,同时VCD谱图相较于ECD谱图要复杂得多,导致VCD计算法并不像ECD计算法那样广泛应用于有机手性分子的结构确定工作中。当手性分子的手性原子或其附近没有发色团时,因没有ECD吸收而无法利用ECD计算法进行绝对构型确定,但是所有分子的化学键都存在振动,因而理论上VCD计算法能用于几乎所有分子的绝对构型确定。

此外,对于ECD光谱而言,很多学者通过研究结构与ECD谱图之间的关系,建立了很多经验性或半经验性的规律用于快速确定部分化合物的绝对构型。但同样由于VCD谱图的复杂性,目前利用VCD确定手性分子的绝对构型仅能通过计算VCD谱图,并通过计算与实测VCD谱图的比对实现。值得一提的是,在ECD计算过程中,UV校正这一过程并不是必需的;而对于VCD计算而言,必须通过计算相应的红外光谱(IR)并与之进行比较才能实现。下面简要介绍利用VCD技术确定手性化合物的绝对构型的过程:①选择一种构型的手性化合物;②计算该构型的IR与VCD光谱;③测定手性化合物的IR与VCD光谱;④将计算与实际测定的结果进行比较,确定手性化合物的绝对构型。

VCD计算过程与ECD计算是相似的,首先假定一个分子的绝对构型并建立分子的三维结构,通过构象搜索软件进行构象搜索,并进行几何优化与振动分析,随后计算求解出每个构象的VCD谱图,同时根据几何优化获得的能量进行玻尔兹曼加和,最终得到该分子的假定绝对构型的计算VCD谱图。

第三节　X射线单晶衍射法

X射线被誉为19世纪末20世纪初物理学的三大发现之一,是在1895年被德国科学家伦琴(W. C. Röntgen)偶然发现的,因此X射线又称为伦琴射线。在1912年,随着科学家们对晶体X射线衍射的深入研究,德国科学家劳厄(Max von Laue)发表用于计算衍射条件的劳厄方程;同年英国物理学家布拉格(W. L. Bragg)提出布拉格定律,用以简单明确地解释晶体X射线衍射的形成。10年以后,科学家们首次使用X射线单晶衍射法测定有机化合物(六亚甲基四胺)的晶体结构。随着理论、衍射仪和计算机技术的发展,X射线单晶衍射法从早期的可以解析简单化合物的结构发展到能解析一些复杂化合物的结构,还可以解析生物大分子(如蛋白质和核酸)等的结构。此外,伦琴、劳厄、布拉格等多人因为对X射线的研究获得诺贝尔奖的荣誉。

当X射线作用于单晶上时,入射的X射线由于晶体三维点阵引起的干涉应,形成数目众多、波长不变、在空间具有特定方向的衍射,这就是X射线衍射(X-ray diffraction)。测量出这些衍射的方向和强度,并根据晶体学理论推导出晶体中原子排布的情况,称为X射线结构分析。X射线结构分析的方法包括单晶结构分析和粉末结构分析。其中单晶结构分析可以提

供化合物在固态中所有原子的连接形式、分子构象、键长和键角等数据,即原子的精确空间位置。除此之外,还可获得化合物的化学组成比例、对称性、原子(分子)的三维排列和堆积的情况。在天然药物有效成分的结构测定时,单晶结构分析常用于确定化合物的相对构型和绝对构型。目前,X射线结构分析广泛应用于物理学、化学、材料科学、分子生物学和药学等多个学科,尤其是在制药工程领域中,是研究先导化合物微观结构的最强有力的手段。

一、X射线单晶衍射法的基本原理

(一)晶体学基本理论

固态物质一般可分为两种,一种是非晶态(non-crystalline)物质,其分子或原子的排列没有明显的规律;另一种是晶态(crystalline)物质,其具有规律的周期性排列的内部结构。晶体(crystal)内部的原子、离子或分子等在三维空间严格地按周期性排列堆积,是晶体具有各种特殊性质的根本原因。晶体的性质主要包括对称性、均一性、各向异性、自范性、最小内能性和稳定性。

1. 晶格与空间点阵 晶体中的原子团、分子或离子在三维空间以某种结构基元(structural motif)(即重复单位)的形式周期性排列。结构基元可以是一个或多个原子(离子或分子),每个结构基元的化学组成及原子的空间排列完全相同。得知晶体中最简单的结构基元及其在空间平移的向量长度与方向,就可获知原子或分子在晶体中排布的情况。将结构基元抽象为一个点,晶体中分子或原子的排列就可以看成点阵(lattice)。换而言之,晶体的结构等于结构基元加点阵。如果整块固体内部物质点的排列被一个空间点阵所贯穿,则称为单晶(single crystal)。

2. 晶胞 晶体的空间点阵可以选择3个互相不平行的单位向量a、b和c画出一个六面体单位,称为点阵单位。相应地,在晶体的三维周期结构中,按晶体内部结构的周期性,划分出若干大小和形状完全相同的六面体单位,称为晶胞(crystal cell)。晶体中可代表整个晶体点阵的最小体积称为原晶胞(primitive cell),也称为简单晶胞或素晶胞。3个单位向量的长度a、b、c以及它们之间的夹角α、β、γ称为晶胞参数(cell parameter),其中α是b和c的夹角、β是a和c的夹角、γ则是a和b的夹角。具体见图8-19。

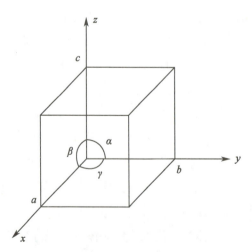

图8-19 晶胞及其参数

3. 晶体的对称性 晶体的对称性是指晶体中的各个部分借助一些几何要素及以此为依赖的一些操作而有规律地重复。对称图形中各个独立的相同部分通过某一种操作使之互相重合并最终使对称图形复原,这种操作称为对称操作。进行对称操作时凭借的几何要素(点、线、面)称为对称元素,也称为对称要素。晶体的对称元素主要包括对称自身、对称中心、对称面、对称轴、倒转轴、映转轴。

晶体的外形和内部结构都存在一定的对称性。了解晶体的对称性一方面可简单明了地描述晶体的结构,另一方面可以简化衍射实验和结构分析的计算。晶体的光学、电学等物理性质和它的对称性联系紧密,正确判断晶体的对称性是晶体结构解析的关键所在,一旦定错晶体的对称性,很可能会导致结构无法解析。

晶体的对称性分为宏观对称性和微观对称性。晶体的理想外形及其在宏观中表现出来的对称性称为宏观对称性。宏观对称元素按一定的规则进行组合能够得到 32 种组合方式,即 32 个点群,无论多么复杂的晶体外形一定属于 32 点群中的一个。32 个点群按其特征对称元素划分为 7 个晶系(表 8-3),晶系具有不同的对称性,因而导致晶胞的形状各异。

表 8-3 晶体学的 7 个晶系

晶系	晶胞参数	晶系	晶胞参数
三斜(triclinic)	$a \neq b \neq c$; $\alpha \neq \beta \neq \gamma$	六方(hexagonal)	$a = b \neq c$; $\alpha = \beta = 90°$; $\gamma = 120°$
单斜(monoclinic)	$a \neq b \neq c$; $\alpha = \gamma = 90°$; $\beta \neq 90°$	三方(trigonal)	$a = b = c$; $\alpha = \beta = \gamma \neq 90°$
正交(orthorhombic)	$a \neq b \neq c$; $\alpha = \beta = \gamma = 90°$	立方(cubic)	$a = b = c$; $\alpha = \beta = \gamma = 90°$
四方(tetragonal)	$a = b \neq c$; $\alpha = \beta = \gamma = 90°$		

注:表中的"≠"仅指不需要等于。

当测定某一未知晶体的晶胞参数后,其晶系就可被大致确定下来。但是,晶系是由特征对称元素所确定的,而不是仅由晶胞的几何形状(即晶胞参数)决定。因此,在实验误差范围内,晶胞参数满足某个晶系的要求只是必要条件,而不是充分条件。晶体微观结构中的对称性称为微观对称性。微观对称元素在符合点阵结构基本特征的原则下,按照一切可能进行组合,能够得到 230 种组合方式,即 230 个空间群,任何一个晶体必定属于 230 个空间群中的一个。这些空间群可以阐明一种晶体可能具有的对称元素种类及对称元素在晶胞中的位置。

(二)X 射线单晶衍射法的基本原理

晶体中原子间的键合距离通常在 0.1~0.3nm,可见光的波长范围在 300~700nm,所以光学显微镜无法显示分子结构图像。晶体的三维结构能够和波长与原子间距相近的 X 射线($\lambda = 0.05 \sim 0.3nm$)发生干涉效应,形成一幅有规律的衍射图像,用衍射仪测量出这些衍射的方向和强度,根据晶体学理论推导出晶体中原子的排列情况,就可获知晶体的结构。

1. X 射线的产生 X 射线单晶衍射实验用到的 X 射线通常是由 30~60kV 的高压电子轰击真空 X 射线管内的阳极靶面时所产生的。电子轰击阳极靶面时,同时产生两种 X 射线:连续 X 射线和特征 X 射线。电子多次碰撞金属原子产生多次辐射得到连续 X 射线,也称为"白色"X 射线。当 X 射线管的电压达到激发电压时,高速电子可激发靶原子的内层电子,原子处于高能激发态,外层电子跃迁至低能级的内层轨道上,从而释放出多余的能量,产生特定波长的 X 射线,即特征 X 射线。不同的外层(如 L、M 层)电子向 K 层空轨道的跃迁所辐射的能量不同,其波长也有差异。概率最大的跃迁是 L 层电子向 K 层空轨道的跃迁,其次是 M 层电子向 K 层的跃迁。前者的波长为 K_{a_1} 和 K_{a_2},两者的波长相差甚小;后者的波长为 K_β,其波长较短,强度较弱。K_{a_1}、K_{a_2} 和 K_β 称为该靶面金属原子的特征 X 射线。通常用于 X 射线单晶衍射实验的 X 射线由钼靶或铜靶产生。为了获得单色化、强度高的特征 X 射线,必须加上某种合适的单色器,将"白色"及较弱的特征谱线滤去。常用的石墨单色器不能把 K_{a_1} 和 K_{a_2} 二重峰分开,因此钼靶 X 射线经单色化后得到的谱线为 K_a(包括 K_{a_1} 和 K_{a_2}),称为 MoK_a 射线,其波长 λ 为 0.710 73Å;铜靶 X 射线经单色化后得到的谱线为 CuK_a 射线,其波长 λ 为 1.541 8Å。

2. 布拉格方程 由于晶体中的原子组成的点阵在三维空间有序排列,其结构类似于光栅,因此晶体能对波长与晶格间距接近的 X 射线产生相干现象。当 X 射线照射到晶体上,就会产生衍射(diffraction)效应,衍射光的方向与构成晶体的晶胞大小、形状及入射的 X 射线波长有关,衍射光的强度与晶体内原子的类型和晶胞内原子的位置有关。所以,从衍射光束的方向和强度看,每种晶体都有自己特征的衍射图。衍射方向可以利用劳厄(Laue)方程和布拉格(Bragg)方程来描述,两个方程的出发点分别为直线点阵和平面点阵,但其结果是等效的。布拉格方程式是 X 射线单晶衍射学中最基本的公式,其形式简单,能够阐明衍射的基本关系,应用非常广泛。

晶体可以看成是由许多组平行的晶面族组成的,每一晶面族由一组互相平行、晶面间距(d)相等的晶面组成。X 射线有强的穿透能力,晶体的散射线来自若干层原子面,各原子面的散射线之间互相干涉。如图 8-20 所示,根据衍射条件,只有当光程差为入射 X 射线波长的整数倍时衍射才能相互加强,即 d 与 θ 之间的关系符合布拉格(Bragg)方程。

$$n\lambda = 2d\sin\theta \qquad\qquad 式(8\text{-}7)$$

式中,d 为晶面间距;θ 为衍射角(布拉格角);n 为衍射级数;λ 为 X 射线的波长。即当光程差等于波长的整数倍时,相邻原子面的散射波干涉加强。由布拉格方程可知,$\sin\theta = n\lambda/2d$,因 $\sin\theta < 1$,故 $n\lambda/2d < 1$。为使物理意义更清楚,现考虑 $n = 1$(即 1 级反射)的情况,此时 $\lambda/2 < d$,这就是能产生衍射的限制条件。布拉格方程说明用波长为 λ 的 X 射线照射晶体时,晶体中只有晶面间距 $d > \lambda/2$ 的晶面才能产生衍射。在结构分析中已知波长为 λ 的 X 射线,测定出 θ 角,可以计算晶体的晶面间距 d。

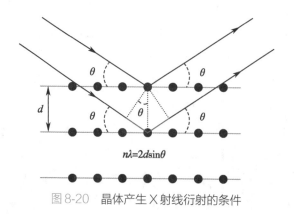

图 8-20 晶体产生 X 射线衍射的条件

（三）实验方法

1. 样品制备技术　　随着 X 射线衍射实验仪器的发展以及计算方法的不断提高，解决晶体结构的关键问题在于获得高质量的单晶，从而获得理想的衍射数据。X 射线单晶衍射实验对物质的结晶状态要求非常严格，即晶体必须是外形规整，原子、离子或分子排列的周期贯穿于整个晶体的单晶，并且单晶的大小应该合适，因而单晶培养对实验者来说常常是一个至关重要的问题。晶体的生长和质量主要依赖于晶核形成和生长速度。如果晶核形成速度大于生长速度，就会形成大量微晶，并容易出现晶体团聚；相反，晶核形成速度小于生长速度会引起晶体出现缺陷。为避免这两种问题常常需要不断摸索，研究新化合物时，对其结晶规律不了解，通常不容易预测并避免微晶或团聚问题的发生。当然，也不是完全没有规律可以依循，这里介绍两类常用且行之有效的方法。

（1）溶液生长法：从溶液中将化合物结晶出来，是单晶生长的最常用的形式。最为普通的方法是通过冷却或蒸发化合物饱和溶液，让化合物结晶出来。这时，最好采取各种必要的措施使其缓慢冷却或蒸发，以求获得比较完美的晶体。实践证明，缓慢结晶往往更容易获得成功。单晶培养最好使用洁净、光滑的玻璃杯等容器，结晶容器应放在非振动环境中，同时应尽量避免溶剂完全挥发，否则容易导致晶体相互团聚或者沾染杂质，不利于获得纯相、优质的晶体。

对于有机小分子而言，一般采用溶液生长法进行单晶培养，选择合适的溶剂对于结晶操作的成功具有重大意义。在选择溶剂时一般需了解样品的结构和性质，因为溶质往往易溶于与其性质相近的溶剂中，即"相似相溶"。一般情况下，对于欲结晶样品选用一种合适的溶剂进行单晶培养较为理想，所选择的溶剂对样品的溶解度温度高时溶解度大、温度低时溶解度小，挥发性合适。常用的溶剂包括甲醇、乙醇、丙酮、乙酸乙酯、三氯甲烷等。如果挑选不到合适的单一溶剂，则可选用混合溶剂结晶，选择两种或两种以上的溶剂进行组合，样品在一种溶剂中的溶解度良好，而在另一种溶剂中的溶解度较差，通过调节混合溶剂的比例，可以调节晶体的生长过程，从而获得品质优良的单晶。常用的混合溶剂包括甲醇与三氯甲烷、乙醇与三氯甲烷等。下面介绍几种常用的溶液生长法。

1）缓慢溶剂挥发法：将样品溶解在具有一定溶解度的单一溶剂或者混合溶剂中，理想的溶剂系统是一个易挥发的良性溶剂和一个不易挥发的不良溶剂的混合物；溶剂或溶剂系统的量应稍大于达到过饱和度所需要的量。将样品放置在合适的环境中，让溶剂缓慢挥发，当达到过饱和度时，开始析出晶核，随着溶剂的进一步挥发，溶质在晶核表面不断积累，其晶体逐渐长大。该方法的关键在于寻找合适的溶剂系统，使得晶体的聚集速度与生长速度在一个合适的范围之内，从而获得合适的单晶。

2）溶液降温法：通常化合物的溶解度随着温度下降而降低，因此可以利用这种特性来配制过饱和溶液。首先在较高的温度下配制接近于过饱和度的溶液，然后将溶液缓慢降温至较低的温度。降温过程最好呈梯度进行，降温的时间可以选择 1 天～1 周，甚至更长。值得注意的是，利用天然的热力学梯度，往往可以在几小时或者一昼夜的时间内获得合适的单晶。

3）混合溶剂法：在这种晶体生长方法中，需要仔细调整两种或两种以上溶剂的组成与比例。样品在混合溶剂中的一种良性溶剂中必须有较好的溶解性能;而在另一种不良溶剂中其溶解性能较差,甚至不溶。特别注意在混合溶剂法中,所选择的几种溶剂要求能够互溶。在混合溶剂法中,溶剂的添加速度、混匀方式会明显影响最终生成的晶体的质量。通常而言,添加不良溶剂的速度越慢越好。

（2）蒸气扩散法:选择两种对目标化合物溶解度不同的溶剂 A 和 B,且两者有一定的互溶性。把待结晶化合物置于敞口小容器中,并用溶解度大的溶剂 A 将其溶解,将敞口小容器放置于较大的容器中,并往较大的容器中加入溶解度小的溶剂 B,盖紧大容器盖子,溶剂 B 的蒸气就会扩散到小容器中,溶剂 A 的蒸气也会扩散到大容器中。随着扩散过程的进行,小容器中的溶剂慢慢变为 A 和 B 的混合溶剂,从而降低化合物的溶解度,迫使化合物不断结晶出来。

2. 衍射实验及结构解析过程 X 射线单晶衍射结构分析的过程从单晶培养开始,到晶体挑选与安置,继而使用衍射仪测量衍射数据,再利用各种结构分析与数据拟合方法进行晶体结构解析与结构精修,最后得到各种晶体结构的几何数据与结构图形等结果。

（1）晶体挑选:化合物通过单晶培养后,下一步则是从获得的结晶中挑选质量好、尺寸大小合适的晶体。结晶的尺寸是否合适与晶体的衍射能力和吸收效应程度、所选用射线的强度和衍射仪探测器的灵敏度有关。晶体所含的元素种类和数量决定晶体的衍射能力和吸收效应程度,而衍射仪的配置决定 X 射线的强度和探测器的灵敏度。

一般情况下应该选择尺寸小于所用准直器的内径尺寸的晶体,以确保 X 射线光束应能照射到整颗晶体上,如果晶体大于 X 射线光束将造成吸收等方面的明显误差。对于有很强的吸收效应的晶体,应该选择尺寸较小、形状尽量接近于球形或立方体的晶体。通常,晶体中的原子越轻(如纯有机化合物),晶体就应该越大;晶体中的原子越重(如含较重的金属),晶体就应该越小。使用不同的仪器测定,对晶体尺寸的要求也不同,如果使用高度敏感的 CCD 或 IP 探测器,或旋转靶光源,晶体尺寸可以比较小。除了晶体的尺寸外,晶体的质量也同样重要。在进行 X 射线单晶衍射结构分析前应在显微镜下对晶体的质量进行判断,品质好的晶体应该是透明、没有裂痕,表面洁净、有光泽。因为晶体的不同取向对偏振光有不同的消光作用,利用偏振光显微镜比较容易判断晶体是否为孪晶,20～80 倍的偏振立体显微镜非常适合。当然,最终晶体的质量是否合乎要求,还需用衍射实验来检验。

（2）晶体安置(crystal mounting):通常也称为黏晶体。晶体安置常用的方法有两种(图 8-21),第一种是将晶体用黏合剂黏在一根纤细的玻璃纤维上,第二种是将晶体安置在普通玻璃或硼玻璃毛细管中。将晶体安置在玻璃纤维上时,为了确保玻璃纤维的直径小且机械强度大,玻璃纤维最好是选用直径比晶体尺寸略小(0.1～0.3mm)的实心玻璃纤维。

（3）衍射实验与结构解析:晶体安置和对心工作完成后,就可以试收集衍射画面,在第一个画面中寻峰,获得取向矩阵和晶胞初参数,测定晶体的劳厄型和点阵型,最终根据劳厄型的分析结果,确定衍射数据收集方案,进行衍射数据的采集。结构解析的步骤包括确定正确的空间群、用晶体学结构解析软件解析结构、建立正确的分子结构模型、结构参数精修、结构描述。此外,X 射线单晶衍射结构分析法还借助各类画图软件,提供另一种强有力的表达方式,即各种形式的结构图。按图形的表达方式分类,结构图有线形图、球棍图、椭球图、空间填充图、晶胞堆积图与多面体分子立体结构投影图等图形。

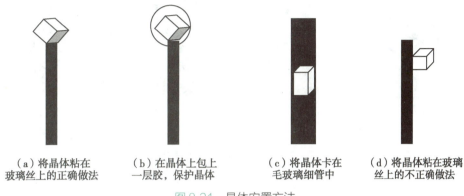

（a）将晶体粘在
玻璃丝上的正确做法

（b）在晶体上包上
一层胶,保护晶体

（c）将晶体卡在
毛玻璃细管中

（d）将晶体粘在玻璃
丝上的不正确做法

图 8-21　晶体安置方法

二、X 射线单晶衍射法在结构解析中的应用

在有机化合物结构解析中,通常通过四大光谱的综合解析,基本可以确定化合物的平面结构或相对构型。对于手性化合物绝对构型的研究是化合物结构确定的最后环节,如果能够获得良好的单晶,X 射线单晶衍射法是确定手性分子绝对构型的权威技术。同时在研究固体化学药物的晶体结构中,X 射线单晶衍射不仅能够提供同质异晶样品的分子排列规律,而且同时可给出结晶样品中结晶水或结晶中其他溶剂分子的准确数量。

目前国际晶体学界普遍认同用 Flack 提出的方法来确定绝对结构,其原理是基于分子中的各原子对 X 射线的反常散射效应,并通过绝对构型因子的计算来判断。该法在结构精修过程中加入一个参数 x,称为 Flack 参数(Flack parameter)。程序通过计算 Flack 参数 x 及其标准不确定度 u 判断晶体的绝对结构能否被确定,以及所精修的绝对结构是正确的还是相反的。$u>0.3$ 表示晶体的反常散射能力弱,绝对结构不能被确定;$u<0.04$ 表示晶体的反常散射能力很强,绝对结构可以被确定;$u<0.1$ 表示晶体具有较强的反常散射能力。假如 u 足够小,所精修的又是正确的绝对结构模型,则 Flack 参数 x 应等于或非常接近于 0;相反,x 等于或非常接近于 1,则表示此绝对结构是错误的,其倒反结构才是正确的。因此,对于 x 等于或非常接近于 1 的情况,必须翻转结构,再进行结构精修。

在获得晶体的 CIF 文件后,应及时通过上传至 checkCIF(http://checkcif.iucr.org/)进行数据的检查,一般认为没有 A 类和 B 类错误的数据是可靠的。同时,为了数据的真实性,在公开发表之前,应上传至剑桥晶体数据库(https://www.ccdc.cam.ac.uk/)进行储存,并公开该晶体的 CCDC 号码。

例 8-3　确定化合物的结构。甲磺酸伊马替尼是新一代的靶向性抗肿瘤药,用于治疗慢性粒细胞白血病。衍射实验选取无色块状晶体,尺寸为 0.34mm × 0.34mm × 0.28mm。用 X 射线单晶衍射仪收集衍射强度数据,各项参数见表 8-4,最终确定化合物的结构如图 8-22 所示。

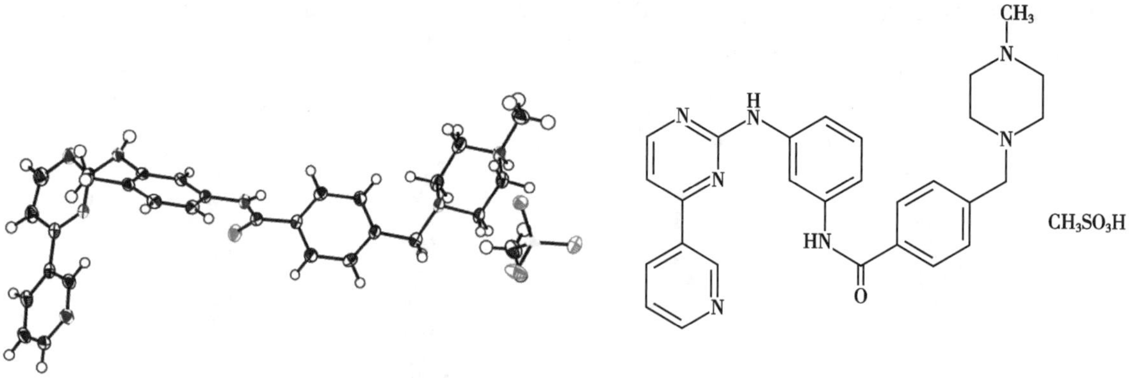

Imatinib Mesylate

图 8-22　甲磺酸伊马替尼的单晶结构

表 8-4　甲磺酸伊马替尼的晶体数据

分子式（molecular formula）	$C_{29}H_{31}N_7O \cdot CH_4SO_3$
分子量（molecular weight）	589.71
测试温度（temperature）	173（2）K
X 射线的波长（wavelength）	0.710 73
晶系（crystal system）名称	triclinic
空间群（space group）名称	P-1
晶胞参数（cell parameter）	a=9.154 6（9）Å　　α=93.361（9）° b=10.541 4（11）Å　β=93.674（8）° c=15.176 7（17）Å　γ=90.464（8）°
晶胞体积（cell volume）	1 459.0（3）Å^3
晶胞内的分子数（Z）	2
衍射实验计算得到的晶体密度[density（calculated）]	1.342mg/m^3
吸收系数（absorption coefficient）	0.947 7mm^{-1}
单胞内的电子数目[F（000）]	624
数据收集的 θ 角范围（theta range for data collection）	3.6°～25.7°
收集衍射点数目（reflections collected）	14 160
拟合优度值（goodness-of-fit on F^2）	1.032
对于可观测衍射点的 R_1，wR_2 值	0.047 4，0.111 8
对于全部测衍射点的 R_1，wR_2 值	0.066 1，0.120 1

例 8-4　确定化合物的绝对构型。Elephantopinolide H 是从地胆草中分离获得的活性倍半萜内酯，化合物的平面结构由高分辨质谱、^{1}H-NMR、^{13}C-NMR 和二维核磁谱推导出来，最后用 X 射线单晶衍射结构分析确定该化合物的绝对构型。晶体为从二氯甲烷-甲醇溶液中结晶得到的无色片状晶体，衍射实验选取的晶体尺寸为 0.20mm×0.10mm×0.01mm。用 X 射线单晶衍射仪收集衍射强度数据，各项参数见表 8-5，最终确定化合物的绝对构型为 2R，4R，5S，6S，7R，8S（图 8-23）。

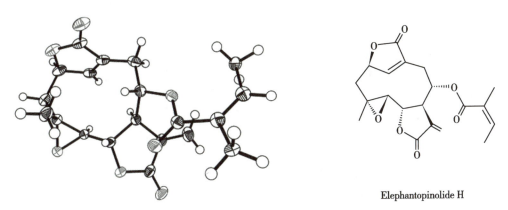

Elephantopinolide H

图 8-23 Elephantopinolide H 的单晶结构

表 8-5 Elephantopinolide H 的晶体数据

分子式（molecular formula）	$C_{20}H_{22}O_7$
分子量（molecular weight）	374.37
测试温度（temperature）	175K
X 射线的波长（wavelength）	1.541 78
晶系（crystal system）名称	orthorhombic
空间群（space group）名称	P 21 21 21
晶胞参数（cell parameter）	$a = 7.374\ 7(2)$Å $\quad \alpha = 90°$ $b = 12.160\ 4(3)$Å $\quad \beta = 90°$ $c = 42.719\ 9(10)$Å $\quad \gamma = 90°$
晶胞体积（cell volume）	3 831.09(17)Å³
晶胞内的分子数（Z）	8
衍射实验计算得到的晶体密度[density(calculated)]	1.298mg/m³
吸收系数（absorption coefficient）	0.753 3mm⁻¹
单胞内的电子数目[F(000)]	1 584
数据收集的 θ 角范围（theta range for data collection）	28.57°～67.55°
收集衍射点数目（reflections collected）	19 831
拟合优度值（goodness-of-fit on F²）	0.991
对于可观测衍射点的 R_1, wR_2 值	0.040 4, 0.109 5
对于全部测衍射点的 R_1, wR_2 值	0.047 5, 0.116 0

例 8-5 确定化合物中结晶水的存在。阿昔洛韦为一种合成的嘌呤核苷类似物，主要用于单纯疱疹病毒（HSV）导致的各种感染，可用于初发或复发性皮肤、黏膜、外生殖器感染及免疫缺陷者发生的单纯疱疹病毒感染，为治疗单纯疱疹病毒性脑炎的首选药。衍射实验选取白色片状晶体，尺寸为 0.20mm×0.10mm×0.10mm。用 X 射线单晶衍射仪收集衍射强度数据，根据其晶体数据结果（表 8-6），确定化合物中有一个结晶水存在，因此该化合物为一水合阿昔洛韦（图 8-24）。

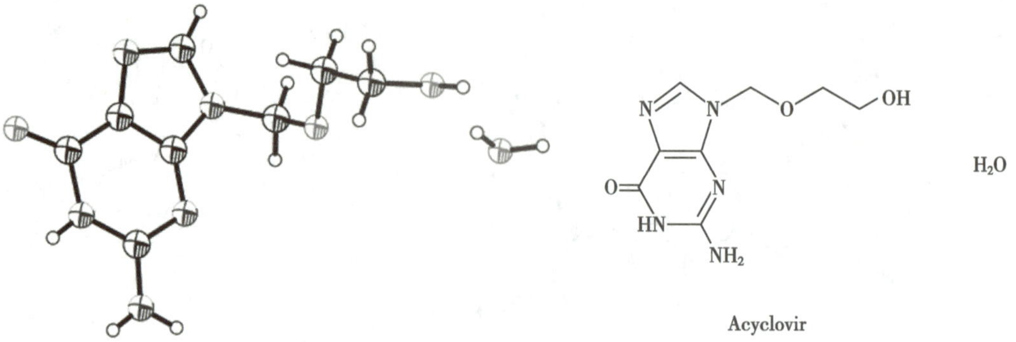

图 8-24 一水合阿昔洛韦的单晶结构

表 8-6 一水合阿昔洛韦的晶体数据

分子式（molecular formula）	$C_8H_{11}N_5O_3 \cdot H_2O$
分子量（f molecular weight）	243.21
测试温度（temperature）	295K
晶系（crystal system）名称	monoclinic
空间群（space group）名称	P 21/n
晶胞参数（cell parameter）	$a = 25.459(1)$Å $\alpha = 90°$ $b = 11.282(1)$Å $\beta = 95.16°$ $c = 10.768(1)$Å $\gamma = 90°$
晶胞体积（cell volume）	$3\,080.34$Å³
晶胞内的分子数（Z）	12
衍射实验计算得到的晶体密度[density（calculated）]	$1.533\,74$mg/m³

第四节　手性衍生化试剂确定绝对构型

相对构型确定的手性化合物理论上可以以一对对映异构体的其中一种绝对构型形式存在。但化合物的两个对映异构体在非手性条件下的 NMR 信号是完全相同的，即应用 NMR 谱图无法直接将其区分，也不能确定其绝对构型。如果将一对对映异构体通过与手性衍生化试剂（chiral derivatizing agent）反应引入额外的手性中心衍生化成非对映异构体（图 8-25），其 NMR 信号便有所区别。加入手性溶剂化试剂（chiral solvating agent）或加入手性位移试剂（chiral shift reagent）为被测物提供手性环境，NMR 信号也会有所区别。手性衍生化试剂与底物形成的是稳定的共价键结合产物，而手性位移试剂和手性溶剂化试剂则是通过相对弱一些的作用力形成不稳定的复合物，因此使用手性衍生化试剂时所观察到的化学位移差往往比使用手性溶剂化试剂和手性位移试剂时的化学位移差大 6 倍左右。

进一步在手性试剂中引入具有磁各向异性的官能团，使其对被测化合物的某些氢质子产生屏蔽作用，并且这个屏蔽作用会因为手性试剂中的手性碳的绝对构型不同而表现出具有一定规律的差别。因而，通过测定不同的手性试剂与底物分子反应产物的 ^{1}H-NMR 数据，得到其化学位移的差值并与分子模型比较,便可以确定底物分子手性中心的绝对构型。

1973 年,美国斯坦福大学教授 Harry Stone Mosher 首次报道了用手性衍生化试剂将一对仲醇对映异构体样品转化成为相应的非对映异构体,然后成功地用 NMR 法判断了仲醇样品的绝对构型,因而现在把上述原理测定绝对构型的方法称为 Mosher 法。该方法最大的优势是可以用于解析很难析出单晶,或者析出的单晶很难通过 X 射线单晶衍射进行结构解析的化合物。

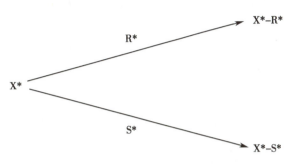

图 8-25　X*-R* 与 X*-S* 非对映异构体

一、经典 Mosher 法和改良 Mosher 法

(一) 经典 ^{1}H-NMR 的 Mosher 法

经典 ^{1}H-NMR 的 Mosher 法是将待测的手性仲醇分别与(R)和(S)-α- 甲氧基三氟甲基苯基乙酸(α-methyloxy-α-trifluoromethylphenylacetic acid,亦称 Mosher 酸,缩写为 MTPA)或(R)和(S)-α- 甲氧基三氟甲基苯基乙酰氯(α-methyloxy-α-trifluoromethylphenylacetyl chloride,缩写为 MTPCl)(图 8-26)反应形成酯,利用苯环的屏蔽效应对(R)和(S)-MTPA 酯 ^{1}H-NMR 的差异影响得到 $\Delta\delta$($\Delta\delta = \delta_S - \delta_R$),在与 Mosher 酯的构型关系模示图比较的基础上,根据 $\Delta\delta$ 的符号来判断仲醇手性碳的绝对构型。

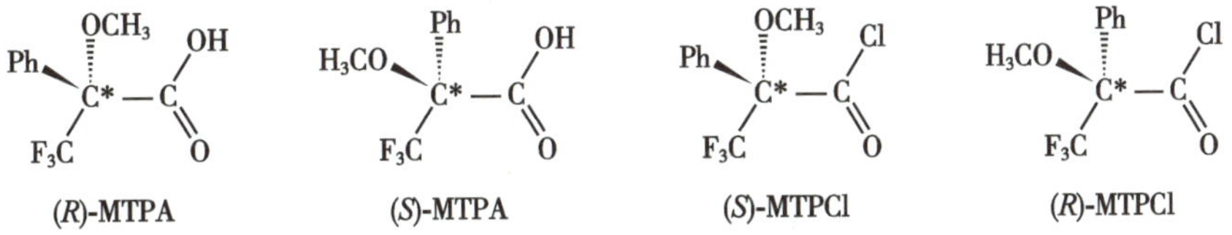

图 8-26　Mosher 试剂

在 Mosher 酯的构型关系模示图中(图 8-27),仲醇 Mosher 酯上的 α-H、MTPA 上的羰基与 α- 三氟甲基共处同一平面上,处于重叠式排列的优势构象。在(R)-MTPA 酯分子中,R_2 基团处于苯环(Ph)的面上,并且 R_2 与 Ph 相处于 MTPA 平面的同侧,因此 R_2 基团上的 β-H 受 MTPA 的苯环屏蔽作用处于较高场;R_1 基团处于苯环(Ph)的面上,但是 R_1 与 Ph 又相处于 MTPA 平面的异侧,因此 R_1 基团上的 β-H 受 MTPA 的苯环屏蔽作用弱处于较低场。同理,在(S)-MTPA 酯分子中,R_1 基团上的 β-H 处于较高场,R_2 基团上的 β-H 处于较低场。比较(R)-MTPA 酯、(S)-MTPA 酯中 R_1 基团上 β-H 的 ^{1}H-NMR 信号,其化学位移值差值 $\Delta\delta = \delta_S - \delta_R < 0$;

比较(R)-MTPA 酯、(S)-MTPA 酯中 R_2 基团上 β-H 的 ^{1}H-NMR 信号，其化学位移值差值 $\Delta\delta = \delta_S - \delta_R > 0$。

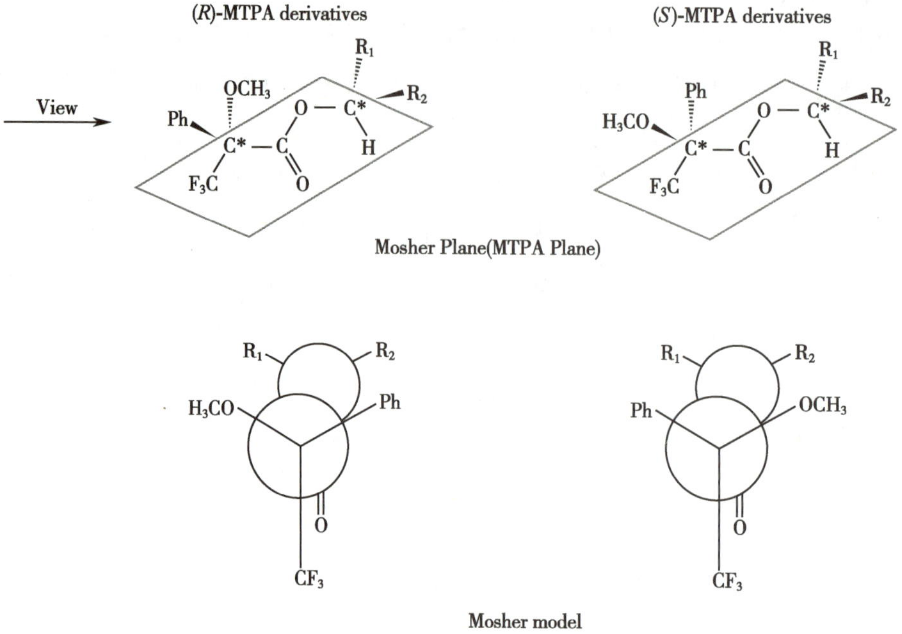

图 8-27　Mosher 酯的构型关系模示图

Mosher 法则规定，将 $\Delta\delta$ 为负值的 R_1 基团放在 Mosher 模示图的 MTPA 平面的左侧，将 $\Delta\delta$ 为正值的 R_2 基团放在 Mosher 模示图的 MTPA 平面的右侧，最终判断样品仲醇手性碳的绝对构型（图 8-28）。

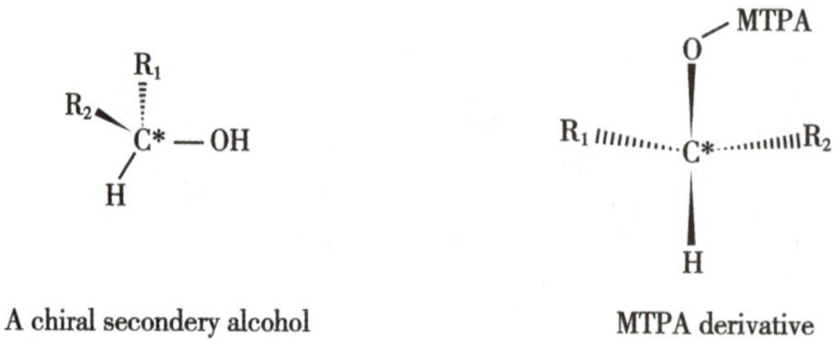

图 8-28　经典 Mosher 法的模示图

（二）改良 ^{1}H-NMR 的 Mosher 法

MTPA 中的苯环对非 β 位的远程质子同样存在屏蔽作用，而且对与 β-H 处于同一侧的更远的质子其屏蔽作用与 β-H 相同，只是作用强度大小不同。如果将(R)-MTPA 酯和(S)-MTPA 酯中的各个质子的 $\Delta\delta$ 计算出来，发现正的 $\Delta\delta$ 值和负的 $\Delta\delta$ 值在化合物的 Mosher 模示图（图 8-29）中两侧整齐排列，称这种确定化合物绝对构型的方法为改良 Mosher 法。

由于苯环的屏蔽作用，在(R)-MTPA 酯中 H_A、H_B、H_C……的 ^{1}H-NMR 信号比(S)-MTPA 酯中相应的信号出现在较低场，所以 $\Delta\delta_{S-R}$ 为负值；而 H_X、H_Y、H_Z……刚好相反，$\Delta\delta_{S-R}$ 为正值。将 $\Delta\delta$ 为正值的质子所在的基团放在 MTPA 平面的右侧，将 $\Delta\delta$ 为负值的质子所在的基团放在 MTPA 平面的左侧，最后根据 Mosher 模示图即可判断出该仲醇的绝对构型。改良 Mosher 法得到的结果比经典 Mosher 法中仅运用 β-H 的 $\Delta\delta$ 符号来判断手性碳的绝对构型的结果更加可靠。

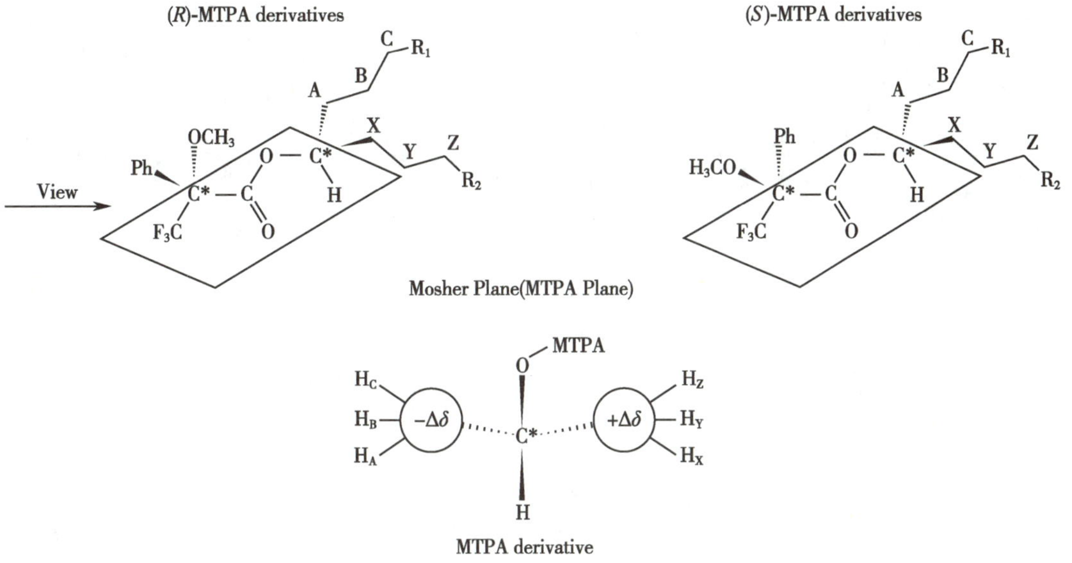

图 8-29　改良 Mosher 法的模示图

（三）应用实例

四氢喹啉 -4- 醇及其衍生物由于具有良好的生物活性和作为化学药物的合成中间体而具有广泛的用途，手性四氢喹啉 -4- 醇衍生物 a 的 C-4 位的绝对构型是通过改良 ^{1}H-NMR 的 Mosher 法确定的。手性四氢喹啉 -4- 醇衍生物 a 与（S）-MTPA-Cl 和（R）-MTPA-Cl 反应，给出相应构型的酯（图 8-30），测定它们的 ^{1}H-NMR，计算两个反应产物的化学位移值差值，如图 8-31 所示。根据 Mosher 法的规定，将 C-2（$\Delta\delta=-0.05$、-0.16）和 C-3（$\Delta\delta=-0.10$）放在 Mosher 模示图的 MTPA 平面的左侧，将 C-5（$\Delta\delta=+0.06$）和 C-6（$\Delta\delta=+0.06$）放在 Mosher 模示图的 MTPA 平面的右侧，最终确定化合物手性四氢喹啉 -4- 醇衍生物 a 的 C-2 位的绝对构型是 S 型。

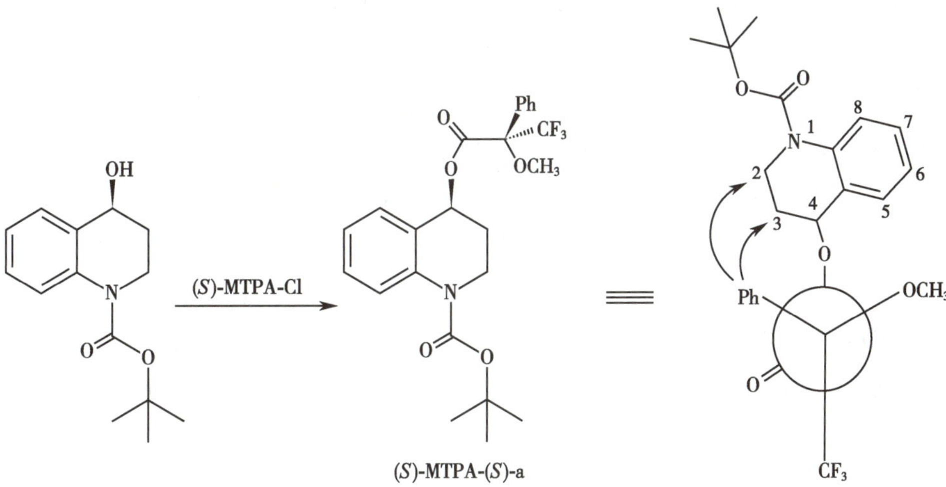

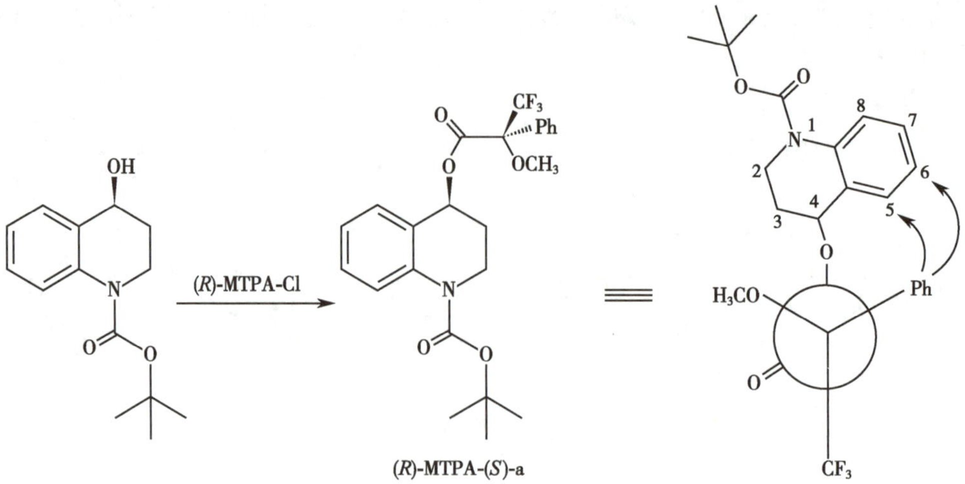

图 8-30　手性四氢喹啉 -4- 醇衍生物 a 的 Mosher 酯的合成路线

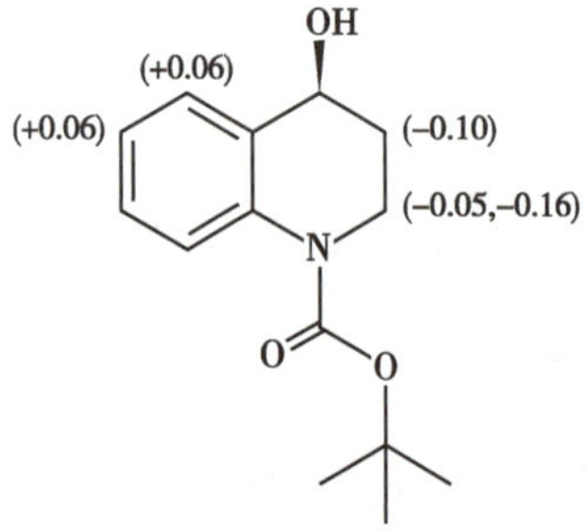

图 8-31　手性四氢喹啉 -4- 醇衍生物 a 的 Mosher 酯的 $\Delta\delta$ 差值

二、应用新试剂的 Mosher 法

在以 MTPA 为手性试剂测定仲醇绝对构型的 Mosher 法中，MTPA 分子中苯环的屏蔽作用相对较弱，其 $\Delta\delta$ 值有时因信号的化学位移差值小而难以得到准确的判断（长链或空间位阻较大的化合物尤为明显），因此限制了它的应用。但是，科学工作者们也在不断地研究改进 Mosher 法，一些新的手性试剂被开发应用，例如 9-anthranylmethoxyacetic acid（9-ATMA）、1-or 2-naphthyl-methoxyacetic acid（1-NMA or 2-NMA）、2-（2′-methoxy-1,1′-naphthyl）-3,5-dichlorobenzoic acid（MNCB）、2′-methoxy-1,1′-binaphthyl-2-carboxylic acid（MBNC）、methoxyphenylacetic（MPA）、1,5-difluoro-2,4-dinitrobeneze（FFDNA）、PGDA、PGME 等（图 8-32）。

由于 9-ATMA、2-NMA、1-NMA 的屏蔽效应强，实际上待测醇样品只需要与（R）- 或（S）-中的一种衍生试剂反应，再与原来待测醇样品中的质子化学位移进行比较，即可确定待测仲醇样品的绝对构型，由此还可节省手性试剂以及减小待测样品的消耗量。9-ATMA 引起的高场位移值一般为 MTPA 的 6～10 倍，2-NMA 引起的高场位移值一般为 MTPA 的 3 倍，其产生的屏蔽效应要远远强于 MTPA，尤其适用于长链化合物中仲醇绝对构型的测定。另外值得注意的是，尽管 9-ATMA、2-NMA、1-NMA 分子中含有 α-H，但在具体应用中并未发现 α-H 发生外消旋化的情况。

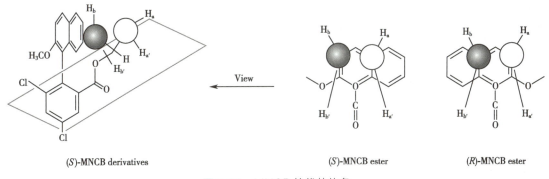

图 8-32　新的手性试剂

采用手性试剂 MNCB 或 MBNC 来测定仲醇的绝对构型,其适用范围更广,尤其可应用于有空间位阻的仲醇。有时 MTPA 酯存在构象不稳定性(空间位阻作用或实验因素),从而容易引起质子信号的相互干扰,就会较大程度地影响 Δδ 的大小,从而影响绝对构型测定结果的可靠性。研究者们又开发了更多能够生成稳定构象的手性试剂应用于手性仲醇绝对构型的测定,例如 FFDNA、FFDNB、PGDA、PGME 等。

以 MNCB 手性试剂为例介绍新的手性试剂确定化合物绝对构型的基本原理。用 MNCB 作为手性试剂,测定具有空间位阻的仲醇化合物的绝对构型。在 MNCB、MBNC 分子的优势构象中(图 8-33),苯环与萘环、萘环与萘环之间是互相垂直的。因萘环的屏蔽作用,MNCB 酯中的 H_a、$H_{a'}$ 、H_b 和 $H_{b'}$ 的 NMR 信号比醇中相应的信号要出现在高场。同时,(R)-MNCB 酯中的 H_a 信号比相应的(S)-MNCB 酯中的信号要出现在高场,H_b 信号则情况相反。

图 8-33　MNCB 的优势构象

因此规定,将 Δδ 为正值的 H 所在的基团放置于 CB 平面的左侧,将 Δδ 为负值的 H 所在的基团放置于 CB 平面的右侧,最后根据模示图确定仲醇所在的手性碳的绝对构型(图 8-34)。

以上所介绍的各种方法的原理基本是一致的,即采用不同的手性试剂与仲醇生成衍生物,根据芳香环的屏蔽效应,再由

图 8-34　MNCB 法的模示图

¹H-NMR 谱图中的化学位移差值和模示图来推测仲醇的绝对构型。在此基础上，科学研究者们还发现了各种新的扩展应用，例如确定伯醇 β 位手性中心的绝对构型、羧酸 β 位手性中心的绝对构型、伯胺 α 位手性中心的绝对构型和醛 β 位手性中心的绝对构型。每种方法都有各自的优势和限制，选择方法前应综合考虑待测化合物的理化性质。

（黄肖霄）

第九章 综合解析

前面几章系统介绍了紫外光谱、红外光谱、一维核磁共振、二维核磁共振、质谱、电子圆二色谱等波谱学方法的理论及其在有机化合物结构测定中的应用。对于结构简单的化合物，通过一种或少数几种方法就可以确定其结构。但对于绝大多数有机化合物，特别是药物分子而言，其结构相对复杂，只依靠一种波谱学方法很难正确而全面地解析其结构。在药物的研发与生产过程中，也会遇到很多复杂结构的解析与确定，以及未知化合物的结构测定等，必须综合运用多种波谱学方法进行分析，才能准确而全面地测定其结构。随着科学技术的不断进步，高分辨质谱仪、超导核磁共振谱仪等高灵敏度和分辨率仪器的普及，计算机计算与软件的运用，使得结构解析的难度越来越小、越来越便利。有机化合物的分子结构主要以碳和氢为基础，因此反映分子结构中氢和碳信息的核磁共振谱图信息量大、谱图类型多样、规律性强、可解析性高，是目前结构解析的最主要的信息来源。在实际工作中，常以核磁共振氢谱、碳谱为主，配合紫外光谱、红外光谱和质谱等波谱技术来完成有机化合物的结构解析；对于结构复杂的有机化合物，则更多地需要借助二维核磁共振、X射线单晶衍射、量子计算化学等方法才能综合、准确地鉴定其结构。

第一节 概述

一、常用的波谱学方法及其作用

进行综合解析时，常用的波谱学方法有 UV、IR、MS、^{13}C-NMR、^{1}H-NMR 以及 2D NMR 等。每种波谱学方法提供的信息各有侧重、各有所长，其在解决与其特长相符的问题时可获得非常有效的信息。因此，应首先掌握各种波谱学方法的特点及其所能提供的与结构相关的信息。利用每种波谱学数据得出部分结构单元的信息，并对获得的全部信息进行综合归纳、整理,从而推断出正确的化合物结构。下面就各种常用的波谱学方法的特点及所能提供的结构信息归纳总结如下。

1. 紫外光谱 紫外光谱(UV)是分子结构中的共轭基团发生价电子能级跃迁而产生的吸收光谱,可提供最大吸收波长(λ_{max})和吸光系数(ε_{max})两个重要的数据及其变化规律,它能反映分子中的发色团和助色团即共轭体系的特征。紫外光谱在结构解析中主要提供以下结构信息。

(1)判断分子中有无共轭系统,共轭系统越长,紫外吸收波长也越长。

(2)根据长波长吸收峰的强度判断分子中有无 α,β-不饱和酮或共轭烯烃结构存在。

(3)根据长波长吸收峰的精细结构判断芳香结构系统的存在。

2. 红外光谱 红外光谱(IR)是分子振动-转动光谱,能提供吸收波长(波数)与吸收强度两个重要参数。不同基团的化学键类型不一样,具有各自特征的红外吸收峰。根据红外光谱的峰位、峰强和峰形,可以判断结构中可能存在的特征官能团(不局限于共轭基团)。与紫外光谱相比,红外光谱更加复杂,也能够提供更多的信息。

(1)判定结构中特征基团的存在与否,特别是 OH、C=O、C—O—C 等这几类含氧官能团。

(2)判定结构中含氮官能团(NH、C≡N、NO_2等)的存在与否。

(3)判定结构中芳香环的存在与否。

(4)判定结构中烯烃、炔烃的存在与否和双键的类型。

(5)利用指纹区的特征,可以准确确定化合物的结构。

3. 质谱 质谱(MS)是利用一定的电离方法将有机化合物电离,从而得到各种离子的质量与电荷的比值(质荷比,m/z),以获取化合物的分子量和分子式信息。在质谱中,不仅能得到准分子离子峰,同时还能产生分子碎片离子峰,其相对强度在一定的测定条件下可以反映分子结构特点。尤其是新发展的现代质谱技术如 ESI-MS、MALDI-MS 等软电离的离子源,以及高分辨质量分析器(HR-MS),常常能有效而准确地提供准分子离子峰和碎片离子峰的分子式,对于结构解析的作用更重要。

(1)根据准分子离子峰确定分子量(但需注意的是有时观测不到准分子离子峰)。

(2)判定结构中 Cl、Br 原子的存在与否(根据同位素峰的峰高比)。

(3)判定结构中氮原子的存在与否(氮律、开裂形式)。

(4)借助同位素的相对强度根据 Beynon 表可以得到化合物的分子式。

(5)借助高分辨质谱(HR-MS)可以确定化合物的分子式。

(6)简单的碎片离子可与其他图谱所获得的结构单元进行比较。

4. 核磁共振氢谱 核磁共振氢谱(^{1}H-NMR)是最常用的核磁共振图谱,其能提供分子中氢原子(H)的化学位移(δ)、耦合裂分峰形与耦合常数(J)及质子数等信息,从而推断分子中相关氢原子的类型、数目、所在的官能团、周围化学环境及构型等结构信息。通过分析氢谱,可以整体判断化合物结构的复杂程度,得到测试样品中的以下信息。

(1)根据积分数值推算结构中的质子个数。

(2)根据化学位移值判定结构中的特征官能团,如羧酸、醛、芳香族、烯烃和炔烃等特征结构单元,以及与氧等杂原子、不饱和键相连的甲基、亚甲基和次甲基等。

(3)根据耦合裂分峰形与耦合常数判断自旋 - 自旋耦合系统的存在,从而推断基团与基团的连接,推断出更完整的结构单元。

(4)根据不同溶剂图谱的差异以及峰形判定结构中的活泼质子。

(5)根据图谱中信号的整体情况,大致推断化合物的结构类型。

5. 核磁共振碳谱 核磁共振碳谱(^{13}C-NMR)能提供分子中碳原子(C)的数目、化学位移、异核耦合常数等信息,与核磁共振氢谱相配合,构成结构解析中最常用的一维核磁共振谱(1D NMR)。目前,最常用的是全去偶碳谱,由于消除碳 - 氢耦合作用,所以每个碳信号均为单峰。通过化学位移值信息,判断碳原子所在的特征官能团以及化学环境,从而获得有机化合物的结构信息。由于碳是有机化合物的骨架原子,它所提供的结构信息比氢谱更加全面、更加重要。

(1)判定碳原子的个数及其杂化方式(sp^2、sp^3)。

(2)根据 DEPT 谱判定碳原子的类型(伯碳、仲碳、叔碳和季碳)。

(3)根据化学位移值判定特征官能团的存在,如酮羰基、酯羰基、半缩醛(酮)、烯烃、苯环、连氧饱和碳、不连氧饱和碳、甲基等。

(4)根据化学位移值判定芳香族或烯烃取代基的数目并推测取代基的种类。

(5)根据图谱中信号的整体情况,大致推断化合物的结构类型。

6. 二维核磁共振谱 二维核磁共振谱(2D NMR)是将 ^1H-NMR 和 ^{13}C-NMR 提供的信息如化学位移和耦合常数等在二维平面上展开绘制成的多种类型的图谱。总体来说,1D NMR 图谱主要解决的是官能团的存在,2D NMR 图谱主要解决的是官能之间的连接问题以及构型问题。由于有机化合物的结构往往复杂多变,2D NMR 技术的出现使得结构解析的手段更多样,结论更准确、更可靠,开辟了有机化合物结构鉴定的新途径。下面将目前常用的二维核磁共振技术及其主要特点总结如下。

(1)^1H-^1H COSY(^1H-^1H 化学位移相关谱):反映同一自旋耦合系统中 H 与 H 的耦合关系,主要用于自旋耦合系统的确定。

(2)HMQC/HSQC(^1H 检测的异核多 / 单量子相干相关谱):直接相连的 ^1H 和 ^{13}C 出现相关信号,主要用于含氢官能团的确定及碳和氢的归属。当样品量较少时,HSQC 技术更加灵敏。

(3)HMBC(^1H 检测的异核多键相关谱):主要提供相隔 2～3 根键的 ^1H 和 ^{13}C 的相关信息(远程相关),主要用于结构单元(官能团)之间连接关系的确定。HMBC 能够将季碳和相邻碳上的质子相关联,也可以跨越氧、氮等杂原子,对于确定分子的 C-C 连接及官能团的连接关系非常有效,是目前结构复杂的有机化合物结构解析的最重要的二维核磁共振谱。

(4)NOESY/ROESY(二维 NOE 谱):分子中空间距离接近(<4Å)的质子出现相关峰,主要用于化合物相对构型的确定和构象分析。

(5)综合分析二维核磁共振图谱不仅是复杂有机化合物结构解析和复核的主要手段,也是准确归属 ^1H-NMR 和 ^{13}C-NMR 数据的基础。

二、图谱解析过程中应注意的问题

由于有机化合物结构的未知性和复杂性，实际解析工作也很复杂。因此，在利用波谱学方法分析实际问题时，应特别注意以下几点。

1. 区分杂质峰和溶剂峰　为了获得高质量的图谱以便快速准确地解析结构，样品的纯度越高越好。但化合物的纯度不可能做到 100% 没有杂质，测试得到的谱图或多或少都有杂质峰的存在。如果可以准确判断和区别杂质峰，仍然可以解析出正确的结构。以核磁共振图谱为例，杂质的含量相比于样品来说是很少的，因此其峰面积相对较小，且与样品信号之间没有简单的整数比例关系。据此，可将杂质峰区别出来并排除在外，以免干扰解析。

另外在 NMR 谱图测试实验中，都是要用氘代试剂作为溶剂才能测试。这些试剂不可能达到 100% 的氘代率，都有微量氢残余，因此会有相应的溶剂峰出现。根据测试化合物的量不同，这些溶剂峰有时会比较明显，有时与化合物的信号分辨不清，同时在氢谱中也可能会有 H_2O 信号峰的出现。因此，准确区别溶剂峰和水峰是图谱解析的第一步。如常用的 $CDCl_3$ 中微量 $CHCl_3$ 的氢信号约为 δ 7.26，碳谱中 $CDCl_3$ 的碳信号约为 77.3，在以氘代氯仿为溶剂的氢谱中，水峰通常以宽峰的形式出现在 δ 1.5～2.0。每种溶剂都有自己特定的溶剂峰，因此在解析谱图时首先要清楚测试溶剂、哪些峰是溶剂峰、哪些是水峰。同时，有时也会有少量溶剂（甲醇、乙醇、乙腈等）的残留，也会出现相应的溶剂峰，解析时一定要注意甄别。

2. 注意样品谱图以外的相关信息　在实际结构解析中，信息越多越有利于快速准确地解析结构。样品的来源及相关的文献资料对未知化合物的结构解析会起到很大的帮助作用。对于有机合成的样品，它的合成原料、合成方法及已经获得的类似物的相关信息和文献资料对于样品的结构解析非常关键。对于通过分离而得到的天然有机化合物，它的植物来源、已经分离得到的主要化合物、制备方法、色谱行为和理化性质等相关信息为结构的推导提供更多的信息。

此外，样品的元素分析值、分子量、熔点、沸点和折光度等各种理化常数在结构研究中均可发挥重要作用。同时，质谱中的裂解碎片信息对于复杂结构中官能团的推导有时也具有重要作用。因此，可利用从不同的信息源获得的结构信息对结构单元进行确认或验证。

3. 注意图谱信息的综合运用　对于复杂有机化合物的结构解析，往往需要多种图谱的综合运用和分析，充分发挥各自的优势，才能获得满意的结果。例如若无法通过质谱获得分子量和分子式信息，通过元素分析结合氢谱、碳谱综合推断其分子式，就会大大降低解析难度。如果两种图谱给出的信息不一致，那么肯定其中出现了错误，这时需要反过头来认真仔细分析，找到错误源头，更有利于解析出正确的结构。

三、样品的准备

1. 保证待测样品的纯度　样品的纯度越高，获得的图谱中的杂质（干扰）信号就越少，越有利于快速准确地解析结构，因此在研究过程中要注意提高待测样品的纯度。检查的方法最常应用的是各种色谱法如薄层色谱（TLC）和高效液相色谱（HPLC）等。对于薄层色谱，至少需要用两种以上的差别较大的溶剂系统进行检测，均显示单一的斑点时可初步确认其为单体化合物。对于实验室常用的高效液相色谱，由于分离效率比较高，单一的色谱条件出现单一的色谱峰，可以初步判断其为单体化合物；如果在两种色谱条件均出现单一的色谱峰，其结论会更可靠。在用硅胶薄层色谱或高效液相色谱时，最好使用正相和反相薄层色谱（或色谱柱）同时进行检验，这样可以进一步确保结论的正确性。对于核磁共振实验，理论上纯度应该大于90%，否则需要再纯化后再送样测试。

2. **选择合适的测试溶剂**　除了样品的纯度外，测试溶剂的选择对于获得高质量的图谱和方便后续解析也很重要。选择溶剂时主要遵循以下原则：①对样品的溶解性好，极性相似原则；②溶剂信号与样品信号相互干扰少；③溶剂不与样品发生反应，具有不稳定基团的化合物尽量不选氯仿（酸性）和吡啶（碱性）等试剂；④为了显示结构中的活泼氢，最好选择非质子溶剂（DMSO-d_6）；⑤尽量选择与文献报道中相同的溶剂，以便比较数据。

第二节　综合解析的思路和过程

除 X 射线单晶衍射外，任何一种波谱学方法都只能从一方面提供反映分子骨架和结构单元（官能团）信息，而不能单独提供有机化合物的完整结构信息。所以有机化合物的结构解析和鉴定必须综合运用和分析各种波谱技术和其他分析方法获得的信息和数据，在彼此相互补充和印证的基础上进行综合解析，才能得出准确的结论。综合解析过程中，首先需要以一种或少数几种图谱（往往是 NMR）为主，充分分析相关数据和信息，推断其结构母核和官能团信息（已解决的问题），并且确定待解决的问题；然后再根据相关波谱技术的特点和所能提供的信息，有针对性地解决剩余的结构问题，最终准确而全面地确定待解析有机化合物的结构。

结构解析过程中，大多数情况下通过一种图谱的数据即可确定某一特定官能团的存在，同时这个官能团的特征信号也应该在其他图谱中出现，相互印证。如果图谱与图谱之间出现矛盾，那肯定是结构解析错误，需要再仔细分析，找到原因。所以谱图解析时可以交替地观察各个谱图，首先由一种谱图确认一个官能团，再从其他谱图进一步证实。正确的结构应该是与每一个信号和数据都相匹配，否则就是结构解析错误或者出现杂质信号。

综合解析各种谱图时并无固定的步骤，在进行结构解析时应结合实际情况灵活运用各种信息来解析结构，从而获得正确的结论。我们根据自己多年的科研和教学实践经验，归纳以下解析的思路和过程，以供参考。

一、分子式的确定

化合物的分子式是有机化合物结构解析中非常重要的数据，质谱是获得分子式的最主要的手段。早期，一般通过质谱结合元素分析数据得到化合物的分子式。目前，高分辨质谱仪可以精确测定化合物的质量数，样品的分子式就可以直接获得，大大降低了分子式获取的难度并且提高了准确度。根据低分辨质谱获得的整数分子量数据，借助同位素的相对强度根据

Beynon 表也可以得到化合物的可能分子式,也可以综合运用质谱数据和核磁共振提供的氢和碳的数目来获得样品的分子式。二级或多级质谱得到的裂解碎片的分子量和分子式信息在结构解析中有时也有重要作用。

确定化合物的分子式后,通过计算不饱和度,可以判断化合物结构中环系、双键、共轭体系等特征片段的存在情况。1 个不饱和度代表结构中有 1 个双键或 1 个饱和的环,药物分子中常见的苯环则是 4 个不饱和度。根据不饱和度可判定化合物是属于脂肪族或者芳香族,这在确定化合物结构的过程中可提供非常有价值的信息。

二、图谱信息的整体分析

待解析样品的分子式确定后,接下来要做的工作就是整体分析已有图谱的信息,以便对该化合物的解析过程有整体的认识。首先,从化合物的紫外光谱可以推断该化合物的共轭情况,从红外光谱可以推断结构中存在的特征官能团等整体信息。其次,根据核磁共振图谱可以推断化合物的纯度、特征官能团、基本母核骨架等信息,对待解析化合物的结构有进一步的认识与了解。再次,结合文献报道的类似物的图谱和数据,对待解析化合物的结构以及解析得难易程度有更入深的认识和了解。

三、结构单元的确定

有机化合物都是由一个个特征结构单元(官能团)连接而成的,所以识别和确定特征结构单元是结构解析的基础。不同的结构单元在不同的波谱图中都有其特征信号,通过对这些信号的分析和指认,可以快速确定特征结构单元(官能团)的存在。对于不能通过图谱信息直接确定的结构单元,可以综合分析化合物的分子式与所有已知结构单元的分子式的差值,获得剩余结构单元的分子式,以利于综合分析所有可能的结构单元。另外,化合物的物理与化学性质及其他有关数据对于剩余结构单元的确定也可能有所帮助。

各种波谱学方法在确定结构单元中的作用侧重点主要表现在以下方面。

1. **红外光谱**　能给出大部分官能团和某些结构单元存在的信息,从谱图的特征区可以清楚地观察到存在的官能团,从指纹区的某些相关峰也可以得到某些官能团存在的信息。

2. **紫外光谱**　可以确定由不饱和基团形成的大共轭体系,当吸收具有精细结构时可知含有芳香环结构,对结构单元的确定给予补充和辅证。

3. **质谱**　质谱除了能够给出分子式和分子量的信息外,还可以根据谱图中出现的特征碎片离子峰推测结构单元。

4. **一维核磁共振谱**　根据核磁共振氢谱中各组信号的特征化学位移值(δ)可以初步判断该质子所处的化学环境和官能团,根据耦合常数(J)可以确定相邻质子的数目以确定自旋系统,最终确定特征结构单元。根据碳谱可以获得碳原子个数的信息,根据图谱中各组信号的特征化学位移值(δ)可以初步判断该碳核所处的化学环境和官能团。结合 DEPT 谱,可以确定碳核所连的氢原子的个数,最终确定可能的结构单元。应该注意当分子具有整体对称性和局部对称性时,碳谱中出现的峰数小于分子中实际的碳数。氢谱和碳谱联合分析,可以更加准确和全面地确定结构单元的存在。

5. 二维核磁共振谱　通过前述波谱学方法确定特征结构单元后,通过 ^{1}H-^{1}H COSY 相关峰可以得到分子中相邻碳上的氢耦合关系、HMQC/HSQC 中的 H-C 直接相关峰以及 HMBC 谱中的远程 H-C 相关峰,进一步推导剩余未知的结构单元以及确定已推导的结构单元的正确性。

应当综合利用各种谱学方法的特长,以获得的部分信息为基础,将从一种分析方法中获得的信息反馈到其他分析方法中,各种谱学方法所获得的信息相互交换、相互印证,不断增加信息量,这样才能快捷地获得正确的结论。

四、结构单元的连接

通过上述方法确定分子结构中的结构单元(官能团)后,通过一定的方法和信息将其连接组合起来,就可以解析出化合物的最终的完整结构。这一推导过程没有固定的程序,可根据待测样品的实际情况,利用自己最擅长和最简明的波谱学方法获得尽可能多的信息,来推断化合物的结构。

1. 通过一维核磁共振数据的变化确定连接方式　通过分析特征结构单元上氢和碳信号的变化,可以初步确定结构单元与结构单元之间的连接方式和位置。在饱和结构单元中,如果化学位移值变大,一般是连接吸电子的基团。在共轭结构单元中,主要是通过共轭效应影响化学位移值的变化。通过分析这些一维核磁共振数据的变化,可以初步确定结构单元与结构单元之间的连接。

2. 通过二维核磁共振数据直接确定连接方式　二维核磁共振谱不仅可以帮助推测官能团和未知的结构单元,而且它在确定不同结构单元的连接中体现出其他谱图不可比拟的优越性和可靠性。HMBC 主要提供相隔 2～3 根键的 ^{1}H 和 ^{13}C 的相关信息(远程相关),在结构单元(官能团)之间连接关系的确定中发挥最重要的作用。HMBC 能够将季碳和相邻碳上的质子相关联,也可以跨越氧、氮等杂原子,对于确定分子的 C-C 连接以及官能团的连接关系非常有效,是目前结构复杂的有机化合物结构解析的最重要的二维核磁共振谱。HMQC(或HSQC)可以把直接相连的碳和氢关联起来,主要用于结构单元的确定与数据的归属。同时,^{1}H-^{1}H COSY 可以得到分子中相邻碳上的 ^{1}H-^{1}H(^3J)之间的耦合关系,更准确地确定自旋耦合系统。NOESY 类二维核磁共振谱可以通过空间距离比较近的氢核的相关峰来确认结构单元之间的连接关系和确定未知物的相对构型。

通过综合分析上述一维和二维核磁共振数据,可以最终确定结构单元与结构单元之间的连接位置和方式,并最终解析出一个或多个可能的结构式。注意,在实际结构解析中,对于结构比较简单的化合物,往往一般是先通过分析一维核磁共振数据的变化来初步推导和确定可能的连接方式,然后再通过二维核磁共振信息来验证。对于结构较为复杂的化合物或者无法准确确定一维核磁共振数据的变化时,也可以直接分析二维核磁共振数据以确定结构单元之间的连接方式。

五、整体结构的最终确定与完善

通过上述步骤,可以解析出一个或多个可能的结构式。接下来需要综合应用各种数据与方法,排除不合理的结构,最终解出目标化合物的准确结构。同时,也要对化合物的相对构型和绝对构型进行确定,才能最终完整地解析出目标化合物的结构。

1. 结构确定 接下来以所推导出的各种可能的结构为出发点,综合运用所掌握的实验资料,对各种可能的结构逐一对比分析,采取排除解析方法确定正确的结构。在绝大多数情况下,都可以通过认真仔细地分析图谱数据,特别是一些数据的细节差异的分析来排除其中不合理的结构。在此过程中,也应该注意与参考文献中相关化合物的数据对比,可以为分析图谱数据提供参考。如果解析的结构正确,与所有图谱中的数据(非杂质)都应该相匹配;否则就是结构解析有错误,需要重新解析。当通过现有图谱和数据无法排除一些错误的结构时,可以通过 ChemDraw、NUTS 和 ACD/Labs 等软件来模拟结构中碳原子或氢原子的化学位移(δ)的方法来辅助排除不合理的结构。实测值与计算值较为相符的结构为正确的结构,偏差越大,越不合理,但要注意此方法主要适用于结构简单的化合物。以化学专业常用的软件为例,可以先画出推测的结构式,在"Structure"菜单中选定"Predict ^{1}H-NMR Shifts"或"Predict ^{13}C-NMR Shifts",就能获得该结构氢谱或碳谱理论值的模拟结果。同时,也可以根据模拟的结果对结构进行修正,直至得出正确的结构。如果通过上述方法无法最终获得满意的结构,需要找准不匹配的数据,重新应用上述方法进行解析,直至得出正确的结构。

2. 结构验证 需要注意的是,所有波谱学方法解析出来的结构都是基于谱图所显示信息的推测,虽然经过多轮的分析和确证,但难免会有错误之处,所以需要对推导的结构进行验证。总体来说,结构验证的方法主要包括以下 4 种。

(1)标准谱图和文献数据验证:对于确定的分子结构必须与各种分析方法的标准谱图和文献数据进行对照(要考虑测试条件是否与对照谱图一致)。谱图上峰的个数、位置、形状及强弱次序必须与标准谱图一致,才能证明所推断化合物的结构与对照品一致。

(2)二维核磁共振谱验证:用 2D NMR 对结果进行验证是目前公认的比较可靠的方法。二维核磁共振图谱有大量的信号峰,能提供非常多的结构连接信息,但是在结构解析过程中,可能只是通过分析其中的一个关键信号就能推导出结构。因此完成结构的解析后,通过分析确证二维核磁共振图谱中的其他信号是否可以得到合理的解释与归属,可以作为结构正确性验证的主要方法。特别是对于没有参考的新化合物来说,此方法更加重要。

(3)数据的归属:全面、准确地归属核磁共振图谱中的每一个碳氢信号及紫外红外光谱中的主要吸收峰不仅是结构解析的要求,同时也是验证结构正确性的重要方法。结构解析合理正确,则可以合理地解释和归属图谱中的每一个信号;反之则可认为结构解析错误,需要重新推导和解析。

(4)化学合成与 X 射线单晶衍射实验:对于复杂的有机化合物,还可以通过单晶培养,用 X 射线单晶衍射实验来直观地判断结构解析的正确性。对于某些化合物,也可以通过全合成或化学沟通的方法来验证结构解析的正确性。

3. 立体结构确定 以上介绍的结构解析只关注解决有机分子的平面结构问题,而实际上有很多的有机化合物存在立体结构(包括构象、相对构型和绝对构型等)的变化,要确定化合物的立体结构通常还需要在此基础上借助其他结构测定手段如化学沟通、旋光光谱（ORD）、圆二色谱（CD）和 X 射线单晶衍射等方法来进行。

第三节　综合解析实例

例 9-1　普通有机化合物的结构解析

某未知化合物的 EI-MS、IR、^{1}H-NMR 和 ^{13}C-NMR 谱图如图 9-1～图 9-4 所示，试推断该化合物的结构。

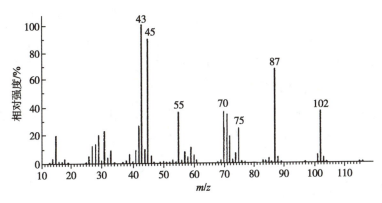

图 9-1　例 9-1 化合物的 EI-MS 图

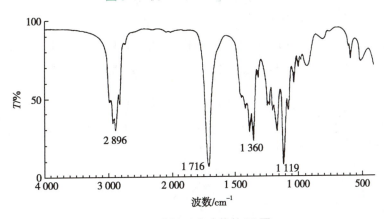

图 9-2　例 9-1 化合物的 IR 图

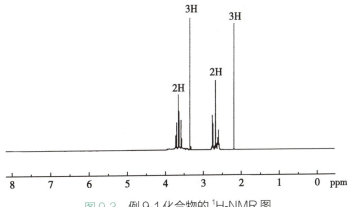

图 9-3　例 9-1 化合物的 ^{1}H-NMR 图

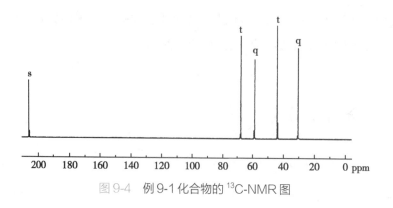

图 9-4　例 9-1 化合物的 ^{13}C-NMR 图

解析:

1. **分子式的确定**　通过该化合物的质谱(图 9-1)可得,该化合物的分子量为 102,同时在其 ^{1}H-NMR(图 9-3)中出现 10 个质子信号、^{13}C-NMR(图 9-4)出现 5 个碳信号。上述分析显示,该化合物的结构中有 5 个 C 和 10 个 H,还剩余 32,正好是 2 个 O 的质量数。因此,其分子式可以确定为 $C_5H_{10}O_2$,经计算该化合物的不饱和度为 1。

2. **图谱信息的整体分析**　此实例给出质谱、红外光谱以及核磁共振氢谱和碳谱,图谱显示的信号峰不多,也很清晰,由此判断此化合物的纯度较高。结构中仅含有碳、氢、氧三种原子,结构不是很复杂,解析难度不大。

3. **结构单元的确定**

(1)红外光谱:如图 9-2 所示,该化合物在 1 716cm^{-1} 处有羰基的特征吸收峰,在 2 896cm^{-1} 处出现 CH$_2$ 片段的饱和碳氢伸缩振动吸收峰,在 1 119cm^{-1} 处出现 C—O 伸缩振动吸收峰,以及在 1 500～1 300cm^{-1} 出现 CH$_3$ 和 CH$_2$ 面内弯曲振动吸收峰。因此,在该化合物的结构中存在酯基、甲基、亚甲基以及醚键。相关的归属见表 9-1。

表 9-1　例 9-1 化合物的 IR 峰归属

波数 /cm^{-1}	归属	可能的结构单元
1 716	C＝O 伸缩振动	C＝O
2 896	饱和 C—H 伸缩振动	—CH$_3$、—CH$_2$—
1 360	饱和 C—H 面内弯曲振动	—CH$_3$、—CH$_2$—
1 119	C—O 伸缩振动	C—O

(2)^{1}H-NMR 谱图:在该化合物的 ^{1}H-NMR 谱图(图 9-3)中,在 δ_H 3.35 处出现一个积分为 3 个氢的单峰信号,显示结构中存在一个甲氧基(OCH$_3$);在 δ_H 3.60 处出现积分为 2 个氢的三重峰信号,说明结构中有 1 个亚甲基(CH$_2$),这两个亚甲基与吸电子的 O 直接相连并且相邻碳上有 2 个 H;在 δ_H 2.65 处出现 1 组积分为 2 个 H 的三重峰信号,说明结构中还有另外一个亚甲基(CH$_2$),并且这两个亚甲基的相邻碳上有两个 H。根据耦合裂分的原理,上述两个三重峰的亚甲基构成一个 CH$_2$—CH$_2$ 自旋耦合系统。在 δ_H 2.15 处出现 1 组积分为 3 个 H 的单峰信号,其化学位移值显示该甲基直接与羰基或双键相连。结合化合物的分子式以及红外光谱中的羰基信号,该甲基直接与羰基相连,构成特征的乙酰基信号。综上所述,在该化合物的结构中应该含有 1 个—CH$_2$—CH$_2$—、1 个—COCH$_3$ 和 1 个 OCH$_3$ 片段。化合物的 ^{1}H-NMR 信号归

属及结构单元推导见表9-2。

表9-2　例9-1化合物的 ^{1}H-NMR信号归属及结构单元

化学位移	积分	耦合裂分	归属	可能的结构单元
3.35	3	单峰(s)	O—CH$_3$	—OCH$_3$
3.60	2	三重峰(t)	CH$_2$	—CH$_2$—CH$_2$—O—
2.65	2	三重峰(t)	CH$_2$	
2.15	3	单峰(s)	CH$_3$	—COCH$_3$

（3） ^{13}C-NMR谱图：在该化合物的全去偶 ^{13}C-NMR谱图（图9-4）中出现5个信号，根据它们的化学位移值以及类型判断，分别为1个酮羰基碳（ δ_C 210）、一个连氧的亚甲基碳（ δ_C 68）、1个甲氧基碳（ δ_C 58）、1个亚甲基碳（ δ_C 41）及一个甲基碳（ δ_C 30），其中后两个碳的化学位移值显示其应该与酮羰基相连。上述结构单元的推导与根据氢谱推导的结构单元一致。化合物的 ^{13}C-NMR信号归属及结构单元推导见表9-3。

表9-3　例9-1化合物的 ^{13}C-NMR信号归属及结构单元

化学位移	DEPT	归属	可能的结构单元
210	季碳（C）	CO	CO
58	伯碳（CH$_3$）	O—CH$_3$	—OCH$_3$
68	仲碳（CH$_2$）	—O—CH$_2$	—O—CH$_2$
41	仲碳（CH$_2$）	CH$_2$	—COCH$_2$—
30	仲碳（CH$_3$）	CH$_3$	—COCH$_3$

至此，可以确定该化合物由—OCH$_3$、—CH$_2$—CH$_2$—O、—COCH$_3$三个结构单元组成。

4. 结构单元的连接　根据上述三个结构单元的特点，只能是—CH$_2$—CH$_2$—O—通过醚键与甲基相连，另一端通过C—C键与—COCH$_3$相连。因此，化合物的结构鉴定为CH$_3$—CO—CH$_2$—CH$_2$—O—CH$_3$，如图9-5所示。

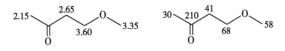

图9-5　例9-1化合物的结构及数据归属

5. 结构的确证

（1）质谱：化合物的分子式与前面推导的C$_6$H$_{10}$O$_2$一致，不饱和度为1，由羰基贡献。该化合物质谱的碎片峰也与裂解途径相匹配，可以说明结构的正确性。

（2）氢谱：结构中的每一个氢信号的化学位移值和耦合裂分也与信号相匹配，没有不合理之处。其中 δ_H 3.60和2.65的亚甲基信号分别与吸电子的氧和羰基相连，位于低场，化学位移值大，且相邻碳上只有2个H，裂分为三重峰； δ_H 2.15的甲基与羰基相连，化学位移值也符合。

（3）碳谱：结构中的每一个碳信号的化学位移值、碳的类型与信号相匹配，没有不合理之处。至此，解析出来的结构能与图谱数据完全匹配，结构解析完成。

6. 讨论

（1）该化合物的结构相对简单，图谱信号也比较清晰。难点在于根据质谱及其他图谱信息确定分子量和分子式。准确获得分子式也是结构解析的第一步,可以大大降低结构解析的难度。

(2)特征基团在各种图谱中的特征信号的积累与掌握对有机化合物的结构解析非常重要,如本例中的羰基、甲氧基、羰基邻位的亚甲基(甲基)等。平时应多注意积累常见的结构单元的特征信号,这对提高对结构的敏感性以及结构解析能力具有很大的帮助。

例9-2 含卤素有机化合物的结构解析

未知化合物的 EI-MS、IR、^{1}H-NMR 和 ^{13}C-NMR 谱图如图9-6～图9-9所示,试推断该化合物的结构。

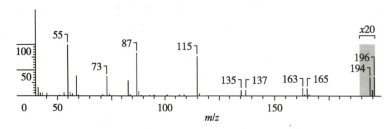

图9-6 例9-2化合物的 EI-MS 图

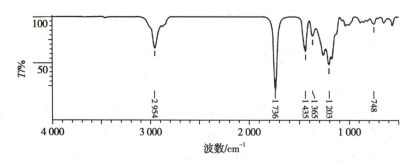

图9-7 例9-2化合物的 IR 图

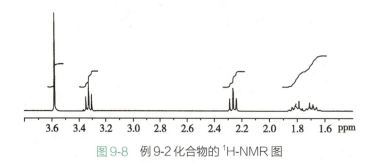

图9-8 例9-2化合物的 ^{1}H-NMR 图

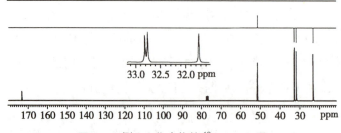

图9-9 例9-2化合物的 ^{13}C-NMR 图

解析：

1. **分子式的确定**　通过分析图 9-6 可得，该化合物的分子量为 194（准分子离子峰的 m/z 为 194），同时 m/z 196 的峰是 m/z 194 的同位素峰。这两个同位素峰的丰度比约为 1:1，可以推测该化合物中含有 1 个 Br 原子。在其 ^{1}H-NMR 谱图（图 9-8）中出现 11 个质子信号，在 ^{13}C-NMR 和 DEPT 谱图（图 9-9）中出现 6 个碳信号。上述分析显示，该化合物的结构中有 6 个 C、11 个 H、1 个 Br，结合上述质谱结果，还含有 2 个 O 原子。因此，其分子式可以确定为 $C_6H_{11}BrO_2$，经计算该化合物的不饱和度为 1。

2. **图谱信息的整体分析**　此实例给出质谱、红外光谱以及核磁共振氢谱和碳谱，图谱显示的信号峰不多，也很清晰，由此判断此化合物的纯度较高，结构不是很复杂，解析难度不大。

3. **结构单元的确定**

（1）红外光谱：如图 9-7 所示，该化合物在 1 736cm^{-1} 处有酯羰基的特征吸收峰，在 2 954cm^{-1} 处出现 CH$_2$ 片段的饱和碳氢伸缩振动吸收峰，在 1 203cm^{-1} 处出现 C—O 伸缩振动吸收峰，以及在 1 500～1 300cm^{-1} 出现 CH$_3$ 和 CH$_2$ 面内弯曲振动吸收峰。因此，在该化合物的结构中存在酯基、甲基、亚甲基以及醚键。相关的归属见表 9-4。

表 9-4　例 9-2 化合物的 IR 峰归属

波数/cm^{-1}	归属	可能的结构单元
1 736	C=O 伸缩振动	C=O
2 954	饱和 C—H 伸缩振动	—CH$_3$、—CH$_2$—
1 435、1 365	CH$_2$ 和 CH$_3$ 面内弯曲振动	
1 203	C—O 伸缩振动	C—O

（2）^{1}H-NMR 谱图：在该化合物的 ^{1}H-NMR 谱图（图 9-8）中，在 δ_H 3.58 处出现一个积分为 3 个氢的单峰信号，显示结构中存在一个甲氧基（OCH$_3$）；在 δ_H 3.32 和 2.28 处出现两组积分为 2 个氢的三重峰信号，说明结构中有两个亚甲基（CH$_2$），并且这两个亚甲基的相邻碳上有 2 个 H；在 δ_H 1.80 和 1.70 处出现两组积分为 2 个 H 的多重峰信号，说明结构中还有另外两个亚甲基（CH$_2$），并且这两个亚甲基的相邻碳上有多个 H。根据质子的化学位移值，以及前述分子式和红外光谱得出的结论，可以推断两个裂分为三重峰的亚甲基分别连 Br 和羰基，由于它们的吸电子效应，使这两个亚甲基的化学位移值向低场位移。综上所述，在该化合物的结构中应该含有 1 个—CH$_2$—CH$_2$—Br、1 个—CH$_2$—CH$_2$—CO—和 1 个 OCH$_3$ 片段。化合物的 ^{1}H-NMR 信号归属及结构单元推导见表 9-5。

表 9-5　例 9-2 化合物的 ^{1}H-NMR 信号归属及结构单元

化学位移	积分	耦合裂分	归属	可能的结构单元
3.58	3	单峰（s）	O—CH$_3$	—OCH$_3$
3.32	2	三重峰（t）	CH$_2$	
2.28	2	三重峰（t）	CH$_2$	—CH$_2$—CH$_2$—Br
1.80	2	多重峰（m）	CH$_2$	—CH$_2$—CH$_2$—CO—
1.70	2	多重峰（m）	CH$_2$	

（3）^{13}C-NMR 谱图：在该化合物的全去耦 ^{13}C-NMR 和 DEPT 谱图（图9-9）中出现6个信号，根据它们的化学位移值以及 DEPT 图谱判断其分别为1个酯羰基碳（δ_C 173.2）、1个甲氧基碳（δ_C 51.2）、4个亚甲基碳（δ_C 23~33，其中 δ_C 31~33 的3个碳化学位移接近，见放大谱，较难归属）。上述结构单元与根据氢谱推导的结构单元一致。化合物的 ^{13}C-NMR 信号归属及结构单元推导见表9-6。至此，可以确定该化合物由—OCH$_3$、—CH$_2$—CH$_2$—Br、—CH$_2$—CH$_2$—CO—三个结构单元组成。

表9-6　例9-2化合物的 ^{13}C-NMR 信号归属及结构单元

化学位移	DEPT	归属	可能的结构单元
173.2	季碳（C）	CO	
51.2	伯碳（CH$_3$）	—O—CH$_3$	
32.8	仲碳（CH$_2$）	CH$_2$	—OCH$_3$
32.7	仲碳（CH$_2$）	CH$_2$	—CH$_2$—CH$_2$—Br
31.7	仲碳（CH$_2$）	CH$_2$	—CH$_2$—CH$_2$—CO—
23.1	仲碳（CH$_2$）	CH$_2$	

4. 结构单元的连接　根据上述三个结构单元的特点，只能是—CH$_2$—CH$_2$—CO—的一端连—OCH$_3$，另一端连 CH$_2$—CH$_2$—Br。根据碳谱中只有一个含氧碳，因此该化合物的连接方式只能为—OCH$_3$ 与羰基相连成酯、—CH$_2$—CH$_2$—Br 片段与—CH$_2$—CH$_2$—CO—片段以 C—C 键相连。因此，化合物的结构鉴定为 Br—CH$_2$—CH$_2$—CH$_2$—CH$_2$—CO—O—CH$_3$，如图9-10所示。

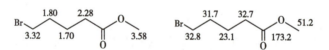

图9-10　例9-2化合物的结构及数据归属

5. 结构的确证

（1）质谱：化合物的分子式与前面推导的 C$_6$H$_{11}$BrO$_2$ 一致，不饱和度为1，由羰基贡献，也匹配。该化合物质谱的碎片峰也与裂解途径相匹配（图9-11），可以说明结构的正确性。

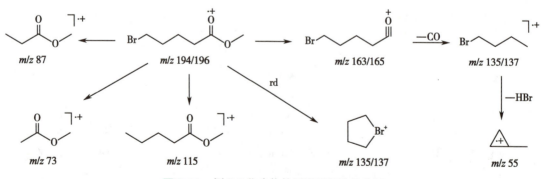

图9-11　例9-2化合物的质谱裂解途径分析

（2）氢谱：结构中的每一个氢信号的化学位移值和耦合裂分也与信号相匹配，没有不合理之处。δ_H 3.32 和 2.28 的亚甲基信号分别与吸电子的 Br 和羰基相连，位于低场，化学位移值大，且相邻碳上只有 2 个 H，裂分为三重峰；δ_H 1.80 和 1.70 的两个亚甲基分别与饱和碳相连，位于高场，且相邻碳上有 4 个氢，裂分为多重峰。

（3）碳谱：结构中的每一个碳信号的化学位移值、碳的类型与信号相匹配，没有不合理之处。

（4）数据归属：由于没有反映 C-H 直接相关的 HMQC 谱，很难完全准确地归属每一个碳氢信号，特别是中间的两个亚甲基信号。因此，结合 ChemDraw 模拟计算结果，该化合物的 ^{1}H-NMR、^{13}C-NMR 数据归属如图 9-10 所示。

至此，解析出来的结构能与图谱数据完全匹配，结构解析完成。

6. 讨论

（1）该化合物的结构相对简单，图谱信号也比较清晰。难点在于根据质谱及其他图谱信息确定含有卤素原子的化合物的分子量和分子式。同位素峰及其比例是最常用的确定卤素原子种类及其个数的方法。同时，高分辨质谱更是准确确定含卤素化合物的分子式最常用的方法。

（2）特征基团在各种图谱中的特征信号的积累与掌握对有机化合物的结构解析非常重要，如本例中的羰基、甲氧基、羰基邻位的亚甲基（甲基）、饱和的亚甲基链等。平时应多注意积累常见的结构单元的特征信号，这对提高对结构的敏感性以及结构解析能力具有很大的帮助。

例 9-3 基于二维核磁共振谱的芳香类药物分子的结构解析

已知某药物分子的分子式为 $C_9H_8O_4$，该化合物的 ^{1}H-NMR、^{13}C-NMR、H-H COSY、HSQC、HMBC 谱图如图 9-12～图 9-16 所示，试解析该化合物的结构。

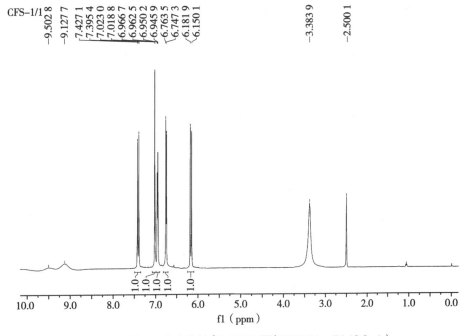

图 9-12　例 9-3 化合物的 ^{1}H-NMR 图（500MHz，DMSO-d_6）

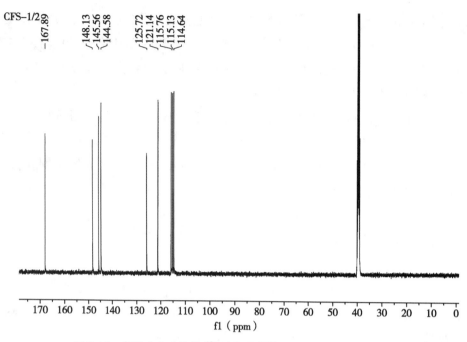

图9-13　例9-3化合物的 ^{13}C-NMR 图（ 125MHz，DMSO-d_6 ）

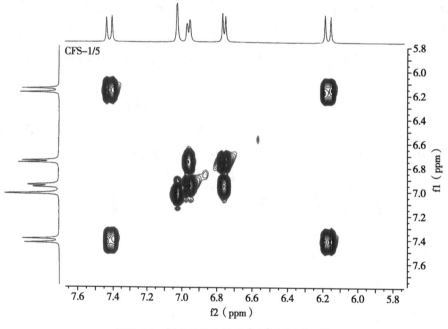

图9-14　例9-3化合物的 ^{1}H-^{1}H COSY 图

解析：

1. **分子式**　该化合物已知分子式为 $C_9H_8O_4$，计算不饱和度（ Ω ）为 6。因此该化合物为一个高度不饱和的化合物，结构中可能具有苯环（ $\Omega>4$ ）。

2. **图谱信息的整体分析**　从给出的该化合物的全套核磁共振图谱分析，该化合物的纯度较高，一维和二维核磁共振信号清晰。该化合物的氢信号较少，并且都处于芳香区，碳信号也都位于低场，说明该化合物具有高度不饱和的结构。综上所述，该化合物的结构解析难度不大。

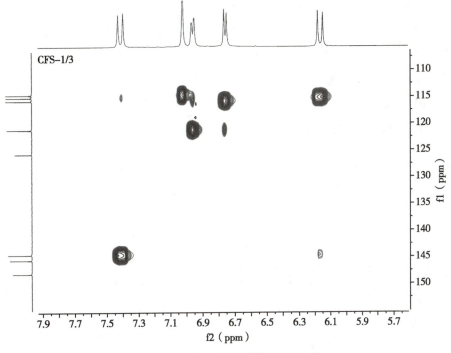

图 9-15 例 9-3 化合物的 HSQC 图

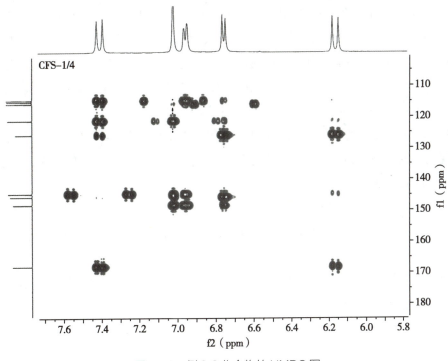

图 9-16 例 9-3 化合物的 HMBC 图

3. 结构单元的确定

（1）¹H-NMR 谱图：在该化合物的 ¹H-NMR 谱图（图 9-12）中，位于较高场（δ_H 2～4）的两个信号分别为溶剂 DMSO 及其中 H_2O 的信号，在 δ_H 9～10 区间出现部分活泼氢信号。核心信号为在 δ_H 6～8 显示的 5 个氢信号，通过计算它们的化学位移值和耦合常数可以初步推断它们所在的结构单元。在 δ_H 6.17 和 7.41 处出现分别积分为 1 的二重峰信号,且它们的耦合常数均为 15.9,显示结构中存在一个反式双键结构单元,且该双键的一端连接一个吸电子基团。在 δ_H 6.75、6.96 和 7.02 处出现三个积分为 1 的信号,分别裂分为二重峰(J = 8.1)、双二重峰(J = 8.1 和 2.1)和二重峰(J = 2.1),这三个质子的化学位移和耦合裂分信息显示存在一个 1,2,4-三取代的苯环结构单元。结合分子式以及出现的部分活泼氢信号,推测结构中存在 3 个—OH。至此,化合物的 ^{1}H-NMR 数据已经解析完毕,具体的信号归属以及结构单元推导见表 9-7。

表 9-7　例 9-3 化合物的 ^{1}H-NMR 信号归属及结构单元

化学位移	积分	耦合裂分	归属	可能的结构单元
6.17	1	二重峰(d, J = 15.9)		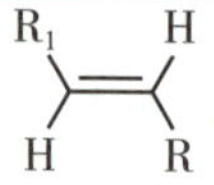
7.41	1	二重峰(d, J = 15.9)		R=吸电子基
6.75	1	二重峰(d, J = 8.1)	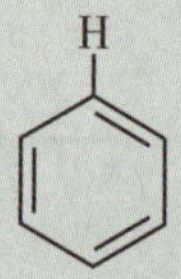	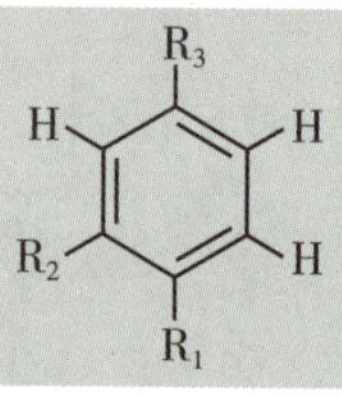
6.96	1	双二重峰(dd, J = 8.1 和 2.1)		
7.02	1	二重峰(d, J = 2.1)		
9～10	0.3	单峰	活泼氢	OH

(2)^{13}C-NMR 谱图:在该化合物的 ^{13}C-NMR 谱图(图 9-13)中,9 个碳信号全部出现在低场(δ_C > 110),说明这些碳全部为 sp^2 杂化的双键碳,且没有对称结构。以 δ_C 167.9 处的碳信号为特征的酯羰基碳信号,结合氢谱推测的吸电子基,说明结构中存在一个酯羰基。在 δ_C 110～150 出现 8 个碳信号,说明结构中还有 4 组双键,减去羰基的一个不饱和度,结构中还有一个环。通过上述分析,进一步确定结构中存在一个苯环(图 9-17)。

(3)^{1}H-^{1}H COSY 谱图:在该化合物的 ^{1}H-^{1}H COSY 谱图(图 9-14)中,两个反式双键质子之间出现明显的相关峰,进一步验证了反式双键的存在。δ_H 6.75、6.96 的两个质子之间明显的相关峰也证明其处于邻位。

(4)HSQC 谱图:通过分析该化合物的 HSQC 谱图(图 9-15),可以归属直接相连的碳和氢,也进一步证明了反式双键和 1,2,4-三取代苯环的存在。该化合物碳氢直接相关的归属见图 9-17。

(5)HMBC 谱图:在该化合物的 HMBC 谱图(图 9-16)中,可以清晰地观察到 δ_H 7.41、6.19 的两个质子与羰基碳(δ_C 167.9)的相关峰,也证明了羰基与双键直接相连形成一个特征的 α,β-不饱和羰基结构单元的存在(图 9-17)。

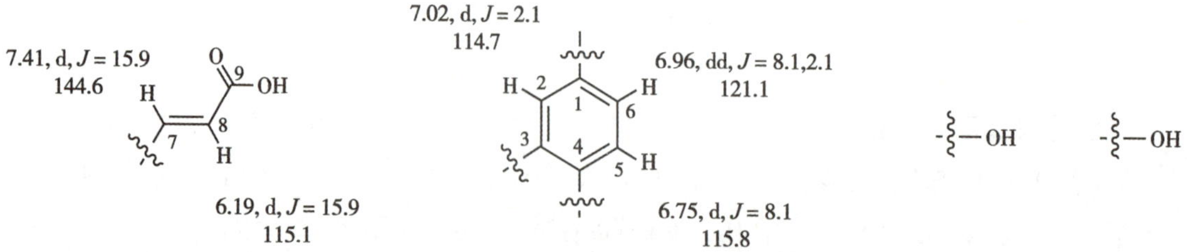

图 9-17　例 9-3 化合物的结构单元

综上所述，该化合物由一个 α,β- 不饱和羧基，以及 1，2，4- 三取代苯环和另外两个—OH 构成（图 9-17）。接下来就是确定这些片段与取代苯环的位置。

4. 结构单元的连接

（1）一维核磁共振数据：通过仔细分析该化合物的一维核磁共振数据，可以初步判断基团的连接位置。如果两个—OH 分别连在 C-1 和 C-3 位，那么 H-2 受到两个邻位—OH 的共轭给电子作用，化学位移会显著地向高场位移到 δ_H 6.0～6.3，与图谱不一致。两个—OH 连在邻位（C-3/4，图 9-18 式 1）或对位（C-1/4，图 9-18 式 2）对化学位移的影响区别不是太大（图 9-18），用一维核磁共振数据无法区别，需要用二维 HMBC 数据来确定。

图 9-18　例 9-3 化合物可能的结构式

（2）二维核磁共振数据：在该化合物的 HMBC 谱图（图 9-16）中，非常明显地观察到 H-2（δ_H 7.02）和 H-6（δ_H 6.96）与 C-7（δ_C 144.6）的相关峰，说明两个—OH 是邻位（C-3/4），该 α,β- 不饱和羧基侧链连在 C-1 位。同时，H-7（δ_H 7.41）与 C-2（δ_C 114.7）和 C-6（δ_C 121.1）的 HMBC 相关峰也进一步证实了上述结论。因此，该化合物的结构确定为（E）-3-（3,4-dihydroxyphenyl）acrylic acid，即咖啡酸（图 9-19）。

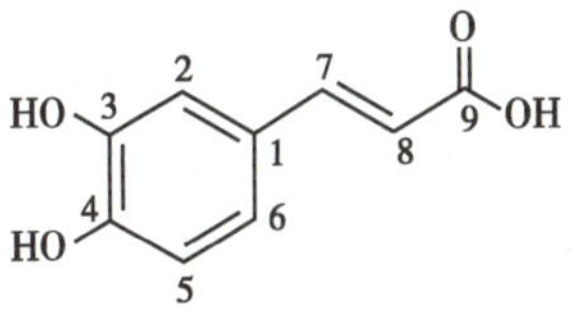

（E）-3-（3,4-dihydroxyphenyl）acrylic acid

图 9-19　例 9-3 化合物的结构

5. 结构的确证

（1）数据归属：前面的解析过程已经将连氢碳进行归属，通过仔细分析该化合物的 HMBC 信号，可以将剩余的季碳信号得以准确归属。其中在 HMBC 谱图中，H-5 和 H-2 信号与 δ 145.6 的碳信号显示明显的相关峰，而 H-2/5/6 与 δ 148.1 的碳信号均显示明显的相关峰，所以这两个碳信号分别为 C-3 和 C-4。该化合物的氢谱和碳谱数据，二维核磁共振相关数据见表 9-8。归属的数据与结构特征均相吻合，没有出现明显的矛盾，因此该结构合理。

（2）文献对照：经与文献对照，该数据与文献报道一致。因此，该化合物确定为咖啡酸。

表 9-8　例 9-3 化合物的 ^{1}H-NMR 和 ^{13}C-NMR 数据归属

编号	δ_H	δ_C	^{1}H-^{1}H COSY（δ_H）	HSQC（δ_C）	HMBC（δ_C）
1		125.7			
2	7.02, d, J=2.1	114.7		114.7	148.1, 144.6, 121.1
3		145.6			
4		148.1			

续表

编号	δ_H	δ_C	¹H-¹H COSY (δ_H)	HSQC (δ_C)	HMBC (δ_C)
5	6.75, d, J=8.1	115.8	6.96	115.8	148.1, 145.6, 125.7
6	6.96, dd, J=8.1、2.1	121.1	6.75	121.1	148.1, 144.6, 114.7
7	7.41, d, J=15.9	144.6	6.19	144.6	167.9, 125.7, 121.1, 114.7
8	6.19, d, J=15.9	115.1	7.41	115.1	167.9, 144.6
9		167.9			

6. 讨论

（1）该化合物是一个结构相对简单的天然药物分子,图谱信号也比较清晰。化合物的数据比较规则、特征明显,因此通过一维核磁共振数据就可以初步确定结构。

（2）该实例的侧重点在于练习 3 种常见二维核磁共振谱的解析和运用,特别是运用 HMBC 相关峰来确定基团的连接位置和季碳信号的准确归属。如结构中化学位移相近的 C-3/4 两个连氧芳香季碳的准确归属就需要详细分析其与周围 H 的相关关系。同学们可以认真仔细地分析该化合物的 HMBC 相关峰。

（3）在此实例的结构中有三个活泼氢,但在氢谱中仅观察到微弱的信号。这提示用 DMSO 作为溶剂也不一定能使活泼氢出信号,可能的原因是溶解后与测试的时间间隔较长, 已经发生 H-D 交换。因此,为了使活泼氢出峰,需要溶解后尽快测试。

（4）对于绝大多数有机化合物都有相关的文献报道,解析出结构后,也应该与文献数据对照,验证所推测结构的正确性。

例 9-4 天然黄酮类化合物的结构解析

从某中药中分离得到一黄色粉末,已知其分子式为 $C_{15}H_{10}O_7$。该化合物的 ¹H-NMR、¹³C-NMR 谱图如图 9-20～图 9-22 所示,试解析该化合物的结构。

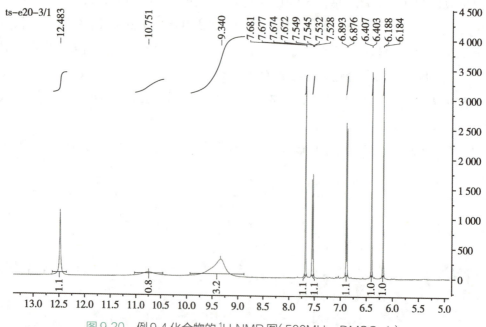

图 9-20　例 9-4 化合物的 ¹H-NMR 图（500MHz,DMSO-d_6）

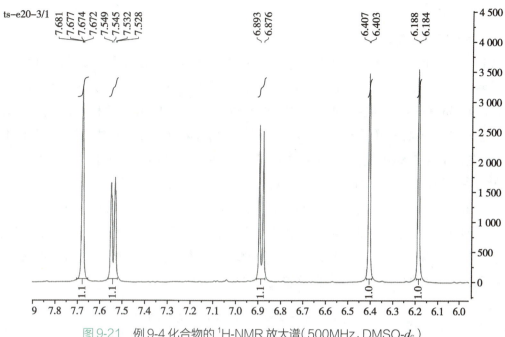

图 9-21 例 9-4 化合物的 ^{1}H-NMR 放大谱（500MHz，DMSO-d_6）

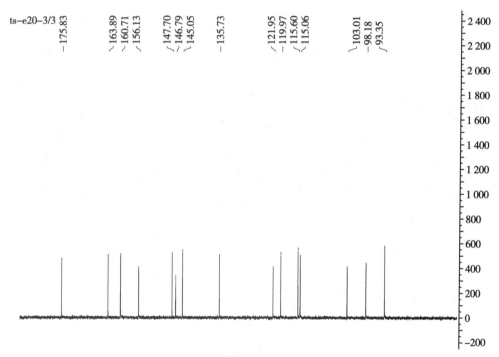

图 9-22 例 9-4 化合物的 ^{13}C-NMR 图（125MHz，DMSO-d_6）

解析：

1. **分子式** 该化合物已知分子式为 $C_{15}H_{10}O_7$，计算不饱和度（Ω）为 11。因此该化合物为一个高度不饱和的化合物，结构中可能具有两个苯环（$\Omega > 8$）。

2. **图谱信息的整体分析** 从该化合物的核磁共振图谱分析，该化合物的纯度较高，核磁共振信号清晰。该化合物的主要氢信号都处于芳香区，在低场区有较多的活泼氢信号，碳信号也都位于低场，说明该化合物具有高度不饱和的结构。综上所述，该化合物是一个具有苯环的芳香化合物。

3. 结构单元的确定

（1）^{1}H-NMR 谱图：在该化合物的 ^{1}H-NMR 谱图（图 9-20）的低场区域，在 δ_H 12.48 出现一个特征的低场信号，该信号可能为与羰基形成稳定氢键的酚羟基信号。在 δ_H 9～10 出现 2 组 4 个氢的宽峰信号，说明结构中有 4 个一般的酚羟基。通过仔细计算和分析该化合物在 δ_H 6～8 区间的 5 个氢信号（图 9-21）的化学位移值和耦合常数，可以初步推断它们所在的结构单元。在 δ_H 6.18 和 6.40 处出现分别积分为 1 的二重峰信号，且它们的耦合常数均为 2.0，显示这两个质子是一个苯环中的间位质子，并且它们的邻位都有给电子的 OH。在 δ_H 6.88、7.54 和 7.67 处出现三个积分为 1 的信号，分别裂分为二重峰（J = 8.5）、双二重峰（J = 8.5 和 2.0）和二重峰（J = 2.0），这三个质子的化学位移和耦合裂分信息显示结构中存在一个 1，2，4- 三取代的苯环结构单元，并且两个氢处于吸电子基团的邻位或对位。至此，化合物的 ^{1}H-NMR 数据已经解析完毕，具体的信号归属以及结构单元推导见表 9-9。

表 9-9　例 9-3 化合物的 ^{1}H-NMR 信号归属及结构单元

化学位移	积分	耦合裂分	归属	可能的结构单元
6.18	1	二重峰（d, J = 2.0）		
6.40	1	二重峰（d, J = 2.0）		
6.88	1	二重峰（d, J = 8.5）		
7.54	1	双二重峰（dd, J = 8.5 和 2.0）		R_3=吸电子基
7.67	1	二重峰（d, J = 2.0）		
9～10	4	宽峰	OH	OH
12.48	1	单峰（s）	OH	

（2）^{13}C-NMR 谱图：在该化合物的 ^{13}C-NMR 谱图（图 9-22）中，15 个碳信号全部出现在低场（δ_C>90），说明这些碳全部为 sp^2 杂化的双键碳，且没有对称结构。以 δ_C 175.8 处的碳信号为特征的酯羰基碳或者共轭酮羰基信号，这与氢谱推测的吸电子基一致。在 δ_C 90～100 区间出现两个罕见的高场芳香碳信号，这与氢谱中的两个高场芳香氢信号是相匹配的。在 δ_C 145～170 区间出现 6 个碳信号，说明在此结构中有 6 个连氧的芳香碳。至此 15 个碳信号已经归属完毕，结合上述氢谱的推断结论，该化合物中存在一个连羰基以及间三 OH 的四取代的苯环（A）、一个全取代双键（B）、一个连吸电子基以及两个邻位—OH 的 1，2，4- 三取代的苯环（C），如图 9-23 所示。

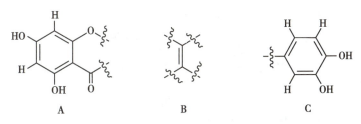

图 9-23 例 9-4 化合物可能的结构单元

4. 结构单元的连接 根据图 9-23 显示的该化合物的 3 个结构单元的特征,最有可能的连接方式就是全取代的双键(图 9-23b)一端连 a 片段的羰基,另一端连接 c 片段,这与 c 片段要与吸电子基相连也是相匹配的。同时,分子式显示该结构有 11 个不饱和度,因此还需要一个环,即 a 片段再通过一个醚键与双键相连,形成一个特征的吡喃酮环。同时,分子式中有7 个 O,上述 3 个结构单元只有 6 个,因此还有一个—OH。该化合物结构单元的连接程序如图 9-24 所示,可以组合成两种可能的结构式 A 和 B。

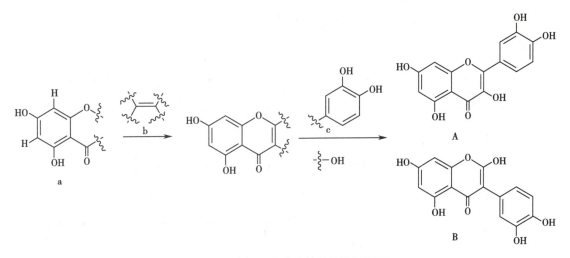

图 9-24 例 9-4 化合物的结构连接程序

5. 结构的确定

(1)核磁共振数据分析:在 A 结构中,羰基和右侧的苯环分别连在双键的两侧,根据插烯规则,该羰基相当于直接与苯环相连(共轭效应),满足氢信号的化学位移值规律;而在 B 结构中,羰基和苯环连在同一个双键碳上,无法共轭,不能满足该苯环与吸电子基团相连的要求。综上所述,A 结构应该是正确的结构。

(2)文献对照:经与文献对照,该数据与文献报道的槲皮素一致。因此,该化合物确定为槲皮素。

(3)数据归属:结合文献,该化合物的氢谱数据归属见图 9-25。

6. 讨论

(1)该化合物的结构相对复杂,同时季碳较多,解析相对困难。但是只要认真分析每一个氢谱和碳谱数据,全面影响化学位移和耦合裂分的影响因素,仍然可以推断出合理的结构单元。然后再根据先推测结构单元,再连接结构单元的原则,仅通过一维核磁共振数据解析出结构也是有可能的。

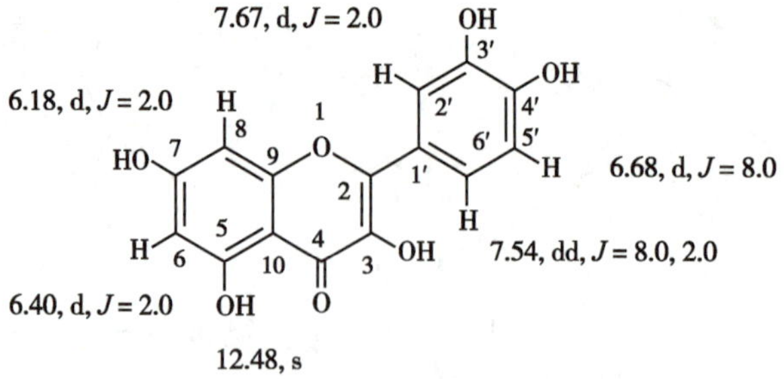

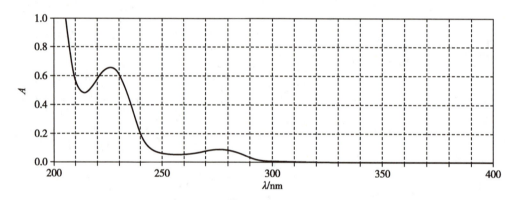

图 9-25　例 9-4 化合物的氢谱数据归属

（2）每一个结构细节都会影响核磁共振数据，从而影响结构的合理性。在此例中，只有羰基和苯环连于双键的两端才能共轭，连于同一个双键碳上则不能共轭。

（3）这是一个经典的黄酮类天然产物。不同类型的天然产物有其独特的母核骨架，在熟悉天然产物骨架的基础上再来解析结构，就会使难度大大降低。

例 9-5　药物分子及其杂质的结构解析

给出某药物分子的紫外光谱（图 9-26）、质谱（图 9-27）、^{1}H-NMR（图 9-28）和 ^{13}C-NMR 谱图（图 9-29），请解析该药物分子的结构式。

图 9-26　例 9-5 化合物的 UV 图

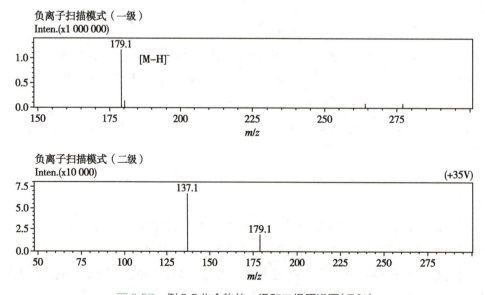

图 9-27　例 9-5 化合物的一级和二级质谱图（ESI）

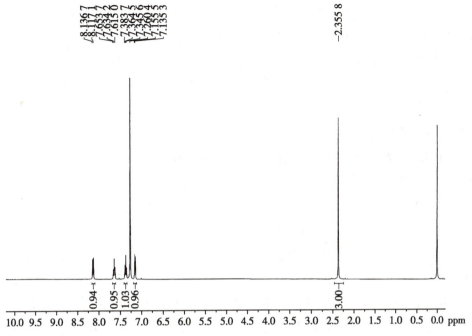

图9-28　例9-5化合物的 ^{1}H-NMR 图（400MHz，CDCl$_3$）

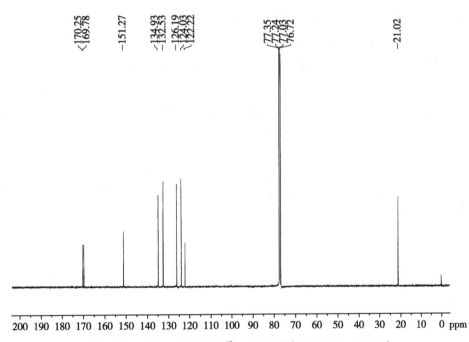

图9-29　例9-5化合物的 ^{13}C-NMR 图（400MHz，CDCl$_3$）

解析：

1. **分子式的确定**　分析该化合物的质谱（图9-27）可得，该化合物的分子量为180（[$M-$ H] $^-$ 准分子离子峰的 m/z 为179），在其二级质谱中也能观察到裂解42的碎片得到 m/z 为137的碎片峰。在其 ^{1}H-NMR 谱图（图9-28）中出现 7 个质子信号， ^{13}C-NMR 谱图（图9-29）出现 9 个碳信号。上述分析显示，该化合物的结构中有 9 个 C，至少 7 个 H。结合上述质谱和 NMR 结果,该化合物的分子式可以初步确定为 $C_9H_8O_4$,经计算该化合物的不饱和度为6。

2. 图谱信息的整体分析 此实例给出紫外光谱、质谱,以及核磁共振氢谱和碳谱,图谱显示的信号峰不多,也很清晰,由此判断此化合物的纯度较高,结构不是很复杂,解析难度不大。根据分子式以及上述图谱信息的整体分析,该化合物应该是一个含有苯环的衍生物,结构中还有一个活泼氢。

3. 结构单元的确定

(1)紫外光谱:如图 9-26 所示,该化合物在 235nm 和 275nm 处有紫外吸收峰,说明结构中存在一个取代的苯甲酸结构单元(图 9-30A)。

(2)质谱:在该化合物的二级质谱中,可以非常明显地观察到 42 的中性丢失,说明结构中可能存在一个乙酰基结构单元(图 9-30B)。

图 9-30 例 9-5 化合物可能存在的结构单元

(3)^{1}H-NMR 谱图:在该化合物的 ^{1}H-NMR 谱图(图 9-28)中,在 δ_H 2.36 处出现一个积分为 3 个氢的单峰信号,显示结构中存在一个甲基,且该甲基与羰基或双键直接相连,进一步证实了结构中乙酰基结构单元的存在(图 9-30b);在 δ_H 7.10 和 8.15 出现 4 个氢信号,说明结构中苯环的二取代。分别计算每组氢信号的化学位移和耦合常数,可以帮助进一步明确苯环的取代方式。在 δ_H 7.15 和 8.13 处的两个信号分别裂分为二重峰(d,$J=8.1$)和二重峰(d,$J=7.8$),说明这两个质子的邻位都有 H 存在,但不是一个自旋系统。在 δ_H 7.36 和 7.63 处的两个信号分别裂分为双二重峰(dd,$J=7.8$ 和 7.6)和双二重峰(dd,$J=7.8$ 和 7.7),说明这两个质子的两侧邻位都有 H 存在。上述分析显示,在该化合物中苯环为邻二取代的苯环。其中,化学位移值较大的两个信号处于吸电子的 COOH 基团的邻位或对位。化合物的 ^{1}H-NMR 信号归属及结构单元推导见表 9-10。

表 9-10 例 9-5 化合物的 ^{1}H-NMR 信号归属及结构单元

化学位移	积分	耦合裂分	归属	可能的结构单元
7.15	1	二重峰(d,$J=8.1$)	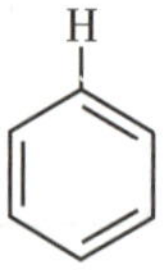	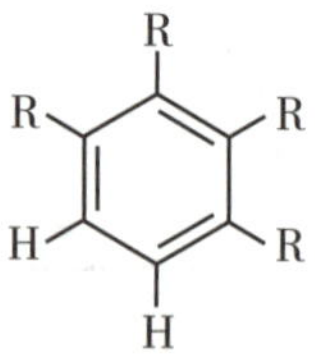
8.13	1	二重峰(d,$J=7.8$)		
7.36	1	双二重峰(dd,$J=7.8$ 和 7.6)	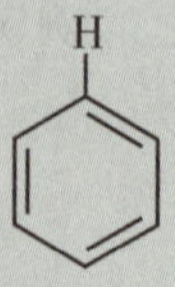	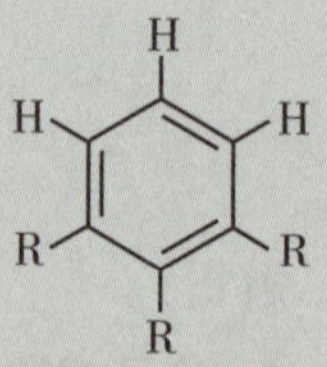
7.63	1	双二重峰(dd,$J=7.8$ 和 7.7)		
2.36	3	单峰	CH_3	$COCH_3$

(4)^{13}C-NMR 谱图:在该化合物的全去耦 ^{13}C-NMR 谱图(图 9-29)中出现 9 个信号,根据它们的化学位移值判断其分别为 2 个羧基碳(δ_C 170.3 和 169.8),分别对应前述推断的苯甲酸

片段中的羧基,结合甲基碳(δ_C 21.0)可以将图 9-30b 片段中的乙酰基进一步明确为乙酰氧基。1 个连氧的苯环碳(δ_C 151.3)、4 个苯环上的其他碳,说明该邻二取代的苯环的另一个取代基为 OR。该化合物的碳谱信号归属及结构单元推导见表 9-11。

表 9-11　例 9-5 化合物的 ^{13}C-NMR 信号归属及结构单元

化学位移	归属	可能的结构单元
170.3	COO	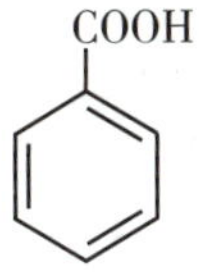 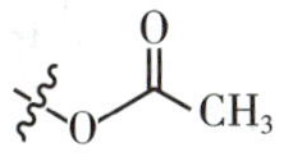
169.8	COO	
151.3	C═C—OH	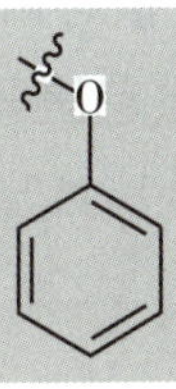
134.9,132.5,126.2,124.0,122.2	C═C	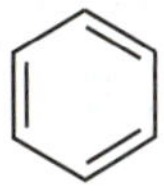
21.0	CH₃	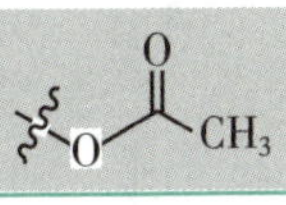

至此,可以确定该化合物由图 9-31 所示的两个结构单元连接组成。

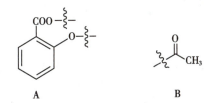

图 9-31　例 9-5 化合物的两个结构单元

4. 结构单元的连接　根据上述两个结构单元的特点,有两种可能的连接方式及最终的结构(图 9-32)。结构式图 9-32B 即是著名的药物——阿司匹林的结构式(乙酰水杨酸)。根据现有的数据,很难准确判断。

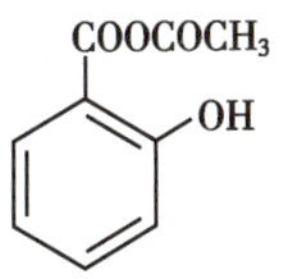

图 9-32　例 9-5 化合物的两种可能结构

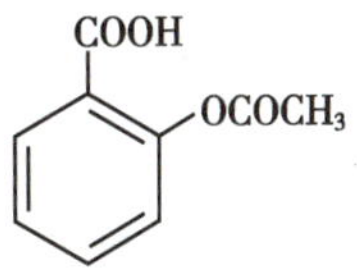

5. 结构的确证

(1)质谱:化合物的分子式与前面推导的 $C_9H_8O_4$ 一致,不饱和度为 6,由两个羧基和一个苯环贡献。该化合物在质谱中很容易以中性丢失的方式裂解 C_2H_2O 的碎片,与二级质谱相匹配,可以说明结构的正确性。

（2）氢谱：结构中的每一个氢信号的化学位移值和耦合裂分也与信号相匹配，没有不合理之处。处于羧基邻对位的 H 由于受到较强的吸电子效应，化学位移较大（δ_H 8.13 和 7.63）；处于羟基邻对位的 H 由于受到供电子效应，化学位移较小（δ_H 7.36 和 7.15）。如果是图 9-32 所示的 a 结构，酚羟基可以与邻位的酯羰基形成比较稳定的氢键，该酚羟基信号应该比较明显，如例 4 一致。在该化合物的氢谱中，没有出现该酚羟基信号，因此可以初步判断 b 结构更加合理。

（3）碳谱：结构中的每一个碳信号的化学位移值、碳的类型与信号相匹配，没有不合理之处。

（4）文献核对和数据归属：由于没有反应 C—H 直接相关的 HMQC 谱，很难完全准确地归属每一个碳氢信号。通过查阅文献，该化合物的数据与阿司匹林的数据报道一致，因此该化合物的结构最终鉴定为阿司匹林（乙酰水杨酸，图 9-33），其氢谱和碳谱数据归属见表 9-12。

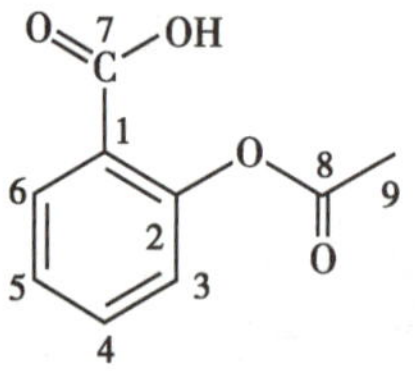

图 9-33　例 9-5 化合物的最终结构

表 9-12　例 9-5 化合物的 ^{1}H-NMR 和 ^{13}C-NMR 数据归属

编号	δ_H	δ_C
1		122.2
2		151.3
3	7.15, d, $J=8.1$	124.0
4	7.63, dd, $J=7.8$ 和 7.7	134.9
5	7.36, dd, $J=7.8$ 和 7.6	126.2
6	8.13, d, $J=7.8$	132.5
7		170.3
8		169.8
9	2.36, s	21.0

6. 讨论

（1）该化合物的结构相对简单，图谱信号也比较清晰，解析出图 9-32 的两种可能结构不难。难点在于检索文献，并最终确定化合物的结构。

（2）对于该例子，可以通过更换核磁共振溶剂，通过活泼氢信号（COOH 或 OH）的准确归属，从而判断乙酰基的取代位置。

（3）本实例中，即使没有二维核磁共振图谱，苯环上四个氢信号的归属也可以通过综合分析每个氢信号的化学位移值、耦合裂分峰形和耦合常数得以解决。同学们要通过仔细分析理解此例中每一个氢信号与结构的关系，对于苯环取代模式的解析会有很大的帮助。

1. 已知某有机化合物的分子式为 $C_7H_7NO_2$，请根据其 $^1H\text{-NMR}$ 和 $^{13}C\text{-NMR}$ 谱图（图 9-34 和图 9-35）解析该化合物的结构。

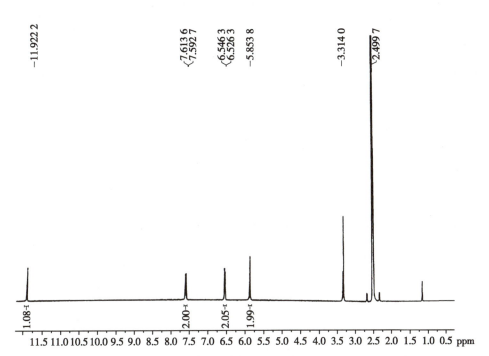

图 9-34　习题 9-1 化合物的 $^1H\text{-NMR}$ 图（400MHz，DMSO-d_6）

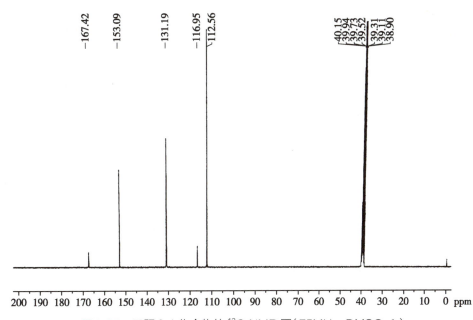

图 9-35　习题 9-1 化合物的 $^{13}C\text{-NMR}$ 图（75MHz，DMSO-d_6）

2. 某药物分子的 MS、^{1}H-NMR、^{13}C-NMR 谱图如图 9-36～图 9-38 所示，请解析该化合物的结构。

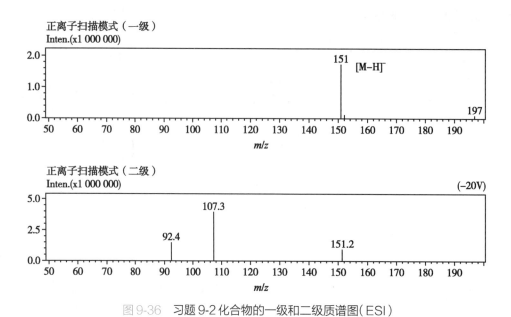

图 9-36　习题 9-2 化合物的一级和二级质谱图（ESI）

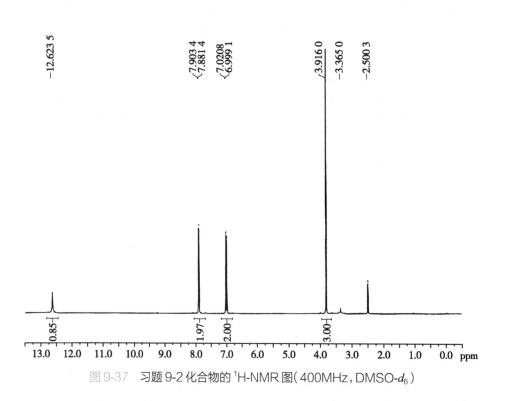

图 9-37　习题 9-2 化合物的 ^{1}H-NMR 图（400MHz，DMSO-d_6）

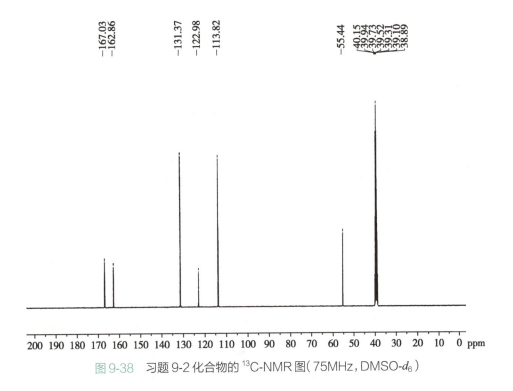

图 9-38　习题 9-2 化合物的 ^{13}C-NMR 图（75MHz，DMSO-d_6）

3. 请根据给出的某药物分子的 IR、UV、MS、^{1}H-NMR、^{13}C-NMR 谱图（图 9-39～图 9-43），解析该化合物的结构。

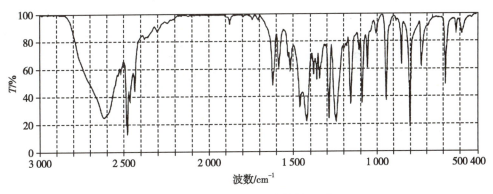

图 9-39　习题 9-3 化合物的 IR 图

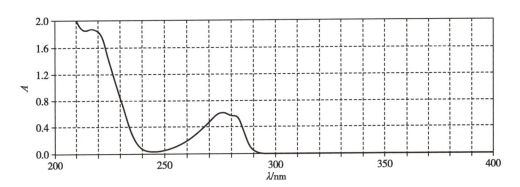

图 9-40　习题 9-3 化合物的 UV 图

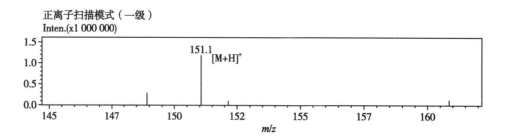

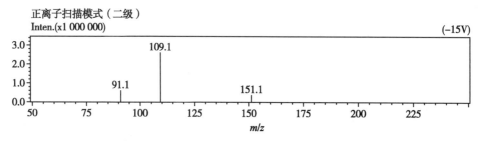

图9-41　习题9-3化合物的一级和二级质谱图（ESI）

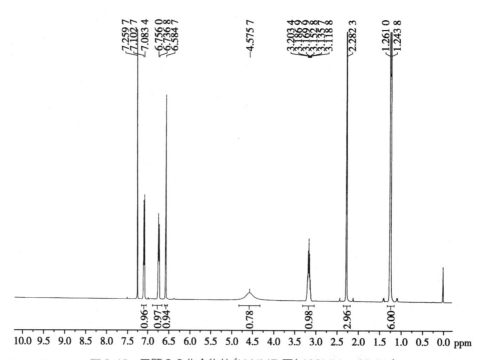

图9-42　习题9-3化合物的 ^{1}H-NMR 图（400MHz，CDCl$_3$）

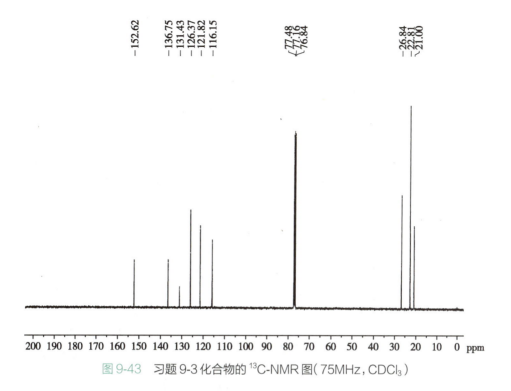

图 9-43　习题 9-3 化合物的 ^{13}C-NMR 图（75MHz，CDCl$_3$）

4. 某化合物的分子式为 C$_{11}$H$_{16}$N$_2$O，该化合物的 IR、^{1}H-NMR、^{13}C-NMR 和 DEPT 谱图如图 9-44～图 9-47 所示，试推断该化合物的结构。

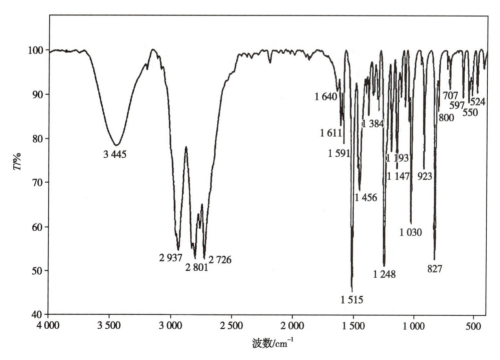

图 9-44　习题 9-4 化合物的 IR 图

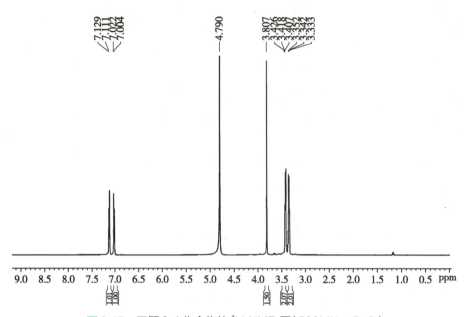

图 9-45 习题 9-4 化合物的 ^{1}H-NMR 图（500MHz，D_2O）

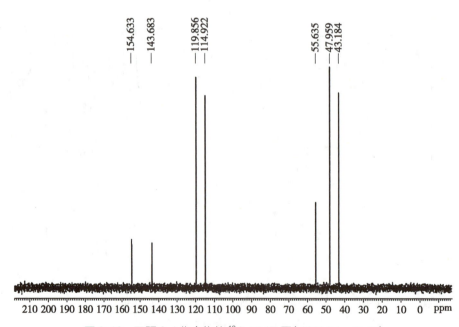

图 9-46 习题 9-4 化合物的 ^{13}C-NMR 图（125MHz，D_2O）

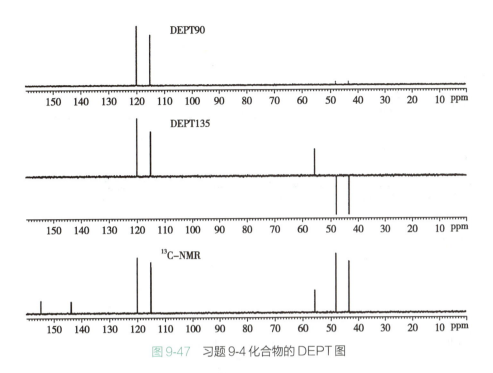

图 9-47　习题 9-4 化合物的 DEPT 图

5. 请根据给出的某药物分子的 IR、UV、MS、^{1}H-NMR 和 ^{13}C-NMR 谱图（图 9-48～图 9-52），解析该化合物的结构。

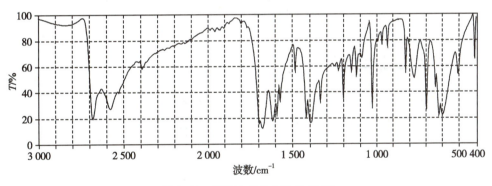

图 9-48　习题 9-5 化合物的 IR 图

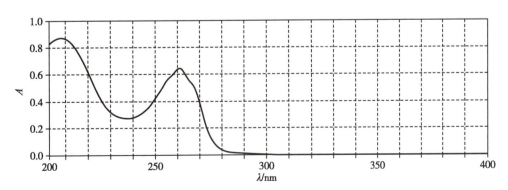

图 9-49　习题 9-5 化合物的 UV 图

正离子扫描模式（一级）
Inten.(x10 000 000)

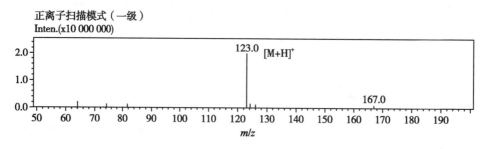

正离子扫描模式（二级）
Inten.(x1 000 000)

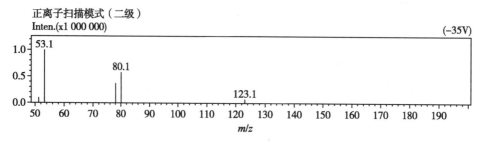

图 9-50　习题 9-5 化合物的一级和二级质谱图（ESI）

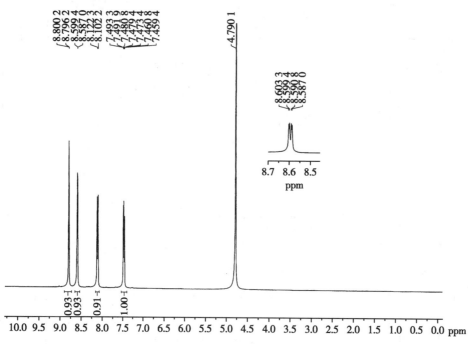

图 9-51　习题 9-5 化合物的 ^{1}H-NMR 图（400MHz，D$_2$O）

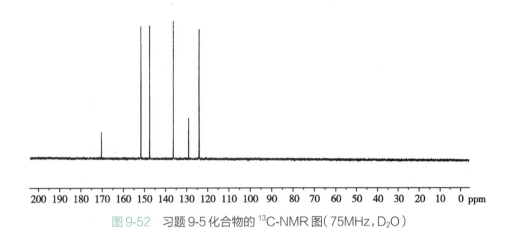

图 9-52　习题 9-5 化合物的 ^{13}C-NMR 图（75MHz，D$_2$O）

6. 某天然化合物在 365nm 波长下有亮蓝色荧光，试根据该化合物的 HR-MS、^{1}H-NMR、^{13}C-NMR 谱图（图 9-53～图 9-55）解析其结构。

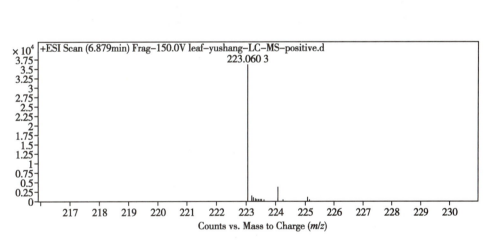

Elemental Composition Calculator

Target *m/z*:	223.060 3	Result type:	Positive ions	Species:	[M+H]$^+$
Elements:		C (0–80); H (0–120); O (0–30)			
Ion Formula		Calcalated *m/z*		PPM Error	
C11H11O5		223.060 1		−0.70	

图 9-53　习题 9-6 化合物的高分辨质谱图

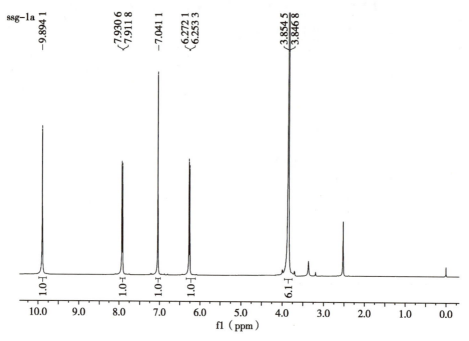

图9-54 习题9-6化合物的 ^{1}H-NMR 图（600MHz，DMSO-d_6）

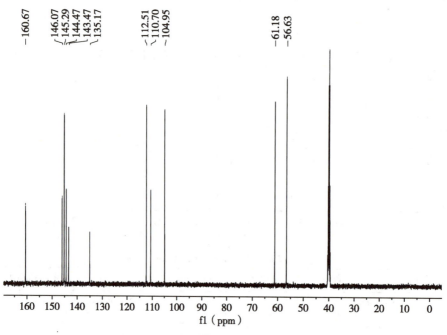

图9-55 习题9-6化合物的 ^{13}C-NMR 图（125MHz，DMSO-d_6）

7. 从某中药中分离得到一天然产物，请根据其 IR、HR-MS、^{1}H-NMR、^{13}C-NMR、HSQC 和 HMBC 谱图（图9-56～图9-61）解析其结构。

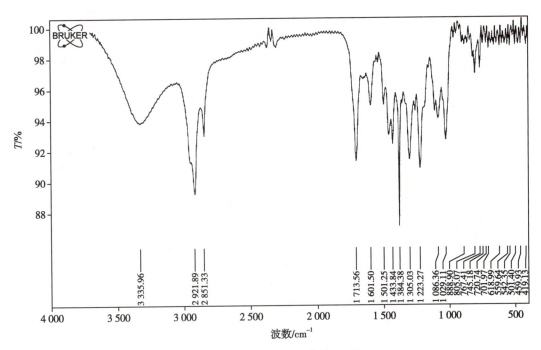

图 9-56　习题 9-7 化合物的 IR 图

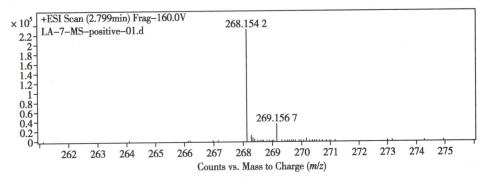

Elemental Composition Calculator

Target *m/z*:	268.154 2	Result type:	Positive ions	Species:	[M+H]⁺
Elements:		C (0–80); H (0–120); O (0–30); N (0–5)			
Ion Formula		Calcalated *m/z*		PPM Error	
C14H22NO4		268.154 3		0.43	

图 9-57　习题 9-7 化合物的高分辨质谱图

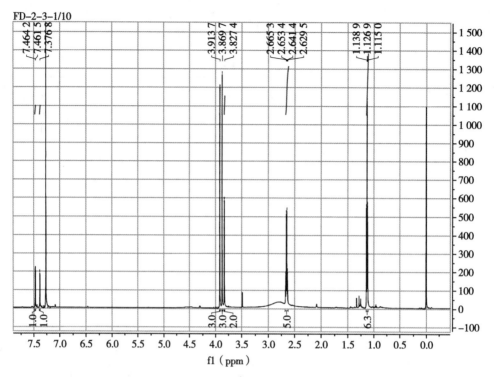

图 9-58　习题 9-7 化合物的 ¹H-NMR 图（600MHz，CDCl₃）

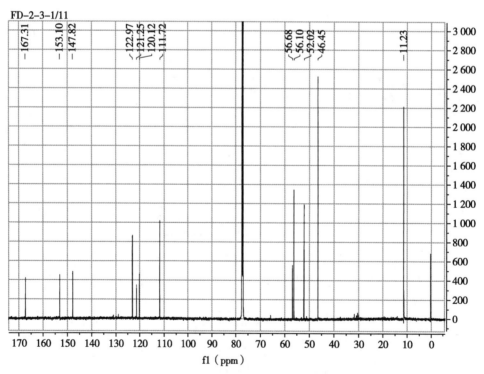

图 9-59　习题 9-7 化合物的 ¹³C-NMR 图（125MHz，CDCl₃）

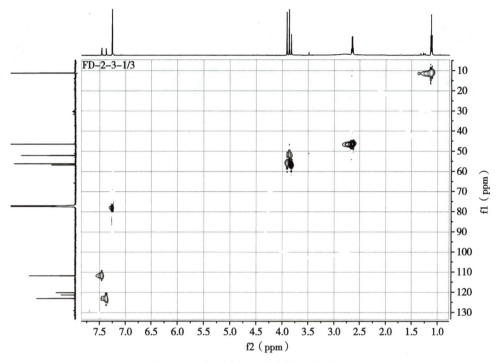

图 9-60　习题 9-7 化合物的 HSQC 图

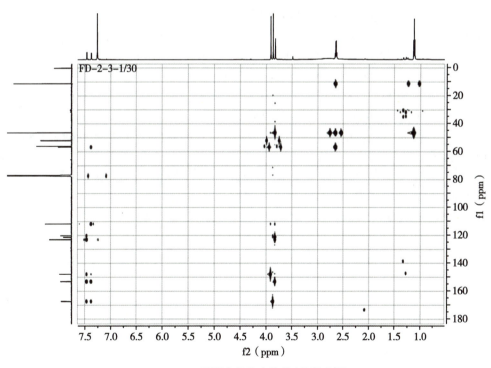

图 9-61　习题 9-7 化合物的 HMBC 图

（罗　俊）

参考文献

[1] WOODWARD R B，BADER F E，BICKEL H，et al. A simplified route to a key intermediate in the total synthesis of reserpine. Journal of the American chemical society，1956，78：2675.

[2] MOORE R E，BARTOLINI G. Structure of palytoxin. Journal of the American chemical society，1981，103：2491-2494.

[3] 孔令义. 波谱解析. 3 版. 北京：人民卫生出版社，2023.

[4] 洪山海. 光谱解析法在有机化学中的应用. 北京：科学出版社，1980.

[5] 赵瑶兴，孙祥玉. 有机分子结构光谱鉴定. 北京：科学出版社，2003.

[6] 张华. 现代有机波谱分析. 北京：化学工业出版社，2005.

[7] 姚新生. 有机化合物波谱分析. 2 版. 北京：中国医药科技出版社，2004.

[8] 吴立军. 有机化合物波谱解析. 3 版. 北京：中国医药科技出版社，2009.

[9] 宁永成. 有机波谱学谱图解析. 北京：科学出版社，2010.

[10] LIANG X W，ZHAO Y L，SI X G，et al. Enantioselective synthesis of arene cis-dihydrodiols from 2-pyrones. Angewandte chemie international edition，2019，58（41）：14562-14567.

[11] BELL R A，OSAKWE E N C. Conformational analysis of 6-bromo-7-oxoditerpenoids by application of the nuclear overhauser effect. Chemical communications（London），1968，1（18）：1093.

[12] KÖVÉR K E，BORBÉLY J. ^{1}H NMR analysis of the methoxy group conformation in methoxychromones. Magnetic resonance in chemistry，1985，23（2）：90.

[13] REICH H. NMR spectroscopy.（2022-02-14）[2022-04-28]. https://organicchemistrydata.org/hansreich/resources/nmr.

[14] GOTTLIEB H E，KOTLYAR V，NUDELMAN A. NMR chemical shifts of common laboratory solvents as trace impurities. Journal of organic chemistry，1997，62：7512-7515.

[15] 宁永成. 有机化合物结构鉴定与有机波谱学. 4 版. 北京：科学出版社，2018.

[16] 朱淮武. 有机分子结构波谱解析. 北京：化学工业出版社，2005.

[17] SILVERSTEIN R M，WEBSTER F X，KIEMLE D J. 有机化合物的波谱解析. 药明康德新药开发有限公司分析部，译. 上海：华东理工大学出版社，2007.

[18] 潘铁英. 波谱解析法. 3 版. 上海：华东理工大学出版社，2015.

[19] 邓芹英，刘岚，邓慧敏. 波谱分析教程. 2 版. 北京：科学出版社，2007.

[20] 李润卿. 有机结构波谱分析. 天津：天津大学出版社，2002.

[21] 郑穹，黄昆，梁淑彩. 药物波谱解析实用教程. 武汉：武汉大学出版社，2009.

[22] 高锦明，田均勉. 天然产物结构解析. 北京：科学出版社，2017.

[23] LODEWYK M W，SIEBERT M R，TANTILLO D J. Computational prediction of ^{1}H and ^{13}C chemical shifts：a useful tool for natural product，mechanistic，and synthetic organic chemistry. Chemical reviews，2012，112（3）：1839-1862.

[24] ZHAN G，QU X，LIU J，et al. Zephycandidine A，the first naturally occurring imidazo［1，2-*f*］phenanthridine alkaloid from *Zephyranthes candida*，exhibits significant anti-tumor and anti-acetylcholinesterase activities.

Scientific reports，2016，6：33990.

[25] ZOU C X，HOU Z L，BAI M，et al. Highly modified steroids from *Inonotus obliquus*. Organic & biomolecular chemistry，2020，18（20）：3908-3916.

[26] 胡坤，孙汉董，普诺•白玛丹增. 量子化学计算核磁共振参数在天然产物结构鉴定中的应用. 波谱学杂志，2019，36（3）：359-376.

[27] 李桢，杨洁，马阳，等. 计算化学在确定天然产物绝对构型中的应用. 国际药学研究杂志，2015，42（6）：751-761.

[28] 薛松. 有机结构分析. 合肥：中国科学技术大学出版社，2005.

[29] 裴月湖. 有机化合物波谱解析. 4版. 北京：中国医药科技出版社，2015.

[30] RICHARDS S A，HOLLERTON J C. Essential practical NMR for organic chemistry. New York：John Wiley & Sons，Ltd.，2011.

[31] NING Y C. Interpretation of organic spectra. New York：John Wiley & Sons，Ltd.，2011.

[32] BALCI M. Basic ^{1}H-and ^{13}C-NMR spectroscopy. Amsterdam：Elsevier，2005.

[33] 丛浦珠. 质谱学在天然有机化学中的应用. 北京：科学出版社，1987.

[34] 丛浦珠，李笋玉. 天然有机质谱学. 北京：中国医药科技出版社，2003.

[35] 丛浦珠，苏克曼. 分析化学手册第九分册：质谱分析. 2版. 北京：化学工业出版社，2000.

[36] MCLAFFERTY F W，TUREČEK F. Interpretation of mass spectra. 4th ed. Sausalito：University Science Books，1993.

[37] GROSS J H. Mass spectrometry：A Textbook. Heidelberg：Springer-Verlag，2004.

[38] TÓTH E，TÖLGYESI Á，SIMON A，et al. An alternative strategy for screening and confirmation of 330 pesticides in ground-and surface water using liquid chromatography tandem mass spectrometry. Molecules，2022，27（6）：1872.

[39] ZHU J H，MAO Q，WANG S Y，et al. Optimization and validation of direct gas chromatography-mass spectrometry method for simultaneous quantification of ten short-chain fatty acids in rat feces. Journal chromatography A，2022，1669：462958.

[40] MURPHY W S. The octant rule：Its place in organic stereochemistry. Journal of Chemical Education，1975，52（12）：774-776.

[41] YANG P Y，ZHAO P，BAI M，et al. Structure elucidation and absolute configuration determination of C_{26}, C_{27} and C_{30} tirucallane triterpenoids from the leaves of *Picrasma quassioides*（D. Don）Benn. Phytochemistry，2021，184：112675.

[42] BAI M，CHEN J J，XU W，et al. Elephantopinolide A-P，germacrane-type sesquiterpene lactones from *Elephantopus scaber* induce apoptosis，autophagy and G2/M phase arrest in hepatocellular carcinoma cells. European journal of medicinal chemistry，2020，198：112362.

[43] 陈依萍，陈连辉. Mosher 法测定手性化合物绝对构型的研究进展. 化工技术与开发，2018，47（4）：50-52，56.

[44] FUKUSHI Y，YAJIMA C，MIZUTANI J. A new method for establishment of absolute configurations of secondary alcohols by NMR spectroscopy. Tetrahedron letters，1994，35（4）：599-602.

[45] 周晓建，郑代军，陈永正. 手性四氢喹啉 -4- 醇衍生物的绝对构型的分析方法. 遵义医学院学报，2014，37（5）：537-540.

[46] 李力更，王于方，付炎，等. 天然药物化学史话：Mosher 法测定天然产物的绝对构型. 中草药，2017，48（2）：225-231.

[47] 林建斌，赵立春，郭建忠，等. 金荞麦地上部分化学成分的研究. 中草药，2016，47（11）：1841-1844.

[48] 罗礼，张伟，楚建杰，等. 歪头菜黄酮类化学成分研究. 中南药学，2021，19（12）：2507-2510.

[49] 胡昌勤，马双成. 化学药品对照品图谱集——总谱. 北京：中国医药科技出版社，2015.